高等职业教育改革创新系列教材

矿山测量

主　编　干晓锐　赵宝森
副主编　石永乐
参　编　朱汉全
主　审　孙茂来

机 械 工 业 出 版 社

本书系统地介绍了测量基本知识、测量基本技能和测量在矿山中的应用。全书共分 11 个单元，内容包括测量基本知识、水准测量、经纬仪与角度测量、距离测量与三角高程测量、控制测量、大比例尺地形图的测绘、地形图的应用、矿井联系测量、巷道及回采工作面测量、贯通测量及岩层与地表移动。

本书适合于职业技术院校和成人教育院校煤矿开采技术专业使用，也可供矿井通风与安全、矿山地质、煤田地质与勘探及其他采矿类相关专业选用，还可供广大矿业工程技术人员作为参考用书。

图书在版编目（CIP）数据

矿山测量/于晓锐，赵宝森主编. —北京：机械工业出版社，2014.8
（2024.3 重印）
高等职业教育改革创新示范教材
ISBN 978 - 7 - 111 - 47874 - 4

Ⅰ.①矿…　Ⅱ.①干…②赵…　Ⅲ.①矿山测量—高等职业教育—教材
Ⅳ.①TD17

中国版本图书馆 CIP 数据核字（2014）第 204921 号

机械工业出版社（北京市百万庄大街 22 号　邮政编码 100037）
策划编辑：汪光灿　责任编辑：黎　艳
版式设计：赵颖喆　责任校对：陈立辉
封面设计：张　静　责任印制：张　博
北京雁林吉兆印刷有限公司印刷
2024 年 3 月第 1 版第 8 次印刷
184mm×260mm · 16.25 印张 · 392 千字
标准书号：ISBN 978 - 7 - 111 - 47874 - 4
定价：49.80 元

电话服务　　　　　　　　　　网络服务
客服电话：010-88361066　　机 工 官 网：www.cmpbook.com
　　　　　010-88379833　　机 工 官 博：weibo.com/cmp1952
　　　　　010-68326294　　金 书 网：www.golden-book.com
封底无防伪标均为盗版　机工教育服务网：www.cmpedu.com

前 言

为贯彻《国务院关于大力发展职业教育的决定》，落实国务院关于加快矿业类人才培养的重要批示精神，满足煤炭行业发展对一线技能型人才的需求，教育部、国家安全生产监督管理总局、中国煤炭工业协会决定实施"职业院校煤炭行业技能型紧缺人才培养培训工程"，全面提高教育教学质量，保证教学质量，制定了职业教育煤炭行业技能型紧缺人才培养培训教学方案。

本书是按照"方案"要求，以"简明实用"为宗旨，针对职业教育特色和教学模式的需要，以及职业学生的心理特点和认知规律而编写的。本书共设置11个单元，每一单元均设置有【单元学习目标】；每一单元下设置多个课题，每一课题由【任务描述】、【知识学习】和【思考与练习】组成。此设置打破按传统的知识体系构建教材内容的模式，学生在教师指导下完成理论学习后，可进行工作任务实施，以培养职业能力，体现了高职教育的特色与人才培养目标。

本书建议学时为70学时，每单元学时安排建议如下：

单元序号	单元内容	建议学时
单元一	测量基本知识	8
单元二	水准测量	8
单元三	经纬仪及角度测量	10
单元四	距离测量及三角高程测量	4
单元五	控制测量	10
单元六	大比例尺地形图的测绘	4
单元七	地形图的应用	4
单元八	矿井联系测量	4
单元九	巷道及回采工作面测量	10
单元十	贯通测量	4
单元十一	岩层与地表移动	4

本书由干晓锐任第一主编并负责全书的统稿和修改，赵宝森任第二主编，石永乐任副主编，孙茂来任主审。全书共分11个单元，单元一、四、七、九由干晓锐编写；单元五、六、十由赵宝森编写；单元二、八由石永乐编写；单元三、十一由朱汉全编写。

由于编者水平有限，书中错误在所难免，恳请广大读者批评指正。

编　者

目 录

单元一

测量基本知识

单元学习目标

☞ **知识目标**

(1) 了解误差产生的原因和误差的分类。

(2) 正确理解水准面、大地水准面、高程、高差、比例尺等概念。

(3) 正确理解偶然误差和系统误差的概念、特性。

(4) 正确理解高斯平面直角坐标系和用水平面代替水准面的限度。

(5) 正确理解坐标方位角、象限角等概念。

(6) 掌握测绘工作应遵循的原则和测绘基本工作。

(7) 掌握比例尺的应用，评定精度的指标。

☞ **技能目标**

(1) 具有正确进行正反坐标方位角的换算及坐标方位角的推算能力。

(2) 具有正确应用比例尺将图上距离和实际距离进行换算的能力。

(3) 具有正确进行某量观测精度的评定的能力。

课题一 地球的形状和大小

【任务描述】

测量工作的实质是确定地面点的位置。确定地面点的位置要了解地球的形状和大小。本课题主要介绍测量外业工作的基准线、基准面和测量内业计算的基准面。通过本课题的学习，使学生对测量外业工作的基准面和测量内业计算的基准面有较深入的认识。

【知识学习】

测量工作的任务是确定地面点的空间位置，其主要工作是在地球自然表面进行。地球的自然表面是不规则的，高低起伏，海拔相差悬殊。目前已知最高的珠穆朗玛峰海拔 8 844.43m，最低的马里亚纳海沟深达 11 034m。尽管有如此大的高低起伏，但相对于平均半径为 6 371km 的地球来说仍可忽略不计。

地球上任一质点，因受地球引力的影响而不会脱离地球。同时，地球又在不停地自转，使质点受到离心力的作用。也就是说，一个质点实际上所受到的力是地球引力与离心力的合力，这个合力就是重力，如图 1-1a 所示。

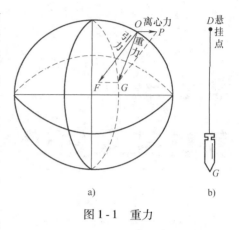

重力的方向线称为铅垂线。铅垂线是测量外业工作的基准线。

取得重力方向的一般方法，是用细绳悬挂一个垂球 G，如图 1-1b 所示，细绳即为悬挂点 D 的重力方向，通常称它为垂线或铅垂线方向。

图 1-1 重力

地球的自然表面形状十分复杂，不便于用数学式来表达。由于地球表面的海洋面积约占 71%，陆地面积约占 29%，因此可把海水面所包围的地球形体看作地球的形状。也就是设想有一个静止的平均海水面，向陆地延伸而形成一个封闭的曲面。由于海水有潮汐，时高时低，所以取平均海水面作为地球形状和大小的标准。

静止的海水面称为水准面。水准面是一个重力场的等位面。由物理学可知，等位面处处与产生等位能的力的方向垂直，也就是说，水准面是一个其上任何一点的切面都与该点重力方向垂直的连续曲面。与水准面相切的平面称为水平面。

水准面有无数多个，其中与平均海水面吻合并向大陆、岛屿内延伸而形成的闭合曲面，称为大地水准面，如图 1-2a、b 所示。

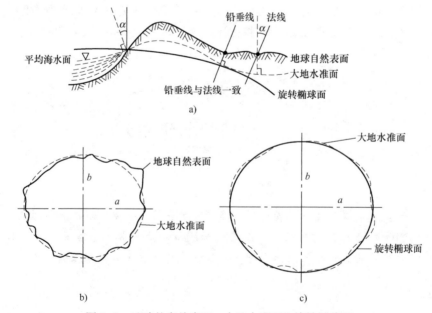

图 1-2 地球的自然表面、大地水准面和旋转椭球面

大地水准面是一个特定重力位的水准面，它是测量外业工作的基准面。由大地水准面所包围的地球形体，称为大地体。

由于地球引力的大小与地球内部的质量有关，而地球内部的质量分布又不均匀，这就引起地面上各点的铅垂线方向产生不规则的变化，因此，大地水准面实际上是一个不规则曲面，我们无法在这个曲面上进行测量数据处理。

为此，从实用角度出发，用一个非常接近于大地水准面而又可用数学式表示的几何形体来代替地球的形状作为测量计算工作的基准面。这个几何形体是以一个椭圆绕其短轴旋转而形成的，将该形体作为地球的参考形状和大小，一般称其外表面为参考椭球面，如图 1 - 2c 所示。

若对参考椭球面的数学式加入地球重力异常变化参数进行改正，便得到与大地水准面近似的数学式。

在实际工作中，参考椭球面是测量内业计算的基准面，大地水准面是测量外业工作的基准面。以大地水准面作为测量外业工作的基准面有以下两方面原因：其一是对测量成果的要求不十分严格时，不必改正到参考椭球面上；其二是在实际工作中，我们可以非常容易地得到水准面和铅垂线。

用大地水准面作为测量的基准面可大大简化操作和计算工作。因而水准面和铅垂线便成为一般性（外业）测量工作的基准面和基准线。

旋转椭球体是绕椭圆的短轴 NS 旋转而形成的，如图 1 - 3 所示，也就是说，包含旋转轴 NS 的平面与椭球面相截的线是一个椭圆，而垂直于旋转轴的平面与椭球面相截的线是一个圆。

椭球体的基本元素是：长半轴 a；短半轴 b；扁率 $f = \dfrac{a - b}{a}$。

旋转椭球面是一个数字表面，在直角坐标系 $O - XYZ$ 中，如图 1 - 3 所示，其标准方程为

$$\frac{X^2}{a^2} + \frac{Y^2}{a^2} + \frac{Z^2}{b^2} = 1 \tag{1 - 1}$$

为了确定大地水准面与参考椭球面的相对关系，如图 1 - 4 所示，可在适当地点选择一点 P，设想椭球体和大地体相切，切点 P' 位于 P 点的铅垂线方向上，这时，椭球面上点 P' 的法线与该点对大地水准面的铅垂线相重合，这项确定椭球体与大地体之间相互关系并固定下来的工作，称为参考椭球体的定位。P 点称为大地原点。

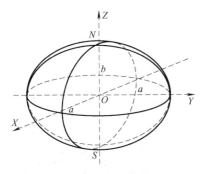

图 1 - 3　旋转椭球体换位

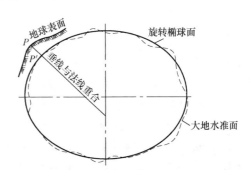

图 1 - 4　参考椭球体的定位

我国目前所采用的参考椭球体为 1980 年国家大地测量参考系，其原点在陕西省泾阳县永乐镇，称为国家大地原点。

部分国家参考椭球体的基本元素见表 1 - 1。

表 1-1　部分国家参考椭球体的基本元素

参考椭球体名称	长半轴 a/m	短半轴 b/m	扁率 f	年代和国家
德兰布尔	6 375 653	6 356 564	1:334.0	1800 法国
白塞尔	6 377 397	6 356 079	1:299.2	1841 德国
克拉克	6 378 249	6 356 515	1:293.5	1880 英国
海福特	6 378 388	6 356 913	1:297.0	1909 美国
克拉索夫斯基	6 378 245	6 356 863	1:298.3	1940 苏联
我国 1980 年国家大地测量坐标系	6 378 140	6 356 755	1:298.257	1975 国际大地测量与地球物理联合会（IUGG）

由于参考椭球体的扁率很小，在普通测量中可把地球作为圆球看待，其半径为

$$R = (a + a + b)/3 = 6\ 371\text{km}$$

R 可视为参考椭球体的平均半径，或称为地球的平均半径。

【思考与练习】

1. 何谓水准面和大地水准面？
2. 测量外业工作的基准面和内业计算的基准面是同一基准面吗？

课题二　地面点的表示方法

【任务描述】

地面点的位置需用坐标和高程来确定。坐标是指地面点投影到基准面上的位置，高程表示地面点沿投影方向到基准面的距离。

本课题主要介绍地面点的高程和地面点在投影面上的坐标。通过本课题的学习，使学生对绝对高程、相对高程、地理坐标、高斯平面直角坐标和独立平面直角坐标有较深入的认识。

【知识学习】

测量工作的基本任务是确定地面点的空间位置，地面上的物体大多具有空间形状，例如丘陵、山地、河谷、洼地等。为了研究空间物体的位置，数学上采用投影的方法加以处理。一个点在空间的位置，需要三个量来确定。在测量工作中，这三个量通常用该点在基准面（参考椭球面）上的投影位置和该点沿投影方向到基准面（一般是大地水准面）的距离来表示。

如图 1-5 所示，将地面上的点 A、B、C、D、E 沿铅垂线方向投影到大地水准面上，得到 a、b、c、d、e 的投影位置；地面点 A、B、C、D、E 的空间位置，就可用 a、b、c、d、e 的投影位置在大地水准面上的坐标及铅垂距离 H_A、H_B、$\cdots$、H_E 来表示。

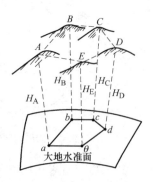

图 1-5　地面点在大地水准面上的投影

一、地面点的高程

地面点到大地水准面的铅垂距离，称为该点的绝对高程，简称高程或海拔。

在一般测量工作中都是以大地水准面作为基准面，因而某点到基准面的高度是指某点沿铅垂线方向到大地水准面的距离。如图 1-6 所示，用 H 表示高程，图中 H_a 及 H_b 分别表示地面上 A、B 两点的绝对高程。目前，我国采用"1985 年国家高程基准"，即我国的绝对高程是以青岛验潮站多年记录的黄海平均海水面为基准，并在验潮站附近建立水准原点，其高程为 72.260m（称为 1985 年国家高程基准，原 1956年高程基准为 72.289m）。全国布置的国家高程控制点——水准点，都以这个水准原点为基准（在利用旧的高程测量成果时，要注意高程基准的统一和换算）。

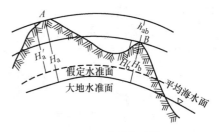

图 1-6 高程与高差

当测区附近暂无国家高程点可测时，也可临时假定一个水准面作为该区高程的基准面。地面点沿铅垂方向至假定水准面的距离，称为该点的相对高程或假定高程。如图 1-6 中的 H'_a 及 H'_b 分别为地面上 A、B 两点的假定高程。

同一高程系统中两个地面点间的高程之差称为高差，用 h 表示。地面上 A 点至 B 点之间的高差 h_{ab} 可写为

$$h_{ab} = H_b - H_a = H'_b - H'_a \tag{1-2}$$

由此可见，高差有正负之分，用下标注明其方向，它反映相邻两点间的地面是上坡还是下坡。正高差代表上坡，负高差代表下坡。两点间的高差与高程起算面无关。

二、地面点在投影面上的坐标

1. 地理坐标

地理坐标系属于球面坐标系，根据基准面的不同，又分为大地地理坐标系和天文地理坐标系。在地理坐标系中，地面点在球面上的位置是用经、纬度表示的，称为地理坐标。

在图 1-7 中，NS 为椭球的旋转轴，N 表示北极，S 表示南极。通过椭球旋转轴的平面称为子午面，而其中通过英国原格林尼治天文台的子午面称为起始子午面。子午面与椭球面的交线称为子午圈，也称为子午线。通过椭球中心且与椭球旋转轴正交的平面称为赤道面，它与椭球面相截所得的曲线称为赤道。其他与椭球旋转轴正交，但不通过球心的平面与椭球面相截所得的交线称为纬圈或平行圈。起始子午面和赤道面，是在椭球面上确定某一点投影位置的两个基本平面，也是确定地理坐标的基准面。

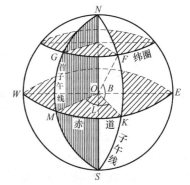

图 1-7 地理坐标

大地坐标系是采用大地经度 L 和大地纬度 B 来描述点的空间位置。所谓某点的大地经度，就是通过该点（图 1-7 中的 F 点）的子午面与起始子午面（首子午面）之间的夹角；某点的大地纬度就是通过该点（F 点）的椭球面法线与赤道平面间的交角。大地经度 L 和大地纬度 B 统

称为大地坐标。由此可见，大地经度与大地纬度是以法线为依据的，也就是说，以参考椭球面作为基准面，如图 1-7 所示。

为求得 F 点的位置，可在该点上安置仪器，用天文测量的方法来测定。这时，仪器的竖轴必然与铅垂线相重合，即仪器的竖轴与该处的大地水准面相垂直。因此，用天文观测所获得的数据是以铅垂线为准，也就是说以大地水准面为基准面。由天文测量求得的某点位置，可用天文经度 λ 和天文纬度 ϕ 表示，统称为天文坐标。由于铅垂线与法线并不重合，所以 $\lambda \neq L$，$\phi \neq B$。依据铅垂线与法线的关系（称为垂线偏差），可以将 λ、ϕ 改算为 L、B，从而获得大地坐标。

不论大地经度 L 或是天文经度 λ，都要从一个起始子午面算起。在原格林尼治以东的点从起始子午面向东计，由 0° 到 180°，称为东经；在原格林尼治以西的点则从起始子午面向西计，由 0° 到 180°，称为西经（实地上东经 180° 与西经 180° 是同一个子午面）。我国各地的经度都是东经。不论大地纬度 B 或天文纬度 ϕ，都从赤道面算起。在赤道以北的点的纬度由赤道面向北计，由 0° 到 90°，称为北纬；在赤道以南的点，其纬度由赤道面向南计，由 0° 到 90°，称为南纬。我国疆域全部在赤道以北，各地的纬度都是北纬。

2. 高斯－克吕格平面直角坐标系

当测区的范围较大时，不能把水准面当做水平面。若把地球椭球面上的图形展开绘制到平面上，必然产生变形，为使其变形小于测量误差，必须采用适当的投影方法来解决。投影方法有多种，测量工作中通常采用高斯投影。

高斯投影是将地球按经线划分成带，称为投影带，如图 1-8 所示。

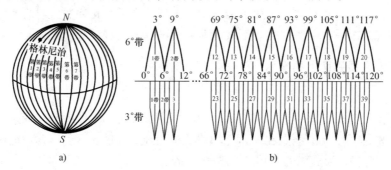

图 1-8 分带

投影带从首子午线起，每隔 6° 经差划为一带，称为 6° 带，自西向东将整个地球划分为经差相等的 60 个投影带。带号从起始子午线开始，用阿拉伯数字表示。位于各带中央的子午线称为该带的中央子午线（或称为轴子午线），第一个 6° 带的中央子午线的经度为 3°，任意一个带的中央子午线的经度 L_6，按下式计算

$$L_6 = 6n - 3 \tag{1-3}$$

式中 n——投影带号。

我国境内 6° 带最西的一带为 13 带，最东的一带为 23 带。

如图 1-9a 所示，高斯投影原理为：设想取一个空心椭圆柱，横套在地球椭球外面，使地球椭球上某一子午线与椭圆柱面相切，这条相切的子午线称为中央子午线。在球面图形与椭圆柱面上的图形保持等角的条件下，将整个 6° 带投影到椭圆柱面上。然后将椭圆柱沿通过南北极的母线切开并展成平面，便得到 6° 带在平面上的影像，如图 1-9b 所示。投影后中

央子午线与赤道为互相垂直的直线，再将中央子午线作为坐标纵轴 x，赤道作为坐标横轴 y，两轴的交点作为坐标原点，便建立起高斯平面直角坐标系。如图 1-10a 所示。这种坐标本身既是平面直角坐标，又与大地坐标经纬度发生联系，故可将球面上的点位用平面直角坐标来表示。

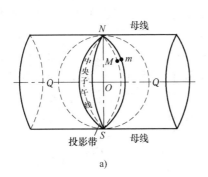
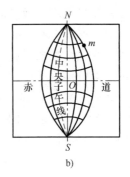

a)　　　　　　　　　　b)

图 1-9　高斯投影

在坐标系内，规定 x 轴向北为正，y 轴向东为正。我国位于北半球，x 坐标值均为正，y 坐标值则有正、有负。图 1-10a 中，$y_A = +148\ 680.54\text{m}$，$y_B = -134\ 240.69\text{m}$。

为避免横坐标出现负值，考虑 6°带中央子午线到边界线最远不超过 334km（在赤道上），故规定将每带的坐标纵轴向西平移 500km，这样便可以避免横坐标出现负数。如图 1-10b 所示，坐标纵轴向西移后，
$y_A = 500\ 000 + 148\ 680.54 = 648\ 680.54\text{m}$，
$y_B = 500\ 000 + (-134\ 240.69) = 365\ 759.31\text{m}$。

为了根据横坐标值能确定该点位于

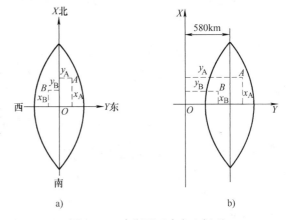

a)　　　　　　　　　　b)

图 1-10　高斯平面直角坐标系

哪一个 6°带内，则在横坐标值前冠以带的编号。例如 A 点位于 20 带内，则其横坐标值 y_A 为 20 648 680.54m，把这种在 y 坐标值上加了 500km 和带号后的横坐标值称为坐标的通用值，称为通用坐标；没有加 500km 和带号的原横坐标值称为自然值，称为自然坐标。

一般情况下，从测绘资料管理部门收集来的坐标资料多为通用值，有时为了使用方便要换算成自然值。

高斯 – 克吕格投影的实质是正形投影，即数学中的等角投影原则。这种投影要产生长度变形，即投影在平面上的长度大于球面长度，因此离中央子午线越远则变形越大，而变形过大将影响所测地形图的精度，也影响图纸的使用。故在精度要求较高时，应将投影带变窄，以限制投影带边缘位置的长度变形。此时可采用 3°、1.5°或任意分带投影法。采用 3°带投影时，从东经 1°30′经线起，每隔 3°划分一带，全球划分为 120 个投影带，如图 1-8b 所示，每带中央子午线的经度 L_3 用下式进行计算

$$L_3 = 3n \tag{1-4}$$

式中　n——3°带的带号。

不同分带之间的同一点，其坐标值可以进行换算，称为坐标换带计算。坐标换带计算可以通过查表得到或用计算机进行计算。

3. 独立平面直角坐标系

在小区域内进行测量工作时，若采用大地坐标来表示地面点的位置是不方便的，因此通常采用平面直角坐标。某点用大地坐标表示的位置，是该点在球面上的投影位置。研究大范围地面形状和大小时，必须把投影面作为球面才符合实际，但研究小范围地面形状和大小时，常把球面的投影面当做平面看待。既然把投影面当做平面，就可以采用平面直角坐标来表示地面点在投影面上的位置。测量工作中采用的平面直角坐标与解析几何中所介绍的基本相同，只是测量工作以 x 轴为纵轴，表示南北方向，以 y 轴为横轴，表示东西方向，如图 1-11b 所示。这与数学中的规定是不同的，其目的是便于定向，并将数学中的公式直接应用到测绘计算中，而不需要作任何变更。

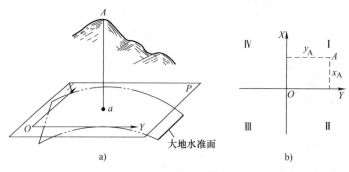

图 1-11 独立平面直角坐标系

为做到实用与方便，测量用的平面直角坐标的原点有时是假设的。原点 O 一般选在测区的西南角，如图 1-11a 所示，假设原点位置时，应注意使测区内各点的 x、y 值为正。

当测区范围较小（半径不大于 10km）时，可以用测区中心点 a 的切平面来代替曲面，地面点在投影面上的位置就可以用平面直角坐标来确定。

【思考与练习】

1. 何谓绝对高程、相对高程和高差？何谓坐标的自然值和通用值？

2. 某地位于高斯 6° 投影带的第 18 带内，试确定该带的中央子午线经度？若采用 3° 分带，该地位于多少带内？

3. 某点的坐标值为 $x = 6\,070$km，$y = 19\,307$km，$h = 568$m，试说明其坐标值的含义。

4. 某点的经度为 118°50′，试计算它所处的 6° 带和 3° 带的带号，相应 6° 带和 3° 带的中央子午线的经度是多少？

5. 测量中的直角坐标系与数学上的直角坐标系有何区别？

6. 高斯平面直角坐标系是如何建立的？

7. 某点 A 位于第 19 投影带，其自然坐标为 $x = 2\,735\,256$m，$y = -72\,536$m，试写出它在第 19 投影带中的高斯通用坐标。

8. 地面上 A、B、C 三点的相对高程分别为 -4.753m、9.246m、7.892m，现测得 B 点的绝对高程为 47.529m，试推算 A、C 两点的绝对高程。

课题三 用水平面代替水准面的限度

【任务描述】

实际测量中，在一定的测量精度要求和测区面积不大的情况下，往往以水平面直接代替水准面，但是这必定会影响到高程、距离和角度的测量。

本课题主要介绍用水平面代替水准面对水平距离、高差和水平角的影响。通过本课题的学习，使学生对用水平面代替水准面的限度有一定的认识。

【知识学习】

普通测量工作中是将大地水准面近似地当成圆球面看待。若将地面点投影到圆球面上，然后再投影描绘到平面的图纸上，这将是很复杂的过程。实际测量工作中，在一定的测量精度要求和测区面积不大的情况下，往往以水平面直接代替水准面，就是把较小一部分地球表面上的点投影到水平面上来决定其位置。但是，水准面是个曲面，曲面上的图形投影到平面上总会产生变形。如果这种变形不超过测绘和制图误差的容许范围，则可以在局部范围内用水平面代替水准面。那么，在多大面积范围内能容许以平面投影代替球面投影呢，这一问题我们必须加以讨论。

一、水准面曲率对水平距离的影响

在图 1-12 中，设球面 P 与水平面 P' 在 A 点相切，A、B 两点在球面上的弧长为 S，在水平面上的距离为 S'，球的半径为 R，$\overset{\frown}{AB}$ 弧所对圆心角为 θ（弧度），则

$$S' = R\tan\theta$$
$$S = R\theta$$

以水平长度 S' 代替球面上弧长 S 所产生的误差为

$$\Delta S = S' - S = R\tan\theta - R\theta = R(\tan\theta - \theta)$$

可将 $\tan\theta$ 按级数展开

$$\tan\theta = \theta + \frac{1}{3}\theta^3 + \frac{2}{15}\theta^5 + \frac{17}{315}\theta^7 + \frac{62}{2835}\theta^9 + \cdots$$

由于 θ 角很小，可略去高次项，近似得到

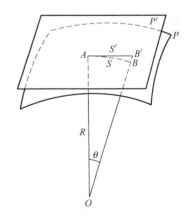

图 1-12 水平面代替水准面的影响

$$\Delta S = R\left[\left(\theta + \frac{1}{3}\theta^3 + \frac{2}{15}\theta^5\cdots\right) - \theta\right] = R\frac{\theta^3}{3}$$

以 $\theta = \dfrac{S}{R}$ 代入上式，得

$$\Delta S = \frac{S^3}{3R^2} \tag{1-5}$$

或

$$\frac{\Delta S}{S} = \frac{1}{3}\left(\frac{S}{R}\right)^2 \tag{1-6}$$

取 $R = 6\,371\text{km}$，并以不同的 S 值代入上式，则可得出距离误差 ΔS 和相对误差 $\dfrac{\Delta S}{S}$，见表 1-2。

表 1-2　水准面曲率对水平距离的影响

距离 S/km	距离误差 ΔS/mm	相对误差 $\Delta S/S$
10	0.8	1:1 200 000
25	12.8	1:200 000
50	102.7	1:49 000
100	821.2	1:12 000

由表 1-2 可知，当距离为 10km 时，以平面代替曲面所产生的距离相对误差为 1:120 万，即使是最精密的量距也只能达到百万分之一的误差。因此，在半径为 10km 的范围内（面积约 300km²），以水平面代替水准面所产生的距离误差可以忽略不计。

二、水准面曲率对高差的影响

在图 1-12 中，A、B 两点在同一水准面上，其高程应当相等。B 点投影到水平面上得 B' 点，则 BB' 即为水平面代替水准面产生的高程误差。设 $BB' = \Delta h$，则

$$(R + \Delta h)^2 = R^2 + S'^2$$

所以

$$2R\Delta h + \Delta h^2 = S'^2$$

$$\Delta h = \frac{S'^2}{2R + \Delta h}$$

上式中，当两点间投影的水平距离与大地水准面上的弧长相差很小时，可用 S 代替 S'，同时考虑到 Δh 比地球半径 R 小得多，可略而不计，则

$$\Delta h = \frac{S^2}{2R} \tag{1-7}$$

当 $S = 100\text{m}$ 时，$\Delta h = 0.8\text{mm}$；$S = 1\,000\text{m}$ 时，$\Delta h = 8\text{cm}$；$S = 10\text{km}$ 时，$\Delta h = 7.85\text{m}$。由上述计算可知，地球曲率对高差的影响，即使在很短的距离也必须加以考虑。

三、水准面曲率对水平角度的影响

由球面三角学可知，同一个空间多边形在球面上投影的各内角之和，较其在平面上投影的各内角之和大一个球面角超 ε 的数据。其公式为

$$\varepsilon = \rho \frac{P}{R^2} \tag{1-8}$$

式中　ρ——1 弧度所对应的秒值（206 265″）；

P——球面多边形面积（km²）；

R——地球半径（km）。

在测绘工作中，实测的是球面面积，绘成图时则绘成平面图形的面积。

当 $P = 10\text{km}^2$ 时，$\varepsilon = 0.05''$；当 $P = 100\text{km}^2$ 时，$\varepsilon = 0.51''$；当 $P = 400\text{km}^2$ 时，$\varepsilon = 2.03''$，当 $P = 2\,500\text{km}^2$ 时，$\varepsilon = 12.71''$。

由这些计算表明，对于面积在 100km^2 以内的多边形，地球曲率对水平角的影响只有在最精密的测量中才需考虑，而在一般的测量中是不必考虑的。

【思考与练习】

1. 用水平面代替水准面对距离和高程测量有何影响？
2. 用水平面代替水准面对水平角测量有何影响？

课题四　直线定向

【任务描述】

测量工作中，经常需要确定两点间平面位置的相对关系。除了需要确定两点间的距离外，还需要确定两点连线的方向。一条直线的方向是根据某一基本方向来确定的。

本课题主要介绍直线定向的标准方向，直线方向的表示方法以及方位角的推算。通过本课题的学习，使学生对直线定向有较深入的认识，并在此基础上掌握坐标方位角与象限角的关系，以及坐标方位角的推算。

【知识学习】

确定一条直线方向的工作叫直线定向。直线定向必须先选定一个标准方向线作为定向的依据。

一、标准方向

标准方向有真子午线方向、磁子午线方向和坐标纵线方向，实际工作中，通常把上述三种方向的北方向作为标准方向，统称三北方向，如图 1-13 所示。

1. 真子午线方向

真子午线方向是指经过地球表面一点指向地球北极的方向。可采用天文测量的方法测定（如观测北极星、太阳等）。

2. 磁子午线方向

磁子午线方向是指经过地球表面一点指向地球磁北极的方向。可用罗盘仪测定。

3. 坐标纵线方向

采用高斯平面直角坐标系时，取平行于投影带中央子午线的方向作为坐标纵轴方向；采用独立平面直角坐标系时，取平行于其坐标纵轴的向北方向（X 轴）作为坐标纵线方向。

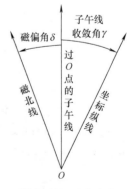

图 1-13　三北方向

二、直线方向的表示方法

1. 方位角

由直线一端的标准方向开始，沿顺时针方向量至某一直线的水平角，称为该直线的方位角，用 α 表示，方位角的取值范围是 $0° \sim 360°$。

根据选定的标准方向不同，方位角可分为真方位角、磁方位角和坐标方位角三种。

（1）真方位角 是指以真子午线北端作为标准方向计算的方位角。

（2）磁方位角 是指以磁子午线北端作为标准方向计算的方位角。

（3）坐标方位角 是指以平面直角坐标纵轴的北端作为标准方向计算的方位角。

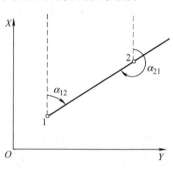

测量中的直线都是有方向的，它有起点和终点，由于起始点的不同而存在两个值。直线前进方向的坐标方位角称为正坐标方位角或正方位角；其相反方向的坐标方位角称反坐标方位角或反方位角。

如图 1-14 所示，α_{12} 表示点 1 到点 2 方向的坐标方位角，α_{21} 表示点 2 到点 1 方向的坐标方位角。α_{12} 和 α_{21} 互称为正、反坐标方位角。如果称 α_{12} 为正坐标方位角，则 α_{21} 为反坐标方位角；反之，如果称 α_{21} 为正坐标方位角，则 α_{12} 为反坐标方位角。

图 1-14　正、反坐标方位角

由于在同一平面直角坐标系内，各点所处的坐标北方向均是平行的，所以，一条直线的正反坐标方位角相差 $180°$，即

$$\alpha_{正} = \alpha_{反} \pm 180° \tag{1-9}$$

2. 象限角

直线定向时有时也用小于 $90°$ 的角度来表示。

象限角是指从标准方向的北端或南端起，顺时针或逆时针量至某一直线所夹的锐角，常用 R 表示，其角度值范围为 $0° \sim 90°$。

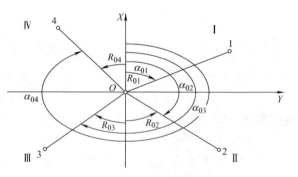

如图 1-15 所示，用象限角定向时，不但要注明角度大小，同时还要注明它所在的象限的名称。象限名称从第一象限起分别用北东（NE）、南东（SE）、南西（SW）、北西（NW）表示。

图 1-15　坐标方位角和象限角的关系

3. 坐标方位角与象限角的关系

坐标方位角与象限角的换算关系见表 1-3 和图 1-15。

表 1-3　坐标方位角与象限角的换算关系

象限	关系	象限	关系
I（北东）	$\alpha = R$	III（南西）	$\alpha = 180° + R$
II（南东）	$\alpha = 180° - R$	IV（北西）	$\alpha = 360° - R$

三、坐标方位角推算

为了整个测量区坐标统一，测量工作中并不直接测定每条边的方向，而是通过与已知点（坐标已知）进行联系测量，以推算出各边的坐标方位角。

如图 1-16 所示，已知直线 AB 的坐标方位角 α_{AB}，在 B 点观测了转折角 β，则直线 BC 的坐标方位角为

$$\alpha_{BC} = \alpha_{AB} \pm 180° \pm \beta \tag{1-10}$$

式中　$\alpha_{AB} \pm 180°$——直线 BA 的坐标方位角 α_{BA}，又称为直线 AB 的反坐标方位角。

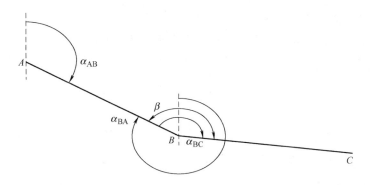

图 1-16　坐标方位角传递

图 1-16 中 $\alpha_{AB} < 180°$，则 $\alpha_{BA} = \alpha_{AB} + 180°$；反之，$\alpha_{AB} > 180°$，则 $\alpha_{BA} = \alpha_{AB} - 180°$。$\beta$ 角在传递方向的左边，式（1-10）中 β 角前取 "+"；若 β 角在传递方向的右边，式（1-10）中 β 角前取 "−"。

计算的坐标方位角 $\alpha_{BC} > 360°$，则应减去 360°；若 α_{BC} 为负值，则应加上 360°，直线方向不变。

【思考与练习】

1. 什么是直线定向？直线定向中有哪几种标准方向？

2. 何谓真方位角、磁方位角、坐标方位角、正坐标方位角、反坐标方位角以及象限角？

3. 某矿一直线巷道的真方位角为 129°，用罗盘测得磁方位角为 131°20′，试求磁偏角为多少？绘图表示其相互关系。

4. 某地罗盘测得磁方位角为 305°，地质部门收集的磁偏角资料为东偏 3°30′，问某地的真方位角为多少？绘图表示其相互关系。

5. 将下列方位角换算为象限角：35°42′12″、300°00′00″、90°00′00″、165°45′07″、257°14′06″、359°05′00″。

6. 将下列象限角换算为方位角：NW10°15′45″、NE30°30′36″、SW35°17′08″、SE82°42′10″。

7. 请标出图 1-17 各线段中的指北方向。

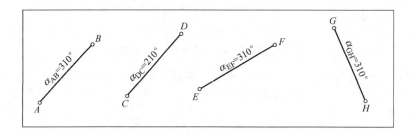

图 1-17 标出各线段的指北方向

8. 求下列两方向线间的夹角:

1)图 1-18 中, $\alpha_{OA} = 350°17'20''$, $\alpha_{BO} = 255°45'10''$, 求 β 为多少?

2)图 1-19 中, $\alpha_{AB} = 55°13'10''$, $\alpha_{CD} = 103°07'20''$, 求 β_1 和 β_2 分别为多少?

图 1-18 求两方向线间的夹角(一)　　　　图 1-19 求两方向线间的夹角(二)

9. 在 $\triangle ABC$ 中, $\alpha_{AB} = 210°$, $\alpha_{BC} = 100°$, $\alpha_{CA} = 330°$, 求各边反方位角及三角形各内角。

10. 如图 1-20 所示,已知 AD 边坐标方位角 $\alpha_{AD} = 224°32'$, 各顶点的观测角度值已标在图上,试求 DC、CB 和 BA 各边的坐标方位角。

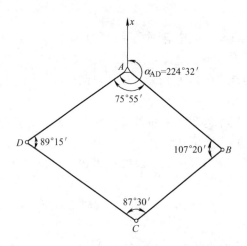

图 1-20 求坐标方位角

课题五　测量误差基本理论

【任务描述】

研究测量误差的主要目的：其一在于分析误差的来源、性质，以便在测量观测中采用合理的观测手段，减弱误差对观测结果的影响；其二是正确处理含有误差的观测值，以求得观测量的最可靠值，并对观测值进行精度评定。

本课题主要介绍测量误差的来源、分类、特性、评定精度的指标等方面的内容。通过本课题的学习，使学生对测量误差的基本知识有一定的认识，并在此基础上用近似平差方法对测量成果进行精度评定。

【知识学习】

一、观测误差

研究测量误差的来源、性质及其产生和传播的规律，解决测量工作中遇到的实际问题而建立起来的概念和原理的体系，称为测量误差理论。

在实际的测量工作中我们发现，当对某个确定的量进行多次观测时，所得到的各个结果之间往往存在着一些差异，例如，重复观测两点的高差，或者是多次观测一个角或丈量若干次一段距离，其结果都互有差异。另一种情况是，当对若干个量进行观测时，已经知道在这几个量之间应该满足某一理论值，但实际观测结果往往不等于其理论上的应有值，例如，一个平面三角形的内角和等于180°，但三个实测内角的结果之和并不等于180°，而是有一定的差异，这些差异称为不符值。这种差异是在测量工作中经常且又普遍发生的现象，是由于观测值中包含有各种误差的缘故。

任何测量都是利用特制的仪器、工具进行的，由于每一种仪器只具有一定限度的精密度，因此，测量结果的精确度受到了一定的限制，即使仪器精度再高，仪器本身也有一定的误差，从而使测量结果产生误差。另外，测量是在一定的外界环境条件下进行，客观环境包括温度、湿度、风力、大气折光等因素，客观环境的差异和变化都使测量的结果产生误差。同时，测量是由观测者完成的，人的感觉器官的鉴别能力有一定的限度，人们在仪器的安置、照准、读数等工作中都会产生误差。此外，观测者的工作态度、操作技能也会对测量结果的质量精度产生影响。

1. 测量误差产生的原因

产生测量误差的原因是多方面的，主要有以下三个方面。

（1）观测者　由于观测者的感觉器官鉴别能力的局限性，在仪器的安置、照准、读数等工作中都会产生误差。同时，观测者的技术水平及工作态度也会对观测结果产生影响。

（2）测量仪器　测量工作中所使用的测量仪器都具有一定的精密度，从而使观测结果的精度受到限制。另外仪器本身构造上的缺陷，也会使观测结果产生误差。例如，在用只刻有厘米分划的普通水准尺进行水准测量时，就难以保证在估读毫米时完全正确无误；同时，仪器本身也有一定的误差，如水准仪的视准轴不平行于水准管轴，水准尺的分划误差等。因此，使用这样的水准仪和水准尺进行观测，就会使水准测量的结果产生误差。同样，经纬仪、测距仪等的仪器误差也使导线测量的结果产生误差。

（3）外界观测条件　外界观测条件是指野外观测过程中外界条件的因素，如天气的变化、植被的不同、地面土质疏密的差异、地形的起伏、周围建筑物的状况，以及太阳光线的强弱、照射的角度大小等。

有风会使测量仪器不稳，地面松软可使测量仪器下沉，强烈阳光照射会使水准管变形，太阳的高度角、地形和地面植被影响了地面大气温度梯度，观测视线穿过不同温度梯度的大气介质或靠近反光物体，都会使视线弯曲，产生折光现象。因此，外界观测条件是保证野外测量质量的一个重要要素。

观测者、测量仪器和观测时的外界条件是引起观测误差的主要因素，通常称为观测条件。观测条件的好坏决定观测成果的精度高低。因此，把观测条件相同的各次观测，称为等精度观测；观测条件不同的各次观测，称为非等精度观测。任何观测都不可避免地要产生误差，为了保证获得观测值的正确结果，就必须对误差进行分析研究，以便采取适当的措施来消除或削弱其影响。

2. 测量误差的种类

根据观测误差对测量结果影响的性质不同，可分为系统误差、偶然误差和粗差。

（1）系统误差　在相同观测条件下，对某量进行一系列观测，其误差出现的符号和大小均相同，或按一定的规律变化，这种误差称为系统误差。系统误差是由于仪器制造或校正不完善、观测员生理习性、测量时外界条件、仪器检定时不一致等原因引起的。系统误差在观测成果中具有累积性，对成果质量影响显著，但因为符号和大小有一定的规律，因此可按照这些规律在观测中采取相应措施予以消除。

（2）偶然误差　在相同观测条件下，对某量进行一系列观测，其误差出现的符号时正时负，数值或大或小，从表面上看没有任何规律，这种误差称为偶然误差。偶然误差的产生取决于观测进行中的一系列不可能严格控制的因素（如湿度、温度、空气振动等）的随机扰动。例如，在水准测量中，在水准尺上估读毫米数，有时偏大、有时偏小；测水平角瞄准目标时，有时偏左、有时偏右，这种误差都属于偶然误差。偶然误差是由于观测者、观测仪器和外界条件等多方面因素引起的，是不可避免的，只能通过提高仪器的精度，选择良好的外界观测条件、改进观测方法、合理处理观测数据等措施来减少偶然误差对测量成果的影响。

（3）粗差　粗差是一些不确定因素引起的误差，其观测值超过规定限差值。对于粗差，应当分析原因，通过补测等方法加以消除。

在观测值中，系统误差和偶然误差同时存在。用适当的观测方法和计算改正来减少或消除系统误差后，偶然误差就成为影响观测结果精度的主要因素，也就是说，观测成果的误差主要体现为偶然误差的性质。因此，误差理论必须探讨偶然误差的规律，以便处理观测数据，从一组带有偶然误差的观测值中求出未知量的最可靠值，并评定观测精度。

3. 偶然误差的特性

从单个偶然误差来看，其出现的符号和大小没有一定的规律性，但对大量的偶然误差进行统计分析，就能发现其规律性，并且误差个数越多，规律性越明显。

例如，在相同的观测条件下，对162个三角形的内角进行了观测。由于观测值含有偶然误差，致使每个三角形的内角和不等于180°。设三角形内角和的真值为 X，观测值为 L，其观测值与真值之差为真误差 Δ，用下式表示为

$$\Delta = L_i - X \quad (i = 1, 2, \cdots, 162) \tag{1-11}$$

由式（1-11）计算出162个三角形内角和的真误差，并取误差区间为0.2″，以误差的大小和正负号分别统计出它们在各误差区间内的个数和百分比，结果列于表1-4中。

表1-4　偶然误差区间分布统计表

误差区间	正误差		负误差		总和	
（″）	个数/个	百分比（%）	个数/个	百分比（%）	个数/个	百分比（%）
0～0.2	21	13.0	21	13.0	42	26.0
0.2～0.4	19	11.7	19	11.7	38	23.4
0.4～0.6	15	9.3	12	7.4	27	16.7
0.6～0.8	11	6.8	9	5.6	20	12.4
0.8～1.0	9	5.6	8	4.9	17	10.5
1.0～1.2	5	3.0	6	3.7	11	6.7
1.2～1.4	1	0.6	3	1.9	4	2.5
1.4～1.6	1	0.6	2	1.2	3	1.8
1.6以上	0	0	0	0	0	0
总和	82	50.6	80	49.4	162	100

从上表可以看出：小误差出现的个数比大误差多；绝对值相同的正、负误差出现的个数大致相等；最大误差不会超过1.6″。通过大量统计实践结果发现，当观测次数很多时，偶然误差具有以下统计规律：

1）偶然误差的绝对值不会超过一定的限值。

2）绝对值小的误差比绝对值大的误差出现的机会多。

3）绝对值相等的正、负误差出现的机会近于相等。

4）偶然误差的算术平均值，随着观测次数的无限增加而趋近于零，即

$$\lim_{n \to \infty} \frac{[\Delta]}{n} = 0 \tag{1-12}$$

上述第四个特性说明，偶然误差具有抵偿性，它是由第三个特性导出的。

掌握偶然误差的特性，就能根据带有偶然误差的观测值求出未知量的最可靠值，并衡量其精度。同时，也可应用误差理论来研究最合理的测量工作方案和观测方法。

二、评定精度的标准

评定精度常用的标准有中误差、相对误差和容许误差三种。

1. 中误差

在等精度观测条件中，各真误差的平方和的平均值的平方根，称为中误差，又称均方误差，用 M 表示，即

$$M = \pm \sqrt{\frac{[\Delta\Delta]}{n}} \tag{1-13}$$

式中　$[\Delta\Delta] = \Delta_1^2 + \Delta_2^2 + \cdots + \Delta_n^2$

中误差并不等于每个观测值的真误差，它仅是这一组真误差的代表。一组观测值的真误差越大，中误差也越大，它反映观测结果的精度越低。

例：设有两组等精度观测，其真误差分别为：

第一组：$-2''$、$+5''$、$-8''$、$-3''$、$+9''$、$-5''$、$+2''$；

第二组：$-1''$、$-3''$、$+4''$、$0''$、$+9''$、$-13''$、$-4''$。

试求这两组观测值的中误差。

$$M_1 = \pm\sqrt{\frac{4''+25''+64''+9''+81''+25''+4''}{7}} = \pm 5.5''$$

$$M_2 = \sqrt{\frac{1''+9''+16''+0''+81''+169''+16''}{7}} = \pm 6.4''$$

比较 M_1 和 M_2 可知，第一组观测值的精度比第二组高。

必须指出，在相同的观测条件下所进行的一组观测，由于它们对应着同一种误差分布，因此，对于这一组中的每一个观测值，虽然各真误差彼此并不相等，有的甚至相差很大，但它们的精度均相同，即都为同精度观测值。

2. 相对误差

对于某些观测结果，有时单靠中误差还不能完全反映观测精度的高低。例如丈量了100m 和200m 两段距离，中误差均为 ±2cm。虽然两者的中误差相同，但就单位长度而言，两者精度并不相同，后者精度高于前者。

为了客观反映实际精度，常采用相对误差。

当观测值大小与误差本身大小有关时，需引用相对误差来评定精度。观测值中误差 M 的绝对值与相应观测值 S 的比值称为相对中误差，用 K 表示。它是一个无名数，常用分子为 1 的分数来表示，即

$$K = \frac{|M|}{S} = \frac{1}{S/|M|} \tag{1-14}$$

距离为 100m 的相对误差为

$$K_1 = \frac{0.02}{100} = \frac{1}{5\,000}$$

距离为 200m 的相对误差为

$$K_2 = \frac{0.02}{200} = \frac{1}{10\,000}$$

计算结果表明，第二段距离比第一段距离测量得更准确些。当然，在误差大小和观测量大小无关时，例如角度测量，就不能采用相对误差来评定精度，而仍用中误差来评定角度精度。

3. 容许误差

由偶然误差的第一特性可知，在一定的观测条件下，偶然误差的绝对值不会超过一定的限值，这个限值就是容许误差或称极限误差。根据误差理论和大量的实践证明，在一系列的同精度观测误差中，真误差绝对值大于中误差的概率约为32%；真误差绝对值大于两倍中误差的概率约为5%；大于3倍中误差的概率约为3‰。也就是说，大于3倍中误差的真误差实际上是不可能出现的。因此，通常以3倍中误差作为偶然误差的极限值。在测量工作中

一般取两倍中误差作为观测值的容许误差，即

$$\Delta_{容} = 2M \qquad (1-15)$$

当某观测值的误差超过了容许的两倍中误差时，将认为该观测值含有粗差，应将其舍去不用或重测。

三、算术平均值及改正数

设在相同观测条件下对某量进行 n 次等精度观测，观测值分别为 L_1，L_2，$\cdots$，L_n，该量的算术平均值即为

$$x = \frac{L_1 + L_2 + \cdots + L_n}{n} = \frac{[L]}{n} \qquad (1-16)$$

设该未知量的真值为 X，真误差为 Δ_1，Δ_2，$\cdots$，Δ_n，则观测值的真误差为

$$\Delta_1 = L_1 - X$$
$$\Delta_2 = L_2 - X$$
$$\cdots$$
$$\Delta_n = L_n - X$$

将上述等式两端分别相加后，得

$$[\Delta] = [L] - nX$$

故

$$X = \frac{[L]}{n} - \frac{[\Delta]}{n} = x - \frac{[\Delta]}{n}$$

由偶然误差第四个特性可知，当观测次数 n 无限增多时，$[\Delta]/n \to 0$，则 $X \to x$，即算数平均值趋近于观测值的真值。

在实际测量中，观测次数总是有限的，根据有限个观测值求出的算术平均值 x 与其真值 X 仅相差一微小量 $[\Delta]/n$。故算术平均值是观测量的最可靠值，通常也称为最或是值。

由于观测值的真值 X 一般无法知道，故真误差 Δ 也无法求得，所以不能直接应用式（1-13）求观测值的中误差，而是利用观测值的最或是值 x 与各观测值 L 之差 V 来计算中误差，其被称为改正数，即

$$V = x - L \qquad (1-17)$$

求改正数的目的是为了消除不符值，消除不符值的方法是对观测值加以改正求得平差值（改正值）。

改正后的观测值称为平差值（即平差值等于观测值加上改正数）。用平差值进行计算便于满足图形的几何条件，达到平差的目的。

【思考与练习】

1. 何谓偶然误差和系统误差？偶然误差的特性有哪些？

2. 什么是中误差、相对误差和容许误差？

3. 丈量两段距离，$D_1 = 224.18m \pm 0.08m$ 和 $D_2 = 250.32m \pm 0.10m$，试问哪段距离丈量的精度高？两段距离的中误差及相对误差各是多少？

4. 对某段距离进行了五次等精度观测，观测值分别是 148.64m、148.54m、148.61m、

148.62m 和 148.60m。请计算这段距离的最或是值。

5. 根据下面所列的误差内容，试判断其属于何种误差？

误差内容	误差性质
（1）钢直尺尺长不准 （2）量距时，尺子不在一条直线上对量距的影响 （3）水准仪的水准管轴不平行于视准轴的误差 （4）读数时的估读误差 （5）瞄准误差 （6）竖盘指标差 （7）竖盘指标差的变化误差	

6. 已知某角度的真值为 60°，在相同观测条件下测量四次，其观测值分别为 60°00′18″、60°00′13″、59°59′23″、60°00′43″。试计算观测值的最或是值是多少？与每次观测值的中误差是多少？

课题六　测量工作概述

【任务描述】

测量工作的目标之一是测绘地形图，地形图是地图的一种。地形图是将地球表面自然形状和社会现象概括后，通过数学方法，按一定比例尺用特定符号缩绘在图纸上。测量工作的基本任务是要确定地面点的平面位置和高程。确定地面点的几何位置需要进行一些测量的基本工作，为了保证测量成果的精度及质量，需要遵循一定的测量原则。

本课题主要介绍测图的比例尺、控制测量、碎部测量以及测绘的基本工作和应遵循的原则等内容。通过本课题的学习，使学生对测量工作有一定的认识。

【知识学习】

一、比例尺

地球表面上各种地物不可能都按其真实的大小尺寸描绘在图纸上，通常将其实地尺寸缩小若干分之一来描绘。图上一段直线的长度与地面上相应线段的实际水平长度之比，称为地形图的比例尺。比例尺的表示方法分为数字比例尺和图示比例尺。

1. 数字比例尺

以分数形式表示的比例尺称为数字比例尺。数字比例尺一般取分子为1、分母为整数的分数形式来表示。设图上一段直线长度为 d，相应实地的水平长度为 D，则图的比例为

$$\frac{d}{D} = \frac{1}{\frac{D}{d}} = \frac{1}{m} \tag{1-18}$$

式中　m——比例尺分母。

m 值越大，则比例尺就越小。即比例尺的大小视分数值的大小而定，分数值越大，则比例尺亦越大；分数值越小，则比例尺亦越小。采矿工程中常用的比例尺有 1/500、1/1 000、1/2 000、1/5 000 等，数字比例尺也可写成 1：500、1：1 000、1：2 000、1：5 000、1：10 000 及 1：25 000 等。

有了比例尺，就可根据图上的长度求地面上相应的水平长度，也可以将地面上的水平长度转化成图上的相应长度。如在比例尺为 1：1 000 的图纸上，量得两点间距离 d 为 3.28cm，则地面上的相应水平距离 D 为

$$D = md = 1\ 000 \times 3.28\text{cm} = 32.8\text{m}$$

又如：实地水平距离 D 为 96m，画到 1：5 000 比例尺的图纸上，其长度 d 为

$$d = \frac{D}{m} = \frac{96}{5\ 000}\text{m} = 1.92\text{cm}$$

2. 图示比例尺

如果应用数字比例尺来绘制地形图，每一段距离都要按照上述公式换算，将是非常不方便的，此时可采用图示比例尺。为了用图方便，一般地形图上都绘有图示比例尺。因图纸在干湿环境情况不同时伴有伸缩，图纸使用日久后也要变形，若在绘图时就绘上图示比例尺，用图时以图上所绘的比例尺为准，则可基本消除由于图纸伸缩而产生的误差，其特点是直观，使用方便。

最常见的图示比例尺为直线比例尺。直线比例尺是在一段直线上截取若干相等的线段，称为比例尺的基本单位，一般为 1cm 或 2cm，并将最左边的一段基本单位又分成十个或二十个等分小段。图 1-21 为 1：2 000 的直线比例尺，其基本单位为 2cm，相当于实地 40m。最左的基本单位分成二十等分，即每一小分划为 1mm，它相当于实地长度为 1mm × 2 000 = 2m。为了使用方便，在直线比例尺上标出的一般是实地长度值。图 1-21 中表示的一段距离为 109m。应用时，用两脚规的两脚尖对准图上需要量距的两点，然后把两脚规移至直线比例尺上，使一脚尖对准 0 点右边一个适当的大分划线（整数部分），而使另一脚尖落在 0 点左边的小分划线上（小数部分），估读小分划线的零头数就能直接读出长度，无需再计算。

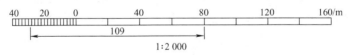

图 1-21　直线比例尺

由于小分划线的零头数是估读的，不一定准确，为了提高估读的精度，可用称为复式比例尺（也称斜线比例尺）的另一种图示比例尺，如图 1-22 所示，以减少估读的误差。

图 1-22 为 1：1 000 的复式比例尺。其制作方法是在直线 AB 上以 2cm 为基本单位截取若干段，每段的末端作适当而等长的垂线 AP、CF 等，并在尺上用平行的横线分成 10 等份；另外再将最左边的基本单位 AC 及 PF 上也分 10 等份，然后上下错开 1/10 基本单位并用斜线连接起来，即成复式比例尺。最左边基本单位的一小格（如 EF）为基本单位 PF 的 1/10。根据相似三角形原理可证明，在纵线 CF 和斜线 CE 之间各横线段自下而上分别为 EF 的 1/10、2/10、3/10、…、9/10 等，也就是任意两相邻横线之间的差数均为 $EF/10$，即 $PF/100$。所以，根据复式比例尺能直接量取到基本单位的 1/100。上述复式比例尺称为标准百分复式比例尺。基本单位与其垂线可以根据需要任意划分。

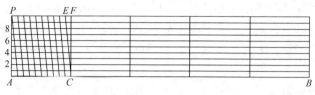

图 1-22 斜线比例尺

假设将基本单位分成 u 等分，垂线分成 v 等分，则复式比例尺最小读数为基本单位的 $1/uv$。另外，基本单位的长度也不一定为 2cm 或 1cm，可以根据比例尺而取最适当的长度。

3. 比例尺的精度

测图所用的比例尺越大，就越能表示出测区地面的详细情况，但测图所需的工作量也越大。

因此，测图比例尺关系到实际需要、成图时间及测量费用。一般以工作需要为决定的主要因素，即根据在图上需要表示出的最小地物有多大，点的平面位置或两点间的距离要精确到何种程度为准来考虑。

这里首先需要说明一个问题，人的眼睛由于视觉的限制，正常眼睛能分辨出的最短距离一般为 0.1mm，因此用手工绘图或在图上度量时，只能达到图上 0.1mm 的准确程度。反之，实地丈量地物边长，或丈量地物与地物间的距离，只要精确到按比例尺缩小后，相当于图上 0.1mm 即可。这在测量工作中把相当于图上 0.1mm 的实地水平距离称为比例尺的精度。表 1-5 为常用比例尺的精度。

表 1-5 常用比例尺的精度

比例尺	1:500	1:1 000	1:2 000	1:5 000	1:10 000
比例尺精度/m	0.05	0.1	0.2	0.5	1.0

从表 1-5 中可以看出，当测图比例尺不同时，其比例尺精度也就不同。比例尺精度的概念，对测图和用图有非常重要的实际意义。例如在进行 1:1 000 比例测图时，实地量距只需准确到 0.1m，否则测量得再精细，在图上也无法表示出来。又如某项工程建设，要求在图上能反映出实地 5cm 的精度，则测图时所选图的比例尺就不能小于 1:500。

据此，我们知道比例尺精度的意义在于：

1）根据工作需要，多大的地物需要在图上表示出来或测量地物要求精确到何种程度，由此可参考决定测图的比例尺。

2）当测图比例尺决定后，可以推算出测量地物时应精确到何种程度。

二、控制测量

控制测量是测量工作的重要组成部分，也是保证测量工作能否顺利进行的关键因素。

在测量工作中，首先在测区内选择一些具有控制意义的点，组成一定的几何图形，形成测区的骨架，用相对精确的测量手段和计算方法，在统一坐标系中确定这些点的平面坐标和高程，然后以它为基础测定其他地面点的点位或进行施工放样，或进行其他测量工作。其中这些具有较高精度的平面坐标和高程的点称为控制点，由控制点组成的几何图形称为控制网，对控制网进行布设、观测、计算，确定控制点平面位置和高程的工作称为控制测量。

控制网是由控制点构成的。控制点的精度比受控点的精度高，可作为推算后者坐标的起算点，起控制后者的作用。在碎部测量中，专门为地形测图而布设的控制网称为图根控制网，相应的测量工作称为图根控制测量，精度较低且能满足地形测图需要的图根控制点简称图根点；专门为工程施工而布设的控制网称为施工控制网，施工控制网可以作为施工放样和变形监测的依据。由此可见，控制测量起到控制全局和限制误差积累的作用，达到提高测量作业的精度和速度的效果。控制测量是碎部测量的基础，是测量工作的先导。

控制测量分为平面控制测量和高程控制测量。平面控制测量确定控制点的平面坐标，高程控制测量确定控制点的高程。在传统测量工作中，平面控制网与高程控制网通常分别单独布设，目前，有时候也将两种控制网合起来布设成三维控制网。

控制测量的服务对象主要是各种工程建设、城镇建设和土地规划与管理等工作，这就决定了其测量范围比大地测量要小，但在观测手段和数据处理方法上却具有多样性的特点。

1. 平面控制测量

平面控制测量常采用三角测量和导线测量的基本方法建立控制网，现在可用 GPS 全球卫星定位系统测定控制点的平面位置和高程。

（1）三角测量　如图 1-23a 所示，选择若干控制点而形成互相连接的三角形，测定其中一边的水平距离和每个三角形的三个内角，然后根据起算数据（至少一个点的坐标和一条边的方位）可算出各控制点的坐标。三角形各顶点称为三角点。各三角形联成的网状图形称为三角网。

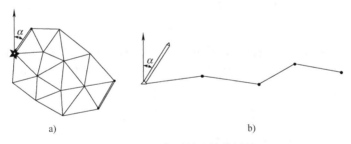

a)　　　　　　　　　　　　　　　　　　b)

图 1-23　三角测量和导线测量

（2）导线测量　如图 1-23b 所示，将相邻控制点连成直线所构成的连续折线，称为导线。这些控制点称为导线点，导线测量就是依次测定各导线边的长度和各转折角值（水平角），根据起算数据（至少一个点的坐标、一条边的方位）求出各导线点的坐标。

（3）GPS 定位测量　全球定位系统是新的空间无线电定位系统，利用排列在地球周围空间 6 个近似圆形轨道上的 24 颗人造卫星，地面接收系统可在地球上任何地方、任何时刻收到至少 4 颗卫星发出的信号，从而解算出地面接收系统所处位置的三维坐标（平面位置和高程）。这是测量技术的革命性变革，它使三维坐标测量变得简单、快速、容易。目前，已把这项技术应用于控制点的测定。

我国土地幅员辽阔，如果采用一个等级将国家坐标原点的坐标引测到全国各地，离原点最远的点的测量误差将会很大，达到应用上所不容许的程度。为此将国家控制网分成四个级别，一等网边长 20～25km，而四等网边长只有 2～6km；一等网精度最高，是基础，四等网精度低，应用于工程。这样由高级向低级逐级控制，每一个等级同为一个精度指标，从国家一等网降到四等网只递降了四次，从而有效地控制了误差传递和积累，从精度上满足了不同测图和工程建设的需要。如果国家控制点密度仍不能满足测图和工程需要，可依据国家控制点继续加密。

2. 高程控制测量

高程控制测量主要通过水准测量方法建立，而在地形起伏大、直接进行水准测量较困难的地区以及图根高程控制网，可采用三角高程测量方法建立。

（1）水准测量　国家高程控制网是用水准测量方法布设的，其布设原则与平面控制网布设原则相同。根据分级布网的原则，将水准网分成四个等级。一等水准路线是高程控制的骨干，在此基础上布设的二等水准路线是高程控制的全面基础；在一、二等水准网的基础上加密三、四等水准路线，直接为地形测量和工程建设提供必要的高程控制。按国家水准测量规范规定，各等级水准路线都应构成闭合环线或附合于高等级水准路线上。

（2）三角高程测量　三角高程测量主要用于山区的高程控制和平面控制点的高程测定。应特别指出的是，电磁波测距三角高程测量，近年来经过研究已普遍认为该法可达到四等水准测量的精度，也有说法可以代替三等水准测量。因而《城市测量规范》（CJJ/T8—2011）规定：根据仪器精度和经过技术设计认为能满足城市高程控制网的基本精度时，可用于代替相应等级的水准测量。

在小区域范围内建立高程控制网，应根据测区面积大小和工程要求，采用分级建设的方法。一般情况下，以国家或城市等级水准点为基础，在整个测区建立三、四等水准网或水准路线，用图根水准测量或三角高程测量测定图根点的高程。

三、碎部测量

在控制测量的基础上，再进行碎部测量。碎部测量遵循的原则是：布局上"从整体到局部"，精度上"由高级到低级"，程序上"先控制后碎部"。测量工作的这些重要原则，不但可以保证减少测量误差的积累，还可使测量工作同时在几个控制点上进行，从而加快测量工作的进度。另外，为防止和检查测量工作中出现的错误，提高测量工作效率，测量工作必须重视检核工作，"边工作边检核"也是测量工作的又一个原则。

如图 1-24 所示，先在地面上适当位置测定 *A*、*B* 两点的坐标，依其坐标值将其展绘到图纸上。先使图纸上的 *a* 点位于地面 *A* 点同一铅垂线上（对中），再把图板放平（整平），并使其图上的 *ab* 方向与地面 *AB* 方向一致（定向），最后固定图板。测定 *A* 点附近的房屋位置时，可根据图上的 *a* 点向房屋的三个墙角 1、2、3（能表示房屋形状的特征点）画三条方向线，并同时量出地面上 *A*1、*A*2、*A*3 的水平距离，位于图纸上在相应的方向线上按比例分别量出 *a*1、*a*2、*a*3，这样就得到了图上的 1、2、3 点。通常房屋是矩形的，可以用推平行线的方法绘出另一个墙

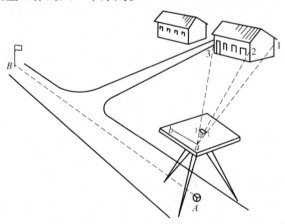

图 1-24　地形图测量原理

角，这样就在图纸上测定了这幢房屋的平面位置。依此类推，在逐个控制点上测绘其他地物。至于地貌的测绘，可依据已知点的高程测定一系列高度变化处的高程，最后绘出用等高线表示的地貌。

如果测量的目的只为获得地面物体水平投影的位置，则称这种测量为地物测量。如果测量的目的是既要获得地面物体的水平投影位置又要获得其高程，则这种测量就是地形测量。碎部测量最后成果是用图表示的。要完成这个目的有两种不同的测量程序：其一在野外用仪器将碎部点与控制点的关系（包括距离、方向和高差）测定，并将这些数据记录下来，再在室内进行绘图，这就是测记法。这种方法工作时受气候影响小，但因在室内绘图所以无法与实地对照进行，有错误不易发觉，又不能及时改正。另一种是在野外根据图解的原理把碎部点的位置确定下来，所以绘图工作是在野外进行的，这种方法一般称为测绘法，也是最常用的方法。用图表示地面上地物的形状大小，有的可以按比例缩小描绘在图纸上，有时由于实物较小，按比例缩小后无法在图纸上绘出，这时可不按比例而用规定的符号表示其位置。地貌一般是用表示高程的等值线即等高线表示。等高线既能表示出地形的高低起伏情况，也能表示其水平投影的位置。有的地貌用等高线表示有困难时，也可用规定的符号来表示。

随着测绘理论和技术的发展，以及测绘仪器的现代化，地形测图手段和方法也取得了质的飞跃，除了传统的测绘手段和方法外，目前，数字化测图技术得到了广泛应用。所谓数字化测图，就是用全站仪（或半站仪）在野外进行实地测量，将野外采集的数据自动传输到全站仪内存、电子手簿、磁卡或便携机内作记录，并在现场绘制地形（草）图，到室内将数据自动传输到计算机，人机交互编辑后，由计算机自动生成数字地图，并控制绘图仪自动绘制输出地形图。这种方法是从野外实地采集数据，又称地面数字测图。由于测绘仪器测量精度高，而电子记录又如实地记录和处理，所以地面数字测图精度较高，也是城市地区的大比例尺（尤其是 1:500）测图中最主要的测图方法。

现在，各类建设使城市面貌日新月异，在已建（或将建）的城市测绘信息系统中，多采用野外数字测图作为测量与更新系统，发挥地面数字测图机动、灵活、易于修改的特点，局部测量，局部更新，始终保持地形图的现势性。

四、测绘基本工作

实际测量工作中，一般不能直接测出地面点的坐标和高程，而是通过间接观测求出待定点坐标与已知点坐标间的几何位置关系，利用已知点坐标就可推算出待定点的坐标和高程。

如图 1-25 所示，地面点 Ⅰ、Ⅱ 的坐标及高程均已知，A、B 为待定点，其在投影平面上的投影分别为 Ⅰ、Ⅱ、a、b。为了确定 A 点和 B 点的坐标，只要观测水平角 β_1、β_2 和水平距离 D_1、D_2，再根据已知点 Ⅰ 的坐标和 Ⅱ-Ⅰ 的方向值，就可推算出 A 点和 B 点的坐标值。

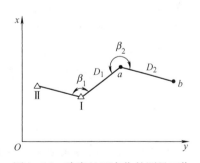

图 1-25 确定地面点位的测量工作

可见测定地面点坐标的主要工作是测量水平角和水平距离；为了确定 A 点和 B 点的高程，只要观测高差 h_{IA} 和 h_{AB}，再根据已知点 Ⅰ 的高程，就可推算出 A 点和 B 点的高程。可见测定地面点高程的主要工作是测量高差。

综上所述，距离、角度和高差是确定地面点位置的三个基本要素，距离测量、角度测量和高程测量是测量的三项基本工作。

测量工作按其性质分为外业和内业两个部分。外业是指室外的施测工作，即用各种测量仪器和工具在现场直接测定各点间的距离（水平、倾斜、垂直），测定各直线间的夹角（水平角、倾斜角），并记录在测量手簿中。内业是指室内的工作，它是根据外业原始测量数据进行整理、计算，从而确定各点的相对位置。

新技术应用可以直接获得点的三维坐标（平面位置和高程），使得测量距离、角度和高差的概念逐渐被淡化。但在测绘工作中，测角、量边、测高差的基本工作仍没有改变。

作为一名现代化矿山建设者，要注意培养"测""算""绘"的测量基本功；牢记"由整体到局部"、"由高级到低级"、"先控制后碎部"的测绘三原则，不使误差积累；注意无论从事哪种工作（外业或内业）都必须小心谨慎地进行，一切测量工作都必须随时检查，杜绝错误，没有对前阶段工作的检查，就不能进行下一阶段的工作（即测绘工作步步有检核，前一步工作未作检核之前，不能进行下一步工作）。施测和计算应有合理的精度，以保证测绘成果的质量和较高的工作效率。

【思考与练习】

1. 测量的基本工作是什么？测量工作应遵循哪些原则？

2. 什么是比例尺？它有几种类型？

3. 假设比例尺分别为 1:500，1:1 000，1:2 000，1:5 000，现测量得实地长度为127m，图上长度分别是多少？若图上距离为2.7cm，实地长度分别是多少？

4. 什么是比例尺精度？它对测图和用图有什么作用？

课题七　矿山测量工作任务实施注意事项

【任务描述】

测量工作是一项集体性工作，任何个人很难单独完成。因此，测量工作任务的实施通常以小组为单位进行。测量工作任务实施前，要认真阅读实施内容，做好实施准备工作；实施时，要做到积极参与、互相配合、共同完成；实施完成后，要认真整理实施成果，积极思考并做好复习题，巩固课堂理论教学知识。

【知识学习】

一、测量工作任务实施课的目的与要求

1. 测量工作任务实施目的

1）初步掌握测量仪器的操作方法。

2）掌握正确的测量、记录和计算方法，求出正确的测量结果。

3）巩固并加深测量理论知识的学习，做到理论联系实际。

2. 测量工作任务实施要求

1）实施测量工作任务前，必须预习实训指导书，弄清其目的、要求、仪器及工具、测量工作任务实施方法和步骤，以及测量工作任务实施注意事项。

2）实施测量工作任务开始前，以小组为单位到测量仪器室领取并检查仪器和工具，做好仪器使用登记工作。领到仪器后，到指定地点集中，待指导教师作全面讲解后，方可开始实施测量工作任务。

3）每次实施测量工作任务，各小组长应根据测量工作任务的实施内容，进行适当的人员分工，并注意工作轮换。

4）测量工作任务实施时，必须认真仔细地按照测量程序和测量规范进行观测、记录和计算工作，遵守纪律，保证测量工作任务的完成。

5）爱护测量仪器和工具。测量工作任务实施过程中或结束后，如发现仪器或工具有损坏、遗失等情况，应及时报告指导教师。指导教师和仪器管理人员查明情况后，根据具体情节做出相应的经济处罚或批评。

6）测量工作任务实施完毕，须将其记录、计算和结果交指导教师审查，待老师同意后方可收拾仪器离开测量工作任务实施地点。

7）及时向测量仪器室还清仪器和工具，未经指导教师许可，不得任意将仪器转借他人或带回宿舍。

二、测量仪器和工具的使用注意事项

测量仪器精密贵重，是国家的宝贵财产，也是测量人员的必备武器，测量仪器若有损坏或遗失，不但造成学校的财产损失，还将直接影响到学校正常的测量教学工作；在工程建设单位，测量仪器的损坏或遗失，还将直接影响工程建设的质量和进度。因此，爱护测量仪器和工具是我们每个测量人员应有的品德，同时也是每个公民的神圣职责。

爱护测量仪器和工具，首先必须了解并熟悉测量仪器和工具的结构及正确使用方法。现将各种常规测量仪器（水准仪、经纬仪等）和工具的正确使用与爱护方法分述如下。

1. 常规测量仪器的正确使用与保护方法

1）领取仪器时，应先检查仪器箱是否盖好并扣紧，提环、背带是否牢固。携带仪器时，注意保护仪器不受碰撞和振动。

2）从仪器箱内取出仪器时，应记清仪器在箱内的安放位置，以便正确放回。

3）取出仪器时，不可用手拿仪器、望远镜或竖盘，应一手持仪器基座或支架等坚实部位，一手托住仪器，并注意做到轻取轻放。

4）将仪器安置在三脚架上，当中心连接螺旋尚未连接好之前，不能松手，以防仪器从三脚架上摔下。

5）仪器架好后，必须有专人保护，特别是在街道、施工场地等人来人往处实训时，更应注意保护仪器。

6）开始操作前，三脚架的脚尖必须牢固地插入土中，在坚硬的地面（如水泥路面）处要特别注意保护三脚架不能移动。

7）操作仪器要手轻心细，各制动螺旋不要拧得太紧。仪器制动后，切不可用力转动仪器被制动的部位，以免损坏仪器轴系机构，各微动螺旋不可旋至极端位置。千万不可拧动仪器轴座固定螺旋，以防仪器松开或掉下。

8）如仪器某部位失灵或发生故障，切不可强行扳动，更不得任意拆卸或自行处理，应及时报告指导教师。

9）勿使仪器淋雨或暴晒，打伞观测时，应防风吹使伞动而撞坏仪器。

10）仪器光学部分（包括物镜、目镜、放大镜等）有灰尘或水汽时，严禁用手、手帕或纸张去擦拭，应报告指导教师，用专用工具处理。

11）远距离搬迁仪器时，必须将仪器取下，装回仪器箱中进行搬迁；近距离搬迁时，可将仪器制动螺旋松开（万一仪器被撞，可自由转动以免严重损坏），收拢三脚架，连同仪器一并夹于腋下，一手托住仪器，一手抱住三脚架，并使仪器在上、脚架在下呈微倾斜状态进行搬迁，切不可将仪器扛在肩上搬迁。

12）测量工作任务实施完毕后，应先检查零件是否齐全，然后松开制动螺旋，将所有的微动螺旋旋至中央位置，按原样慢慢地将仪器放回箱中，旋紧制动螺旋，关好仪器箱并立即上锁。注意，当仪器箱关不上时不可强行关箱。

2. 测量工具的正确使用与保护方法

1）钢尺、皮尺不可足踏或让车辆压过，不得在地面上拖拉尺子，以防尺子着水并弄脏，尺子使用后，应及时擦去泥垢并涂油防锈。

2）钢尺拉出和卷入时不应过快，否则易出现拉不出或卷不进等故障。

3）钢尺性脆易断，不可抛掷，更不可弯折，拉紧钢尺时，尺身应平直不得有扭转。

4）拉紧皮尺时，用力不可过大，以恰好拉直为宜。

5）水准尺、钢尺及皮尺等应注意保护尺身刻画不受磨损。

6）水准尺、花杆、测伞及三脚架等均不能斜靠在墙面或树上，以防倒下摔坏，要平放在地面上或可靠的墙角处。不得用其抬物或垫坐，以防弯曲。

7）勿用垂球尖冲击地面，以防球尖碰坏。

8）不得拿任何测量工具进行玩耍。

3. 全站仪的正确使用与保护方法

1）尽量选择在大气稳定、通视良好的时候观测。

2）避免在潮湿、肮脏、强阳光下以及热源附近充电，电池应放完电后再充电，长期不用时也应放完电后存放。

3）不要把仪器存放在湿热环境下。使用前，要及时打开仪器箱，使仪器与外界温度一致。应避免温度骤变使镜头起雾、缩短仪器测程。

4）观测时不要将望远镜直视太阳。

5）观测时，应尽量避免日光持续曝晒或靠近车辆热源，以免降低仪器效率。

6）用望远镜瞄准反射棱镜时，应尽量避免在视场内存在其他反射面，如交通信号灯、猫眼反射器、玻璃镜等。

7）在潮湿的地方进行观测时，观测完毕将仪器装箱前，要立即彻底除湿，使仪器完全干燥。

三、测量记录与计算的注意事项

1. 测量记录注意事项

1）测量观测数据须用 2H 或 3H 铅笔记入正式表格，不得先记在草稿纸上，然后再抄写。严禁测量工作任务实施时不记录，实施结束后凭记忆回忆数据，记入表格。

2）记录前须填写测量工作任务实施日期、天气、仪器号码、班级、组别、观测者、记录者等观测手簿的表头内容。

3）记录者在观测者报出观测数据并准备记录数据前，应先将观测数据复读（即回报）一遍，让观测者听清楚，以防出现听错或记错现象。

4）测量记录应书写工整，不得潦草，要保证测量工作任务实施记录清楚整洁、正确无误。

5）禁止擦拭、涂改和挖补数据。记录数字如有差错，不准用橡皮擦去，也不准在原数字上涂改，应根据具体情况进行改正：如果是米、分米或度位数字读（记）错，则可在错误数字上划一条斜线，保持数据部分的字迹清楚，同时将正确数字记在其上方；如为厘米、毫米、分或秒数字读（记）错，则该读数无效，应将本站或本次测回的全部数据用斜线划去，保持数据部分的字迹清楚，并在备注栏中注明原因，然后重新观测，并重新记录。测量过程中，规定不准更改的测量数据数位及应重测的范围见表1-6。

表1-6　不得更改的测量数据数位及应重测的范围

测量种类	不准更改的数位	应重测的范围
水准	厘米及毫米位的读数	一测站
水平角	分及秒位的读数	一测回
竖直角	分及秒位的读数	一测回
量距	厘米及毫米位的读数	一尺段

6）严禁连环更改数据。如已修改了算术平均值，则不能再改动计算算术平均值的任何一个原始数据；若已更改了某个观测值，则不能再更改其算术平均值。

7）记录数字要正确反映观测精度。对于要求读到毫米位的，若读数为1米2分米6厘米，应记成1 260，不能记成126；同理，如要求读到厘米位时，应记成126，而不应记成1 260。角度测量时，"度"最多三位、最少一位，"分"和"秒"各占两位，如读数是0°2′4″，应记成0°02′04″。测量数据精确单位及应记录的位数见表1-7。

表1-7　测量数据精确单位及应记录的位数

测量种类	数字单位	记录字数的位数
水准	mm	4个
角度的分	′	2个
角度的秒	″	2个

2. 测量计算注意事项

1）测量计算时，数字进位应按照"四舍六入五凑偶"的原则进行。

如要求精确到个位数，下列数据的最后结果分别是：123.4→123；123.6→124；124.5→124；123.5→124。

2）测量计算时，数字的取位规定：水准测量视距应取位至1.0m，视距总和取位至0.01km，高差中数取位至0.1mm，高差总和取位至1.0mm；角度测量的秒取位至1.0″。

3）简单计算，如平均值、方向值、高差（程）等，应边记录边计算，以便超限时能及时发现问题并立即重测。

较为复杂的计算，可在实施测量工作任务完成后及时算出，测量中常用的度量单位见表 1-8。

表 1-8 测量中常用的度量单位

	米（Meter）制 （我国法定单位）	1km（千米或公里）＝1 000m（米） 1m（米）＝10dm（分米）＝100cm（厘米）＝1 000mm（毫米）
长度单位	英、美制	1in（英寸）＝2.54cm 1ft（英尺）＝12in＝0.3048m 1yd（码）＝3ft＝0.9144m 1mi（英里）＝1 760yd＝1.6093km
面积单位	米（Meter）制	$1m^2$（平方米）＝$100dm^2$＝$10\ 000cm^2$＝$1\ 000\ 000mm^2$ 1mu（市亩）＝666.6667m^2 1are（公亩）＝$100m^2$＝0.15mu $1hm^2$（公顷）＝$10\ 000m^2$＝15mu $1km^2$（平方公里）＝$100hm^2$＝1 500mu
	英、美制	$1in^2$（平方英寸）＝6.4516cm^2 $1ft^2$（平方英尺）＝$144in^2$＝0.0929m^2 $1yd^2$（平方码）＝$9ft^2$＝0.8361m^2 1 acre（英亩）＝4 840 yd^2＝40.4686 are＝4 046.86 m^2＝6.07 mu
体积单位		$1\ m^3$（立方米）＝1 000 dm^3＝1.3079 yd^3 $1yd^3$（立方分米）＝1 000 cm^3＝0.0353 ft^3 $1cm^3$（立方厘米）＝1 000mm^3＝0.0610 in^3
角度单位	度分秒（DMS）制	1 圆周＝360°（度）　1°＝60′（分）　1′＝60″（秒）
	十进（DEG）制	电子计算中常采用以°为单位的十进制，如57°、37.4°
	百进制	1 圆周＝400^g（新度）　1^g＝100^c（新分）　1^c＝100^{cc}（新秒） 1^g＝0.9°　　　　　1°＝1.111^g 1^c＝0.54′　　　　　1′＝1.852^c 1^{cc}＝0.324″　　　　1″＝3.086^{cc}
	密位制	1 圆周＝6 000 密位
	弧度（RAD）制	$2\pi\rho=360°$　$\rho=\dfrac{180°}{\pi}$ $\rho°=\dfrac{180°}{\pi}=57.2957795°\approx57.3°$ $\rho'=\dfrac{180°}{\pi}\times60=3\ 437.74677'\approx3438'$ $\rho''=\dfrac{180°}{\pi}\times3\ 600=206\ 264.806''\approx206\ 265''$ $\hat{\alpha}=\dfrac{\alpha°}{\rho°}+\dfrac{\alpha'}{\rho'}+\dfrac{\alpha''}{\rho''}$

4）测量工作任务实施计算必须仔细认真。测量时，严禁任何因超限等原因而更改观测记录数据，一经发现，将取消测量工作任务实施成绩并严肃处理。

单元二

水准测量

单
元
学
习
目
标

☞ **知识目标**

（1）正确理解高程、高差、水准点、转点等概念。

（2）正确理解水准测量一测站、一测段及水准路线的区别。

（3）掌握水准测量的原理和方法。

（4）掌握水准仪构造特点及用法。

☞ **技能目标**

（1）能正确操作使用水准仪，在规定时间内完成粗平、精平工作。

（2）能正确操作使用水准仪，在规定时间内照准水准尺，并正确读数。

（3）能正确完成一测站水准测量的观测、记录和计算。

（4）能独立完成水准路线测量的内业计算工作，正确计算且结果符合要求。

课题一 水准测量原理

【任务描述】

水准测量是高程测量最基本且精度较高的一种方法。本课题主要介绍水准测量的原理。通过本课题的学习，使学生对水准测量原理有较深入的认识。

【知识学习】

确定点高低位置的工作称为高程测量。高程测量的方法主要有：水准测量、三角高程测量、气压高程测量和 GPS 高程测量。这里介绍工程上通常采用的水准测量。

一、高差法

如图 2-1 所示，设 A、B 为地面上两点，且 A 点高程 H_A 已知，欲测定 B 点的高程 H_B。首先在 A、B 两点大致中间位置，安置水准仪，在已知高程点 A 和待测高程点 B 上分别竖立

水准尺 p_A 和 p_B，利用水准仪提供的水平视线在两尺上分别读取 a、b 的读数。从图中不难看出：

A、B 两点间的高差为

$$h_{AB} = a - b \qquad (2-1)$$

由已知点 A 的高程 H_A 和测定的高差 h_{AB}，计算出 B 点的高程 H_B 为

$$H_B = H_A + h_{AB} \qquad (2-2)$$

显然，水准测量是利用水准仪给出的水平视线借助水准尺来测定两点间的高差，再根据已知点的高程推算出未知点的高程。

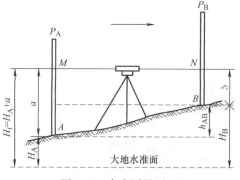

图 2-1 水准测量原理

式（2-2）是直接利用高差 h_{AB} 计算 B 点高程的方法，称为高差法。

在水准测量中通常是有方向的，如图 2-1 中箭头所示，从已知高程点 A 向待测高程点 B 进行，则 A 点为后视点，A 点水准尺上的读数 a 为后视读数，B 点为前视点，B 点水准尺上的读数 b 为前视读数。

它们之间的关系是

$$高差\ h_{AB} = 后视读数\ a - 前视读数\ b$$

当读数 a 大于读数 b 时，高差 h_{AB} 为正，说明 B 点高于 A 点；当读数 a 小于读数 b 时，高差 h_{AB} 为负，说明 B 点低于 A 点。

二、仪高法

除了高差法外，施工测量中通常利用仪器的视线高 H_i 计算 B 点的高程。

视线的高程为

$$H_i = H_A + a \qquad (2-3)$$

B 点的高程为

$$H_B = H_i - b \qquad (2-4)$$

式（2-4）是利用视线高计算 B 点高程的方法，称为仪高法。当需要安置一次仪器测出若干前视点的高程时，应用仪高法比较方便。

【思考与练习】

设 A 点为后视点，B 点为前视点，已知 A 点的高程为 20.051m。测得后视读数为 1.368m，前视读数为 1.624m，试求 A、B 两点间的高差及 B 点的高程。

课题二　水准仪和水准尺的认识与操作

【任务描述】

水准仪是水准测量的主要仪器。水准仪按其结构可分为水准管式微倾水准仪、具有补偿器的"自动安平"水准仪和数字式水准仪三种。本课题主要介绍 DS_3 型微倾式水准仪的构造及使用方法。

【知识学习】

一、DS₃ 型微倾式水准仪的构造

图2-2为国产 DS₃ 型微倾式水准仪，主要由望远镜、水准器和基座三部分组成。

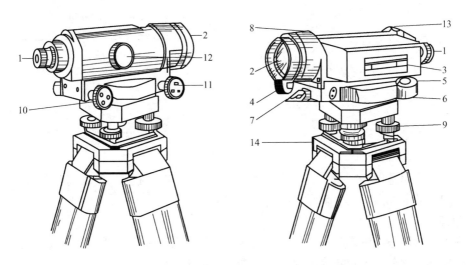

图2-2　DS₃ 型微倾式水准仪的构造

1—目镜　2—物镜　3—符合水准管　4—微动螺旋　5—圆水准器　6—圆水准器校正螺旋　7—制动螺旋

8—准星　9—脚螺旋　10—微倾螺旋　11—微动螺旋　12—物镜对光螺旋　13—照门　14—三脚架

1. 望远镜

水准仪的望远镜的主要用途是照准水准尺，读取水准尺上的读数。它主要由物镜、目镜、调焦透镜和十字丝分划板组成，如图2-3所示。

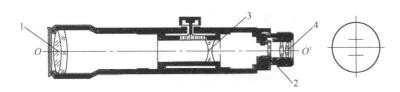

图2-3　望远镜

1—物镜　2—十字丝分划板　3—调焦透镜　4—目镜

正确使用望远镜的操作步骤如下。

（1）目镜对光　调节目镜螺旋使十字丝清晰。

（2）粗略照准　利用望远镜筒上的粗瞄器照准目标，旋紧水平制动螺旋。

（3）物镜对光　转动物镜对光螺旋使目标影像清晰，并消除视差。

（4）精确照准目标　转动水平制动螺旋，用十字丝纵丝中间部分平分或夹准目标。通常近距离目标用单丝平分瞄准，远距离目标用双丝夹准。

2. 水准器

水准器有圆水准器（图2-4）和管水准器（图2-5）两种。圆水准器装在基座上，下端有三个校正螺旋，供校正圆水准器轴时使用，借助于三个脚螺旋可用来粗略整平仪器。管水准器装在望远镜旁边，借助于微倾脚螺旋可用于精确整平。

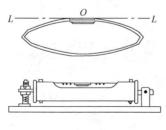

图2-4　圆水准器

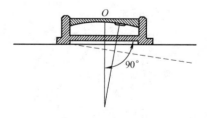

图2-5　管水准器及水准轴

水准器的作用是用于整平，其特点是哪边高，气泡偏向哪边。整平时根据左手定则完成，即气泡移动的方向就是左手大拇指转动的方向。

3. 基座

基座主要由轴座、脚螺旋、底板和三角压板组成，其作用是支撑仪器上部并用连接螺旋与三脚架连接，调节三个脚螺旋可使圆水准器气泡居中，使仪器粗略整平。

二、水准尺和尺垫

1. 水准尺

水准尺是水准测量时使用的重要工具，其质量的好坏直接影响水准测量的精度。水准尺通常采用干燥的优质木材制成，也有用铝合金、玻璃钢等材料制成的。水准测量常用的水准尺有直尺和塔尺两种，如图2-6所示。

直尺尺身长3m，又称双面水准尺。尺身两面均绘有区格式厘米分划，一面是黑白格相间的厘米分划，称为黑面尺，尺底端从零起算，在每一分米处注有两位数，表示从零点到此刻划线的分米值；另一面是红白格相间的厘米分划，称为红面尺，尺底从4.687m或4.787m起算。直尺两根为一对，每一根水准尺的同一位置红、黑面读数均相差一个常数，即尺常数。直尺尺身上通常装有圆水准器，用于检查水准尺竖直的程度。

塔尺尺身长3m或5m，由三节尺段套接而成，可以伸缩。尺面是黑白格相间厘米分划，尺的底部为零。每一分米处注有一数字，表示分米值。分米数值上的红点表示米数，一个红点表示1m。塔尺携带方便，但接头处容易损坏，影响尺子的精度，多用于地形测量。

进行精度要求较高的水准测量时，规定使用直尺。

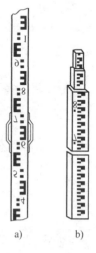

a)　　　b)

图2-6　水准尺

a）直尺　b）塔尺

2. 尺垫

如图2-7所示，尺垫的形状为三角形，一般用生铁铸成，中间有凸起的圆顶，下面有三个尖脚。在土质松软处测量时，为防止尺垫下沉，应在立尺处放置尺垫，将尺垫的三足踩入土中并踩实，然后将水准尺轻轻地放在中央凸起处。

图2-7 尺垫

三、DS₃型微倾式水准仪的使用

正确使用水准仪的操作程序是：安置仪器→粗略整平→对光照准→精平读数。

1. 安置仪器

打开三脚架，保持架腿高度适中，目估架头大致水平，牢固地架设在地面上。从箱中取出仪器，用连接螺旋固连在三脚架上。

2. 粗略整平

粗略整平常简称粗平，是通过转动三个脚螺旋，使圆水准器气泡居中。如图2-8所示，根据气泡移动的方向与左手大拇指转动脚螺旋的方向一致的规律，旋转脚螺旋使气泡迅速居中。

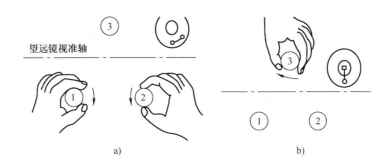

望远镜视准轴

a)   b)

图2-8 粗平

3. 对光照准

松开水平制动螺旋，转动望远镜，利用镜筒上的准星和照门照准水准尺，然后拧紧制动螺旋，转动目镜对光螺旋，使十字丝清晰。若望远镜内水准尺成像不清晰，则通过转动物镜对光螺旋，使水准尺的成像清晰。转动微动螺旋，使尺子的影像靠近十字丝的一侧，以便于读数，如图2-9所示。

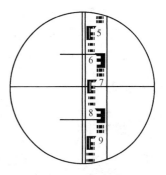

图2-9 照准水准尺

4. 精平读数

照准水准尺后，不要立即读数，应看视线是否精平。精平的规律是：望远镜旁观察镜中左侧的半像移动方向与右手大拇指转动微倾螺旋的方向一致，如图2-10所示。通过转动微倾螺旋使符合水准气泡吻合，此时视线精确水平，瞬间应立即在水准尺上读数。

读取十字丝横丝与尺子相截处的分划值，如图 2-9 中的读数为 0.720m。

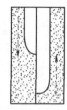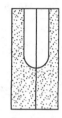

在尺子上的读数一般习惯以毫米为单位报四位数字，例如 0.720m 只需读 0720 四位数字，同时记录员在记录前应复述一遍读数，经观测员默认后方可记录，防止不必要的错误。

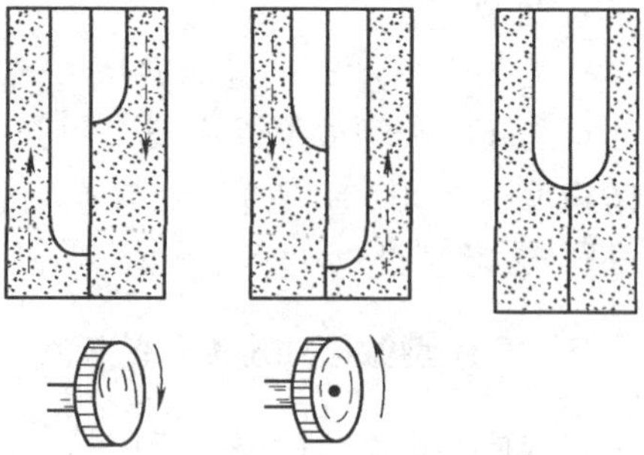

a)   b)   c)

图 2-10　精平

【任务实施 1】

一、实施内容

认识 DS_3 型微倾式水准仪的构造特点及用法。

二、实施前准备工作

准备一台 DS_3 型水准仪、一把水准尺、1 个三脚架。

三、实施方法及要求

1. 实施方法

首先在实验场地安置水准仪，然后按以下步骤完成操作。

1）对照水准仪实物，陈述水准仪各部件名称及用法。如：脚螺旋、制动螺旋、微动螺旋、微倾螺旋、调焦螺旋等。

2）按照各部件操作要领进行操作，观察其中变化，体会该部件的用法。

实施要求：仔细观察、认真体会，训练结束时，能熟练指出水准仪各部件名称，并能正确操作。

四、实施注意事项

1）实施前，每个同学必须事先预习教材及实习指导书。

2）操作仪器时注意：制动时不要将制动螺旋拧得过紧，以防失灵；微动时先要制动，后微动；微动范围要适当，以防微动螺旋拧出头，造成螺钉内的弹簧跳出而损坏仪器；转动仪器时，一定要先松开制动螺旋，切勿强转硬扳。

3）要爱护仪器，不能用手或硬物擦拭物镜和目镜；拆装仪器时，不能手持望远镜。

4）观测者不能擅自离开仪器，以防强风或人畜碰撞仪器。

【任务实施 2】

一、实施内容

粗平、照准、精平、读数。

二、实施前准备工作

准备一台 DS_3 水准仪、一把水准尺、1 个三脚架。

三、实施方法及要求

首先在实验场地安置水准仪，然后按以下步骤完成操作。

（1）粗平训练

1）对照水准仪实物，陈述水准仪脚螺旋、圆气泡的作用及用法。

2）旋转脚螺旋，观察圆气泡的变化，再反向旋转脚螺旋，观察圆气泡的变化，体会脚螺旋、圆气泡的作用及用法，验证左手定则规律。

3）按左手定则规律旋转脚螺旋，调圆气泡居中，完成粗平。

要求：自打开三脚架，到圆气泡居中完成粗平，要求时间应在30s之内完成。

（2）照准训练

1）对照水准仪实物，陈述望远镜各部分的名称及用法。

2）粗略照准水准尺，分别旋转望远镜目镜及调焦透镜，观察其中的变化。制动水平制动螺旋，转动微动螺旋，直至精确照准。

3）通过照准训练认识目标远近变化时，调焦透镜旋转的规律。

要求：自水准仪粗平转动望远镜，到精确照准目标，要求时间应在30s之内完成。

（3）精平训练

1）对照水准仪实物，陈述水准仪微倾螺旋、管水准器气泡的作用及用法。

2）旋转微倾螺旋，观察管水准器气泡的变化，再反向旋转脚螺旋，观察管水准器气泡的变化，体会微倾螺旋、管水准器气泡的作用、用法及规律。

3）按符合气泡变化的规律转动微倾螺旋，调管水准器气泡居中，完成精平。

要求：自转动微倾螺旋开始至精平结束（符合气泡对齐），要求时间应在30s之内完成。

（4）读数训练

1）对照水准尺实物，观察水准尺的外部特征，陈述水准尺的读数方法要领。

2）照准水准尺后，不要立即读数，需要转动微倾螺旋使符合水准气泡吻合，此时视线精确水平，瞬间在水准尺上读取读数。

3）训练时两人一组进行读数练习，观测员读数，司尺员手指配合，然后交换角色练习。

要求：读数必须果断、迅速、准确，要求时间应在30s之内完成。读数记录要规范、字体工整，训练结束提交读数记录表。

四、实施注意事项

1）实习前，每个同学必须事先预习教材及实习指导书。

2）操作仪器时注意：转动仪器时，一定要先松开转动螺旋，切勿强转硬扳；制动时不要将制动螺旋拧得过紧，以防失灵。

3）拆装仪器时，不能手持望远镜；不能用手或硬物擦拭物镜和目镜。

4）观测者不能擅自离开仪器，以防强风或人畜碰撞仪器。

五、实施报告（表2-1）

表2-1 水准仪的使用观测记录

日期： 年 月 日 大气： 观测：

班级： 小组： 仪器号： 记录：

观测次数	观测点	后视读数/m	前视读数/m	两点间高差/m	备注

【任务考评】

任务考评内容及标准见表2-2。

表2-2 任务考评

序号	考核内容	满分	评分标准	该项得分
1	水准仪各部件名称和作用	30	全部正确得30分，错一个扣3分	
2	粗平、瞄准、精平、读数	40	操作正确、规范，每项30s内完成满分	
3	提交读数记录表	30	记录规范、字体工整、数据正确得30分	
4	总分	100		

【思考与练习】

1. 在水准测量中，粗平和精平工作如何操作？气泡的移动都有哪些规律？

2. 说出图2-11中水准仪各部件名称、作用及用法。

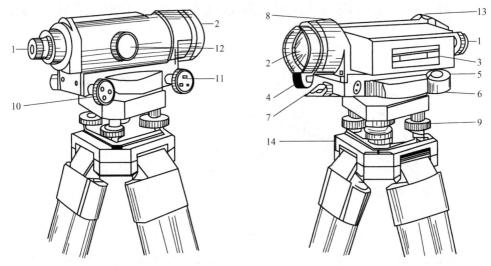

图 2 - 11　水准仪的认识

3. 看图 2 - 8 和图 2 - 10，说明水准仪粗平、精平的操作步骤。

课题三　水准测量方法及成果整理

【任务描述】

水准测量的目的是求待定水准点的高程。本课题主要介绍一站式水准测量、一个测段水准测量、路线水准测量、水准测量成果计算及实例等内容。通过本课题的学习，使学生对水准测量的方法及成果整理有较深入的认识，进而在现场实施过程中，掌握其内容和方法。

【知识学习】

一、一个测站水准测量

在水准测量中，把安置仪器的位置称为测站。把立尺的位置称为测点。

一个测站的基本操作程序如下。

1）在两水准点大致中间位置安置水准仪，并进行粗平。

2）照准后视水准点上的水准尺，转动微倾螺旋，调水准管气泡居中后，按中丝读取后视读数。

3）照准前视水准点上的水准尺，转动微倾螺旋，调水准管气泡居中后，按中丝读取前视读数。

4）按式（2-1）、式（2-2）计算高差和待定点高程，即完成一个测站的基本操作。

二、一个测段水准测量

在实际水准测量工作中，当待测两点间高差过大或距离较远时，一次安置仪器不能测量其高差时，需要在两点间分段设站，连续观测，称为测段观测。

如图 2-12 所示，由已知水准点 A 开始，向待定高程点 B 进行水准测量，其观测步骤如下。

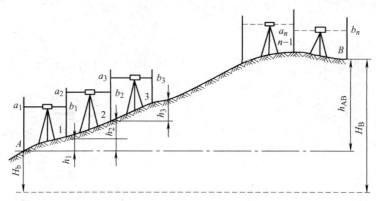

图 2-12 水准测量的基本方法

1）将水准仪安置在 A 点与 1 点中间，粗平后照准 A 点水准尺，精平后读取后视读数 $a_1 = 1.526\text{m}$，记入水准测量记录表 2-3 中。松开水平制动螺旋，照准 1 点水准尺，精平后读取前视读数 $b_1 = 0.629\text{m}$。记入水准测量记录表 2-3 中，完成第 Ⅰ 测站测量工作。

2）然后将水准仪迁至 1 点与 2 点之间，此时 1 点水准尺作为后视尺原地不动，仅需将尺面转向仪器，将原立于 A 点的水准尺移至 2 点作为前视尺，以同样方法读取后视读数 $a_2 = 1.128\text{m}$ 和前视读数 $b_2 = 0.625\text{m}$。记入水准测量记录表 2-3 中，完成第 Ⅱ 测站测量工作。

重复 1）、2）测量过程，依次连续施测至 BM_B 点。观测数据记入水准测量记录表 2-3 中，完成测站测量工作。

表 2-3 等外水准测量记录表

观测者：胡 ×　　　　　　　　　　　　　　　　　　　　　　　　　　　记录者：温 ×

测站	测点	后视读数/m	前视读数/m	高差/m	高程/m	备注
Ⅰ	BM_A	1.526		0.897	54.250	已知
Ⅱ	TP_1	1.128	0.629	0.503	55.147	
Ⅲ	TP_2	1.527	0.625	-0.202	55.650	
Ⅳ	TP_3	1.738	1.729	-0.205	55.448	
	BM_B		1.943			
计算检核	$\sum a = 5.919\text{m}$ $\sum b = 4.926\text{m}$ $\sum h = 0.993\text{m}$ $\sum a - \sum b = 0.993\text{m}, H_{终} - H_{始} = 0.993\text{m}$ 计算无误				$H_{终} = H_{始} + \sum h$	

假设在 AB 路线内依次安置 n 次水准仪，根据式（2-1），则有

$$h_1 = a_1 - b_1$$
$$h_2 = a_2 - b_2$$
$$\cdots$$
$$h_n = a_n - b_n$$

上列各式相加，得 A 至 B 点的高差 h_{AB} 为

$$h_{AB} = \sum_{1}^{n} h = \sum_{1}^{n} a - \sum_{1}^{n} b \qquad (2-5)$$

则 B 点的高程为

$$H_B = H_A + h_{AB} \qquad (2-6)$$

由式（2-5）可看出，A 至 B 点的高差等于各段高差的代数和，也等于后视读数总和减去前视读数总和。图2-12中的1、2、…各点称为转点，它们起传递高程的作用。转点高程的施测、计算是否正确，直接影响到最后一点高程是否准确。为确保每站高差的正确性，应进行测站检核。

测站检核的方法有两种。

1. 双仪器高法

双仪器高法又称变更仪器高法。即在一个测站上用不同的仪器高度测定两次高差。测得第一次高差后，改变仪器的高度（不小于10cm），重新安置仪器，进行第二次观测。若两次观测高差互差在规定限差内（例如等外水准测量容许值为6mm），则认为观测符合要求，取其平均值作为最后结果，否则需要重测。变更仪器高法一般用于等外水准测量观测。

表2-4是采用双仪器高法进行等外水准测量的记录格式，现将计算作简要说明。表2-4中每一站均有两个后视读数和两个前视读数，各算得两个高差值。因其差数均在等外水准测量规定的限差（6mm）之内，所以取平均值作为各站前后两点间的高差。

表2-4　等外水准测量（双仪器高法）记录手簿

自田庄　　　　　　　　　　　天气：晴　　　　　　　　　　　观测者：胡×
测至李庄　　　　　　　　　　成像：清晰　　　　　　　　　　记簿者：温×
2011年3月6日　　　始：8：00分　　　终：9：10分　　　　仪器：28688

测站	点号	后视读数/mm	前视读数/mm	高差/mm +	高差/mm −	高差中数/m	高程/m	备注
I	A	1 840 1 942		0735 0731		+0.733	54.815	
	1		1 105 1 211					
II	1	2 315 2 201		1 102 1 100		+1.101		
	2		1 213 1 101					
III	2	2 601 2 714		0 850 0 854		+0.852		
	3		1 751 1 860					
IV	3	1 412 1 542			0 601 0603	−0.602	56.899	
	B		2 013 2 145					
合计/m		16.567	12.399					
计算检核		$\sum h = \dfrac{1}{2}(16.567\text{m} - 12.399\text{m}) = 2.084\text{m}$				2.084		

为了校核这一测段全部计算有无错误，先以后视读数的总和减去前视读数的总和除以2，得总高差 $\sum h = +2.084\text{m}$，然后再求所有高差中数的代数和 $\sum h = +2.084\text{m}$，用两种方法计算所得的总高差结果应相同，这些计算填在表2-4最下面一行。

2. 双面尺法

仪器高度保持不变，用水准尺的黑、红面测量的高差进行检核称为双面尺法。

检核结果符合要求后，则取黑、红面所测高差的平均值作为最后结果，否则应重新观测。

四等水准测量，一般用双面尺法进行施测。其外业观测记录、计算及检核等见表2-5。在表2-5中，括号内的数字表示记录和计算的顺序。

（1）观测程序与记录 表2-5中①～⑭代表观测数据。

双面尺法水准测量每个测站的观测步骤如下。

1）照准后视尺黑面，转动微倾螺旋，使符合水准管气泡严密吻合，读取下丝、上丝和中丝读数，分别记入表2-5①、②、③各栏内。

2）照准前视尺黑面，转动微倾螺旋，使符合水准管气泡严密吻合，读取下丝、上丝和中丝读数，分别记入表2-5④、⑤、⑥各栏内。

3）照准前视尺红面，转动微倾螺旋，使符合水准管气泡严密吻合，读取中丝读数，记入表2-5⑦中。

表2-5 双面尺法（四等水准）记录手簿

自田庄　　　　　　　　　天气：晴　　　　　　　　观测者：贾×
测至王庄　　　　　　　　成像：清晰　　　　　　　记簿者：吴×
2009年3月20日　　始：8：00分　　终：9：10分　　仪器：28689

测站编号	后尺 下丝 上丝 后距 视距差 d/m	前尺 下丝 上丝 前距 $\sum d/m$	方向及尺号	水准尺读数 黑面/m	水准尺读数 红面/m	K+黑减红	高差中数/m	备注
	①	④	后	③	⑧	⑨		A尺
	②	⑤	前	⑥	⑦	⑩		K=4 787mm
	⑮	⑯	后－前	⑪	⑫	⑬	⑭	B尺
	⑰	⑱						K=4 687mm
1	1 591	0739	后A	1.344	6.131	0		
	1 097	0258	前B	0.498	5.188	−3		
	49.4	48.1	后－前	+0.846	+0.943	3	+0.844	
	+1.3	+1.3						
2	2 461	2 196	后B	2.053	6.743	−3		
	1 646	1 359	前A	1.777	6.565	−1		
	81.5	83.7	后－前	0.276	0.178	−2	0.276	
	−2.2	−0.9						

4）照准后视尺红面，转动微倾螺旋，使符合水准管气泡严密吻合，读取中丝读数，记入表2-5⑧中。

这样的观测顺序简称为"后→前→前→后"。对于四等及等外水准也可以按"后→后→前→前"（即黑→红→黑→红）的顺序观测。

观测等外水准时，可以不读表2-5的①、②、④、⑤栏，而直接按视距丝读取视距，分别记入表2-5⑮和⑯栏内。

（2）高差的计算及检核　高差的计算及各项检核，按下列各式进行表2-5中各项数值计算。

⑨＝③＋K－⑧

⑩＝⑥＋K－⑦

⑪＝③－⑥

⑫＝⑧－⑦

⑬＝⑪－{⑫±100}＝⑨－⑩

⑭＝$\frac{1}{2}${⑪＋⑫±100}

计算中用到的K是尺常数，即同一根尺的红黑两面零点的差数。两根尺的K值不一样，分别为4 687mm和4 787mm，相差100mm。因此，所用的两根尺的K值，应列在表2-5中备注栏内，以便计算。

表2-5中⑨和⑩栏都应等于零，但因观测有误差，四等和等外水准分别允许有差值3mm和4mm。

表2-5中⑪栏为黑面高差，⑫栏为红面高差，由于两尺的K相差100mm，所以⑪与⑫也应相差100mm。但因观测有误差，对于四等和等外水准来说，考虑了100mm差值以后，还可分别允许相差5mm和6mm。

表2-5中⑬栏表示黑、红面求得的高差之差。⑪、⑫之差应与⑨、⑩之差相等，即为⑬。如果两者不一致，说明计算有错。计算⑭时，要以黑面高差⑪为依据来决定红面差数100的加与减。

（3）视距的计算及检核　表2-5中⑮、⑯栏是后、前视距，以m为单位。⑰和⑱栏分别是前后视距差及前后视距累计差，按下列公式计算

⑰＝⑮－⑯

⑱＝本站的⑰＋前站的⑱

⑰和⑱栏从理论上说最好为零，但实际上很难做到，也没有必要。对于四等及等外水准，⑰栏分别要求不超过3m和10m，⑱栏分别要求不超过10m和50m。

三、路线水准测量

水准测量时，根据已知点分布情况和施测要求，可以选择不同的水准测量路线。通常采用的布设形式有3种。

1. 附合水准路线

从某一已知水准点出发，经过一些待定水准点（控制点），最后施测到另一高程已知的水准点上，如图2-13a所示。

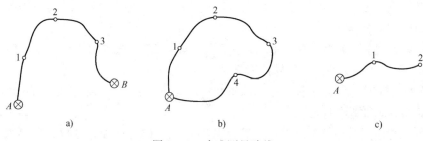

图 2 - 13　水准测量路线

2. 闭合水准路线

从某一已知水准点出发，经过一些待定的水准点（控制点），最后又施测到起始点上，如图 2 - 13b 所示。若测区没有已知的水准点，可在闭合路线中假定一点的高程为已知。

3. 水准支线

从一个已知水准点出发，沿一条水准路线测定一个或几个未知水准点（控制点）的高程，路线既不闭合到起始点，也没有附合到另一已知点上，如图 2 - 13c 所示。为了校核观测成果并提高精度，水准支线一般要往返观测。

四、水准测量的成果计算

水准测量成果计算前，首先要检查外业观测手簿，整理计算各测段点间高差，经检查无误后，方可进行成果计算。内业计算的主要内容包括水准路线高差闭合差的计算与分配及水准点的高程计算。

1. 计算高差闭合差

根据水准测量路线的不同，高差闭合差的计算形式也有所不同。

（1）附合水准路线　在附合水准路线中，各测段高差的代数和应等于起点和终点两水准点间的已知高差。如果不相等，二者之差称为高差闭合差，用 f_h 表示，即

$$f_h = \sum h_测 - (H_终 - H_始) \qquad (2 - 7)$$

（2）闭合水准路线　在闭合水准路线中，各测段高差代数和的理论值应等于零。由于测量误差的影响，致使各测段高差代数和不等于零，则产生高差闭合差，用 f_h 表示，即

$$f_h = \sum h_测 \qquad (2 - 8)$$

（3）支水准路线　支水准路线自身没有检核条件，常采用往、返测量方法进行路线成果检核。路线上往、返测高差的绝对值应相等。若不等，则产生高差闭合差，用 f_h 表示，即

$$f_h = \left| \sum h_往 \right| - \left| \sum h_返 \right| \qquad (2 - 9)$$

由于测量误差的存在，闭合差难以避免，但不能超过一定限值。这个限值就是高差容许闭合差，以 $f_{h容}$ 表示。不同等级的水准测量，对高差闭合差的限差要求不同。四等及等外水准测量的高差闭合差的限差值见表 2 - 6。

表 2 - 6 高差闭合差的限差值

等级	高差闭合差容许值/mm		备　注
	平地	山地	
四等	$\pm 20\sqrt{L}$	$\pm 6\sqrt{n}$	L 表示水准路线的长度，以 km 为单位；n 表示水准路线的测
等外	$\pm 35\sqrt{L}$	$\pm 12\sqrt{n}$	站数。当每 1km 测站数超过 16 个时，按山地情况计算

若 $f_h \leqslant f_{h_{容}}$，则成果符合要求，可以进行高差闭合差配赋。若 f_h 超过容许值，则应首先检查记录、计算是否有误；如不是记录、计算错误，就应分析外业观测过程，对可能存在错误或误差过大的测段进行重新观测，直至符合限差要求。

2. 高差闭合差配赋

采用不同的水准路线计算高差闭合差的方法虽然不同，但高差闭合差配赋的方法是相同的。配赋方法如下。

（1）按测站数进行分配（适用于地形起伏较大的地区）

$$v_{h_i} = -\frac{f_h}{\sum n} n_i \qquad (2-10)$$

式中　　$\sum n$——水准路线的总站数；

　　　　n_i——第 i 测段的测站数；

　　　　v_{h_i}——第 i 测段的高差改正数。

（2）按距离进行分配（适用于地面较平坦的地区）

$$v_{h_i} = -\frac{f_h}{\sum L} L_i \qquad (2-11)$$

式中　　$\sum L$——水准路线总长度（m）；

　　　　L_i——第 i 测段水准路线的长度（m）；

　　　　v_{h_i}——第 i 测段的高差改正数。

求出各测段高差改正数后，应按 $\sum v_h = -f_h$ 进行检核。

3. 计算待测水准点的高程

消除闭合差后，即可根据已知点高程和改正后的高差，按下式依次推算水准路线上各点的高程。

$$H_{i+1} = H_i + h_{i,i+1} + v_{h_{i,i+1}} \qquad (2-12)$$

五、水准测量成果计算实例

1. 闭合水准路线成果计算

设 A 点为已知水准点，其高程 $H_A = 20.259m$，1、2、3 点为待定点，观测各测段高差及测站数，如图 2 - 14 所示。

现以表 2 - 7 为例说明其计算过程。

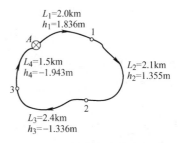

图 2 - 14　闭合水准路线略图

表 2-7 闭合水准路线成果计算

点号	距离/km	观测高差/m	改正数/mm	改正后高差/mm	高程/m	备注
A					20.259	已知
	2.0	1.836	22	1.858		
1					22.117	
	2.1	1.355	23	1.378		
2					23.495	
	2.4	-1.336	26	-1.310		
3					22.185	
	1.5	-1.943	17	-1.926		
A					20.259	
总和	8.0	-0.088	88	0	校核	
辅助计算						

辅助计算：

$f_h = -0.088m = -88mm$

$f_{h容} = \pm 12\sqrt{n} = \pm 99mm$，由于 $|f_h| < |f_{h容}|$，故精度合格

1）填写已知数据及实测数据于水准路线成果计算表。

2）计算高差闭合差。

$$\sum f_h = \sum h = -88mm$$

而

$$f_{h容} = \pm 12\sqrt{n} = \pm 99mm, \quad |f_h| < |f_{h容}|$$

则说明观测成果精度符合要求，下一步可进行闭合差调整。

3）调整高差闭合差。调整高差闭合差的原则是

$$V_{h_i} = \frac{-f_h}{\sum L} L_i$$

本例中各段的高差改正数分别为

$$v_1 = \frac{-(-88mm)}{8km} \times 2.0km = 22mm$$

$$v_2 = \frac{-(-88mm)}{8km} \times 2.1km = 23mm$$

$$v_3 = \frac{-(-88mm)}{8km} \times 2.4km = 26mm$$

$$v_4 = \frac{-(-88mm)}{8km} \times 1.5km = 17mm$$

检核的方法是：各测段高差改正数的总和与高差闭合差大小相等，符号相反。

4）计算各测段改正后的高差。测段高差改正后的高差 = 测段观测高差 + 相应测段高差改正数。

本例中各段的改正后的高差分别为

$$h_1 = 1.836m + 0.022m = 1.858m$$

$$h_2 = 1.355\text{m} + 0.023\text{m} = 1.378\text{m}$$

$$h_3 = -1.336\text{m} + 0.026\text{m} = -1.310\text{m}$$

$$h_4 = -1.943\text{m} + 0.017\text{m} = -1.926\text{m}$$

5）计算待定点高程。根据起点的高程和各测段的高差，按顺序逐点推算各待定点的高程，填入表 2 - 7 高程栏内。

$$H_1 = 20.259\text{m} + 1.858\text{m} = 22.117\text{m}$$

$$H_2 = 22.117\text{m} + 1.378\text{m} = 23.495\text{m}$$

$$H_3 = 23.495\text{m} + (-1.310\text{m}) = 20.185\text{m}$$

$$H_A = 22.185\text{m} + (-1.926\text{m}) = 20.259\text{m}$$

2. 附合水准路线成果计算步骤

如图 2 - 15 所示，A、B 两点为已知水准点，其高程分别为 H_A、H_B，1、2、3 点为待定点，观测各测段高差及路线长度，均注于图 2 - 15 中，现以表 2 - 8 说明附合水准路线成果计算步骤。

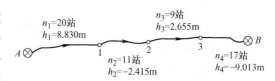

图 2 - 15　附合水准路线略图

表 2 - 8　附合水准路线成果计算

点号	测站数	观测高差/m	改正数/mm	改正后高差/mm	高程/m	备注
A	20	8.830	20	8.850	41.702	
1					50.552	
	11	−2.415	11	−2.404		
2					48.148	
	9	2.655	9	2.664		
3					50.182	
	17	−9.013	17	−8.996		
B					41.816	
总和	57	+0.057	57	0.114		
辅助计算		$f_h = \sum h_测 - (H_终 - H_始) = 0.057\text{m} - (41.816\text{m} - 41.702\text{m}) = -0.057\text{m} = -57\text{mm}$ $f_{h容} = \pm 12\sqrt{n} = \pm 99\text{mm}$，由于 $|f_h| < |f_{h容}|$，故精度合格				

附合水准路线成果计算步骤与闭合水准路线基本相同。

1）填表、计算高差闭合差及其容许值，并评定精度。

2）闭合差的调整及计算改正后的高差。

3）计算待定点高程。

3. 支水准路线成果计算

如图 2 - 16 所示，A 点为已知水准点，其高程 H_A 为 32.489m，1 点为待测水准点，观测高差分别为 $h_往$ 及 $h_返$，往返测站数共 16 站，则 1 点高程计算如下。

1）计算高差闭合差

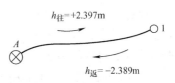

图 2 - 16　支水准路线略图

$$f_h = |h_{往}| - |h_{返}| = +2.397\text{m} - 2.389\text{m} = 0.008\text{m}$$

2）计算高差闭合差的容许值

$$f_{h容} = \pm 12\sqrt{n} = \pm 12\sqrt{16} = \pm 48\text{mm}$$

因为 $|f_h| < |f_{h容}|$，说明观测成果精度符合要求。

3）计算改正后高差。取往、返测高差绝对值的平均值作为 A 和 1 两点间的高差，其符号与往测相同，即

$$h = (2.397\text{m} + 2.389\text{m})/2 = 2.393\text{m}$$

4）计算待定点高程

$$H_1 = H_A + h = 32.489\text{m} + 2.393\text{m} = 34.882\text{m}$$

【任务实施1】

一、实施内容

1）一测站观测。

2）双仪器高法测量高差。

3）双面水准尺测量高差。

二、实施准备工作

1）以小组为单位，准备一台水准仪、一对 3m 水准尺、一个三脚架。

2）准备双仪器高法测量高差记录表；熟悉观测方法、要领、记录、计算要求。

3）准备双面水准尺测量高差记录表；熟悉观测方法、要领、记录、计算要求。

三、观测方法及要求

水准仪安置：自仪器开箱至水准仪安置完毕，应在 30～45s 之内。

一测站操作程序："粗平→照准→精平→读数"。能正确按照观测程序进行观测、操作、记录规范，观测数据符合要求，观测时间在 2min 内，其中计算时间在 20s 内。

双仪器高法操作步骤："粗平→照准→精平→读数"；变高，"粗平→照准→精平→读数"，两次观测高差互差小于 5mm，且观测时间在 5min 内，其中计算时间在 50s 内。

双面尺法水准测量操作程序："后→前→前→后"，能正确按照观测程序进行观测、操作、记录规范，观测数据符合各项限差要求，每个测站观测、计算时间在 15min 内。

要求：在规定时间内操作规范、记录认真，计算结果正确无误。

四、实施注意事项

1）实习前，每个同学必须事先预习教材相关内容。

2）操作仪器时注意：转动仪器时，一定要先松开制动螺旋，切勿强转硬扳；制动螺旋不要拧得过紧，以防失灵；微动时先要制动，后微动；微动范围要适当，以防微动螺旋拧出头，造成螺钉内的弹簧跳出而损坏仪器。

3）要爱护仪器，不准用手或硬物擦拭物镜和目镜；拆装仪器时，不能手持望远镜。

4）观测者不能擅自离开仪器，以防强风或人畜碰撞仪器。

五、实施报告（表2-9）

表2-9 水准测量观测手簿

日期：　　年　月　日　　　　　天气：　　　　　　　观测：

班级：　　　　　小组：　　　　　仪器号：　　　　　记录：

测站	点号	后视读数/m	前视读数/m	高差/m	平均高差/m	高程/m	备注
计算校核							

【任务实施2】

一、实施内容

1. 水准测量外业

闭合水准路线测量，附合水准路线测量，支水准路线测量。

2. 水准测量内业

主要是水准路线测量成果计算。

二、实施前准备工作

1）以小组为单位，准备一台水准仪、一对 3m 水准尺、一个三脚架。

2）拟定水准路线一条，选择水准测量方法及记录表，熟悉水准测量观测程序、要领、记录和计算要求。

三、实施方法及要求

1. 水准测量外业

按事先拟定的水准路线，按照正确的观测程序进行每一测站观测，规范操作、认真记录，观测数据符合要求。水准路线测量外业观测时间按每站变更仪器高法测量在 5min 内进行训练。

2. 水准测量成果计算

首先认真检查外业观测手簿，整理外业观测数据，正确计算各测段点间高差；确认无误后，绘制略图，填表，进行水准路线高差闭合差的计算、精度评定、配赋，计算各测段点间改正后的高差；最后计算待测水准点的高程。计算时间按每增加一水准点，时间增加 2min 进行训练。

四、实施注意事项

1）测站上三脚架的安置应便于观测员站立观测。

2）每次读数前必须消除视差，并使水准管气泡准确居中。

3）前、后视距离应大致相等，水准尺上的读数位置离地面应一致。

4）记录员在听到观测员的读数后，必须向观测员回报，经观测员默许后方可将读数记入手簿，以防因听错而记错读数。

5）扶尺员要认真地将水准尺扶直。

6）在已知高程点和待测高程点上不能放尺垫，设置转点时，转点上应安置尺垫，并将水准尺置于尺垫半球的顶点上。

7）尺垫应踏入土中或置于坚固地面上，观测过程中不得碰动仪器或尺垫，迁站时应保护前视尺垫不得移动。

8）仪器搬站时要注意保护仪器安全。

五、实施报告（表2-10）

表2-10　水准测量成果计算表

测站	点号	测站数	距离/km	实测高差/m	改正数/mm	改正后高差/m	高程/m	备注
Σ								
辅助计算								

【任务考评】

任务考评内容及标准见表2-11。

表2-11　任务考评

序号	考核内容	满分	评分标准	该项得分
1	一测站操作水准测量	20	操作程序正确、记录规范，数据符合要求，时间在2min内得20分，增加1min减5分，超过5min或数据不符合要求得0分	
2	双仪器高法水准测量	20	操作程序正确、记录规范，数据符合要求，时间在5min内得20分，增加1min减5分，超过8min或数据不符合要求得0分	
3	双面尺法水准测量	20	操作程序正确、记录规范，数据符合要求，时间在18min得20分，增加1min减3分，超过25min或数据不符合要求得0分	
4	水准路线测量	30	规定时间内操作、记录规范，观测数据符合要求得20分，计算正确得10分。时间标准按每增加一水准点，观测时间增加4min内把握	
5	观测态度及表现	10	爱护仪器，动作规范连贯，得10分，损坏仪器不得分	
总　分		100		

【思考与练习】

1. 在水准测量中，如何区分后视点、前视点、中间点及转点？

2. 在一个测站的观测过程中，当读完后视读数，准备照准前视读数时，发现圆水准器气泡偏离零点很多，此时能否转动脚螺旋使气泡居中，继续观测前视点？为什么？

3. 陈述一个测站上水准测量的施测过程。

4. 根据表 2-12 中的水准测量数据，计算 E 点高程。

表 2-12　水准测量数据表

测点	后视读数/m	前视读数/m	高差/m	高程/m	备注
C	1.589			42.369	已知
1	1.428	1.231			
2	1.725	1.827			
3	1.336	1.245			
E		0.948			
计算检核					

5. 填表计算表 2-13 中的附合水准路线成果。

表 2-13　附合水准路线成果计算表

点号	距离/m	观测高差/m	改正数/mm	改正后高差/m	高程/m	备注
A	480	1.332			49.053	
1	220	1.012				
2	340	-0.243				
3	400	-1.068				
B					50.110	
总和 Σ						
辅助计算						

课题四　自动安平水准仪的认识与操作

【任务描述】

自动安平水准仪具有测量速度快、精度高等优点。本课题主要介绍自动安平水准仪的结构和使用方法。

【知识学习】

一、自动安平水准仪的特点

自动安平水准仪又称补偿器水准仪，是利用光学补偿器代替水准管，取消了微倾装置。使用该仪器作业时无需严密整平，只要粗平后瞄准目标，通过补偿器就可使视线水平读取读数。同时在观测过程中因仪器不稳、地面微小震动、风力等原因所引起的照准部微小的倾斜变化，都可以由补偿器自动迅速调整，而不影响读数。因此，使用该类仪器的优点是：与使用普通水准仪相比，简化了操作步骤，更有利于提高观测速度。

图 2-17 为北京测绘仪器厂出产的 DS₃ 型自动安平水准仪外貌。图 2-18 为德国蔡司厂生产的 Koni007 自动安平水准仪。

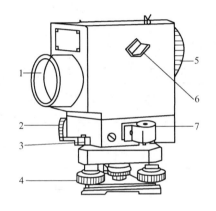
图 2-17　DS₃ 自动安平水准仪

1—物镜　2—水平微动螺旋　3—水平制动螺旋
4—脚螺旋　5—目镜　6—反光镜　7—圆水准器

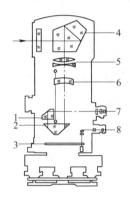
图 2-18　Koni007 自动安平水准仪

1—折射棱镜　2—安平补偿器　3—水平度盘
4—五角棱镜　5—物镜　6—调焦透镜
7—读数目镜　8—度盘目镜

二、自动安平水准仪的使用方法

自动安平水准仪的操作程序是：安置仪器→粗略整平→瞄准→读数。

使用自动安平水准仪时，首先将圆水准器气泡居中，然后瞄准水准尺，等待 2~4s 后，即可进行读数。读数前必须检查补偿器是否正常发挥作用。检查的方法是：观测时，轻轻按动补偿器控制按钮，读取读数；再次轻轻按动补偿器控制按钮，读取读数。若两次读数无变动，说明补偿装置能正常工作，可以进行正常观测。否则可能是粗平已超出补偿范围或是补偿装置失灵，后者应进行检修。

有的自动安平水准仪配有一个补偿器检查按钮，每次读数前按动一下该按钮，确认补偿器能正常工作后再读数。

自动安平水准仪的补偿器有一定的补偿范围，一般不大于 10′，若视线倾斜超过了补偿范围，补偿器就无能为力工作了。

在使用、携带和运输自动安平水准仪时，应尽量避免剧烈振动，以免损坏补偿器。

课题五　微倾式水准仪的检验与校正

【任务描述】

仪器经过运输或长期使用后，其轴线之间的关系会发生变化。为了保证测量工作能得出正确的成果，需定期对仪器进行检验与校正。本课题主要介绍微倾式水准仪各轴线应满足的几何条件、微倾式水准仪的检验与校正等内容。

【知识学习】

一、微倾水准仪应满足的几何关系

如图 2 - 19 所示，微倾水准仪有四条轴线，即圆水准器轴 $L'L'$、望远镜视准轴 CC、水准管轴 LL、仪器的竖轴 VV。

各轴线间应满足的几何条件如下。

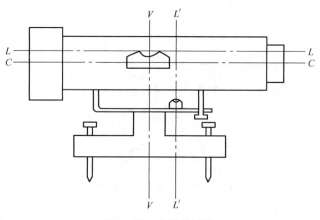

1）圆水准器轴 $L'L'$ 平行于仪器竖轴 VV。

2）水准管轴 LL 平行于视准轴 CC。

3）十字丝的横丝应垂直于仪器的竖轴 VV。

图 2 - 19　水准仪轴线

二、微倾水准仪的检验与校正

1. 圆水准器轴平行于仪器竖轴的检验与校正

（1）检验　安置仪器后，转动脚螺旋，使圆水准器气泡居中。然后将仪器绕竖轴转动 180°，如果水准器气泡仍然居中，则圆水准器轴平行于仪器竖轴。如果气泡偏离圆水准器的中心，则表明上述条件未满足，应该校正。

（2）校正　用校正针拨动圆水准器上的三个校正螺钉，使水准器气泡向中央移动偏离值的一半，另一半则用脚螺旋调整。这样重复校正几次，直至仪器旋转至任何位置气泡均居中为止。

2. 水准管轴平行于视准轴的检验与校正

（1）检验　如图 2 - 20 所示，选取相距约 80m 的 A、B 两点，在 A、B 点的中点 C 处安置水准仪，并按中丝读取后、前视读数。如果仪器不满足上述条件时，则在两读数中都含有因视准轴不水平引起的读数误差 x。又因水准仪距 A、B 点的距离相等，所以引起的读数误差 x 大小也相等。在计算高差时即可抵消，而求得正确的高差 h_{AB}

$$h_{AB} = (a_1 - x) - (b_1 - x) = a_1 - b_1 \qquad (2-13)$$

然后，把仪器搬至 B 点附近（大约相距 2 ~ 3m）处，整平仪器，从 B 点标尺上读取前视读数 b_2。因为仪器位置接近 B 点，可以忽略 x 对 b_2 的影响，即认为 b_2 是视线水平时的读数，由此计算出视线水平时的后视读数 $a_计 = b_2 + h_{AB}$。如果实际读得的后视读数 $a_读$ 和计算值 $a_计$ 相等，则说明水准管轴平行于视准轴。否则，可计算得读数误差 $\Delta h = a_计 - a_读$。因 i 角很小，故 i 角可按下式计算

$$i = \frac{\Delta h}{2D} \rho \tag{2-14}$$

式中　ρ——其值为 206 265″。

对于 DS_3 水准仪，当 i 超过 20″ 时，则需校正。

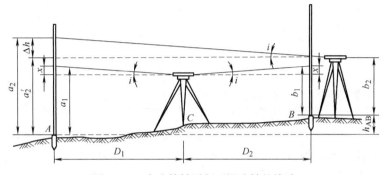

图 2-20　水准管轴平行于视准轴的检验

（2）校正　先转动微倾螺旋使望远镜的十字丝横丝对准所计算出的正确后视读数 $a_计$，这时视准轴就处于水平位置了。但符合水准管气泡必然偏离中央，用校正针拨动水准管一端上下两个校正螺钉，使气泡符合，水准管轴也就处于水平位置。拨动水准管上下校正螺钉时，必须先松开一个，再旋紧另一个，用力不可过猛，校正结束后适当旋紧被松动过的螺钉。

3. 十字丝的横丝应垂直于仪器的竖轴

（1）检验　仪器安平后，将横丝的一端对准离仪器约 30m 处的一个固定点（点尽量要小）。

旋紧制动螺旋，转动水平方向的微动螺旋，在望远镜内观察此点。如果该点始终在横丝上移动，则表示满足此项条件，否则应该校正。

（2）校正　松开十字丝环上相邻的两个螺钉，通过转动十字丝环进行调整，直到望远镜左右微动时目标始终在横丝上移动为止，最后旋紧十字丝环上的固定螺钉。

课题六　水准测量误差的主要来源及水准测量注意事项

【任务描述】

水准测量误差来源很多，不同的误差来源对水准测量精度的影响各不相同。本课题重点介绍几种主要误差的来源及注意事项。

【知识学习】

一、仪器误差

仪器误差主要来源有两个方面：一是仪器制造和加工不完善所产生的误差；二是仪器校检不完善所引起的误差。

1. 视准轴与水准管轴不平行的误差

如图 2-21 所示，水准轴与视准轴不平行产生 i 角误差，从而产生前、后视读数误差，导致高差测量误差。

注意事项：

1）应定期校检 i 角，以减小 i 角的数值。

2）在实际观测时，做到测站前、后视距大致相等，各测站的前后视距差和前后视距累积差不超过限差。

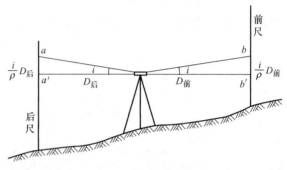

图 2-21 i 角误差的影响

2. 标尺每米真长的误差

该误差在往返测闭合差或环线闭合差中反映不出来，只有水准路线附合在两个已知高点上时，才可发现。

注意事项：四等以上精度水准测量必须作水准标尺分划线的每米分划间隔真长的测定。

3. 标尺零点不等的误差

标尺零点差包括：黑红面零点差及一对水准尺的零点差。当测站数为奇数时，高差中将含有这种误差的影响。

注意事项：每一测段的往测或返测，其测站数应为偶数，否则应加入标尺零点差改正。

二、观测误差

1. 读数误差

注意事项：观测员读数要准确、清楚，记录员要复诵读数，逐项填记，要求字体端正清楚，不允许涂改或用橡皮擦拭，做到随记、随算和随校核。

2. 水准尺倾斜误差

注意事项：立尺员应将水准尺扶直。水准尺上装有水准器，在立尺时应使水准器气泡居中，削弱水准尺倾斜误差的影响。

3. 水准器气泡不居中的误差

注意事项：

1）每次读数，必须使水准管气泡居中。

2）安置仪器要稳固，用脚踏实三脚架使其稳定，观测过程中手不得摸三脚架，走动时要远离三脚架，防止碰动。

3）强阳光下要打伞遮光，防止水准器因不均匀受热而失灵，产生整平误差。

三、大气垂直折光的影响

注意事项：

1）视线离开地面应有一定的高度，一般要求三丝均能读数。

2）前、后视距尽量相等，在坡度较大的地段可以适当缩短视线。

应尽量选择在大气密度较稳定的观测时间，每一测段的往测和返测分别在上午与下午进行，以便在往返高差的平均值中减弱垂直折光的影响。

此外，在仪器使用过程中，要十分重视仪器的维护，严格遵守操作步骤。在测角过程中，观测员和记录员不应同时离开仪器，要谨防风雨侵袭仪器。搬运过程中要防止仪器剧烈振动。

单元三

经纬仪及角度测量

课题一　水平角和竖直角测量原理及经纬仪的认识

【任务描述】

    角度测量是测量的三项基本工作之一，包括水平角测量和竖直角测量。水平角测量用于计算点的平面位置，竖直角测量用于测定高差或将倾斜距离改算成水平距离。本课题主要介绍水平角和竖直角测量原理，使学生对经纬仪测角有一个感性认识。

【知识学习】

一、水平角测量原理

    所谓水平角，是指空间两相交直线在水平面上垂直投影的夹角，用表示 β。如图 3-1 所示，直线 CA、CB 相较于 C，CA、CB 在水平面 H 上的垂直投影为 C_1A_1、C_1B_1，$\angle A_1C_1B_1$ 称为空间相交直线 CA、CB 的水平角，也可称为空间两相交直线所在的两个铅垂面（V_A、V_B）之间的二面角。

    为了测定水平角值，可在角顶的铅垂线上安置一架经纬仪，仪器必须有一个能水平放置的刻度圆盘——水平度盘，度盘上有呈顺时针方向排列的 0°~360° 的刻度，度盘的中心放在 C 点的铅垂线上。另外，经纬仪还必须有一个能够瞄准远方目标的望远镜，望远镜不但可以在水平面内转动，而且还能在铅垂面内旋转。通过望远镜分别瞄准高低不同的目标 A 和 B，其在水平度盘上相应读数为 a 和 b，则水平角 β 即为两个读数的差值。

$$\beta = b - a$$

二、竖直角测量原理

竖直角是在同一竖直面内视线与水平线间的夹角，用 α 表示，其角度值范围为 $-90°$ ~ $+90°$。

如图 3-2 所示，视线在水平线之上，竖直角 α_A 为仰角，规定符号为正；视线在水平线之下，竖直角 α_B 为俯角，规定符号为负。

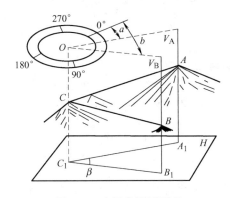

图 3-1 水平角测量原理

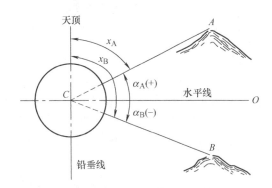

图 3-2 竖直角测量原理

竖直角与水平角一样，其角度值也是度盘上两个方向读数之差。不同的是竖直角的两个方向中必有一个是水平方向。任何类型的经纬仪，制作上都要求当竖盘指标水准管气泡居中，望远镜视准轴水平时，其竖盘读数是一个固定值。因此，在观测竖直角时，只要观测目标点一个方向并读取竖盘读数，便可算得该目标点的竖直角，其竖直角可写成

$$\alpha = 目标视线读数 - 水平视线读数$$

三、DJ$_6$ 型光学经纬仪的认识与操作

经纬仪是测量角度的仪器，可用来观测水平角和竖直角，主要分为光学经纬仪和电子经纬仪两种类型。光学经纬仪按其精度不同，分为普通光学经纬仪和精密光学经纬仪两种。本课程只介绍 DJ$_6$ 型普通光学经纬仪。其中 D 和 J 分别表示"大地测量"和"经纬仪"两个词汉语拼音的第一个字母，数字"6"表示该仪器所能达到的精度指标。

1. 光学经纬仪构造

DJ$_6$ 型光学经纬仪的式样虽然很多，但其主要部分的构造基本相同，如图 3-3 所示，包括照准部、水平度盘和基座三大部分。

DJ$_6$ 型光学经纬仪的构造，如图 3-4 所示。

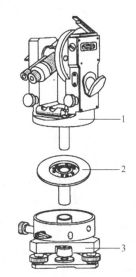

图 3-3 DJ$_6$ 型光学经纬仪的组成

1—照准部 2—水平度盘 3—基座

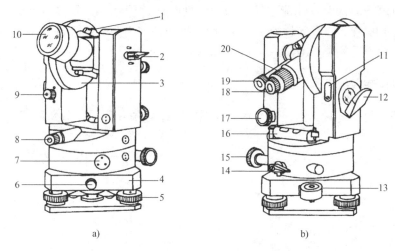

图 3-4   DJ$_6$ 型光学经纬仪的构造

1—粗瞄器   2—望远镜制动螺旋   3—竖直度盘   4—基座   5—脚螺旋   6—轴座固定螺旋
7—度盘变换手轮   8—光学对中器   9—竖盘自动归零螺旋   10—物镜   11—指标差调位盖板
12—度盘照明反光镜   13—圆水准器   14—水平制动螺旋   15—水平微动螺旋   16—照准部水准管
17—望远镜微动螺旋   18—目镜   19—读数显微镜   20—物镜调焦螺旋

（1）照准部

1）望远镜。望远镜是用于精确瞄准目标的。它和水平轴连接在一起，可以绕水平轴在竖直面内上下任意转动，由望远镜制动扳钮和微动螺旋控制。

2）竖直度盘（简称竖盘）。竖盘由光学玻璃制成，用于观测竖直角。它和望远镜连成一体并随望远镜一起转动。

3）水准器。照准部上有一个水准管和一个圆水准器。圆水准器用于粗平，水准管用于精平仪器。

照准部的下部有一个能插在轴座内的竖轴，整个照准部可在轴座内任意地作水平方向的旋转。照准部下部基座上装有水平制动扳钮和水平微动螺旋。

（2）水平度盘   水平度盘由光学玻璃制成，盘上有 0°~360° 按顺时针方向注记的分划线，用以测量水平角。水平度盘的外壳上还有一个特殊装置，称为复测扳钮。按下该扳钮时，水平度盘和照准部可以一起转动；拨上该扳钮时，水平度盘与照准部脱开，可以改变水平度盘读数位置。

（3）基座   基座是仪器的底座，其上有脚螺旋和连接板。测量时必须将三脚架上的中心螺旋（连接螺旋）旋进连接板，这时仪器和三脚架就连接在一起。

2. 光学经纬仪的读数装置和读数方法

（1）单平板玻璃测微器及其读数方法   如图 3-5 所示，在读数显微镜中可同时看到三个读数窗口：上面部分为测微尺分划影像，并有单指标线，中间部分为竖直度盘影像，下面部分为水平度盘影像，均有双指标线。度盘分划从 0°~360°，每度分 2 格，每格 30′，测微尺共分 30 大格，每大格又分 3 小格，每小格为 20″，可以估读至 2″。由于单平行玻璃板、测微尺与测微手轮固定连接，转动测微手轮，度盘分划影像将随之转动，测微尺也同时转动。

根据上述特点，单平板玻璃测微器的读数方法是：望远镜照准目标，转动测微手轮，使某一度盘分划精确移至双指标线中央，读出这条度盘分划注记的整度数或整30′数，再在测微尺上根据单指标线读取不足30′的分、秒数，两者相加，即为度盘读数。如图3-5a所示的竖盘读数为92° + 17′04″ = 92°17′04″；如图3-5b所示的水平度盘读数为4°30′ + 12′00″ = 4°42′00″。

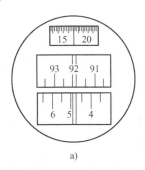 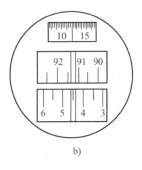

a)   b)

图3-5 单平板玻璃测微器读数

（2）分微尺读数装置及其读数方法 图3-6是分微尺读数窗。在读数显微镜内可以看到水平度盘和竖直度盘的读数影像，上面部分为水平度盘分划及其分微尺，下面部分为竖直度盘分划及其分微尺。两个度盘读数窗具有相同的结构，每1°有一道分划线，小于1°的读数在分微尺上读取。分微尺全长为1°，分为60个小格，每小格为1′，因此可直读至1′，估读到0.1′（即6″）。

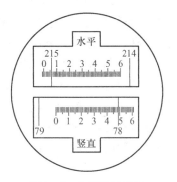

图3-6 分微尺读数窗

读数方法是：先读取整度数，即被分微尺盖住的度盘分划的注记数，再以该度盘分划为指标，在分微尺上读取不足度盘分划值的分数，二者相加即得度盘读数。如图3-6所示，水平度盘读数为215°06.1′，即215°06′06″；竖盘读数为78°48.6′，即78°48′36″。

3. 经纬仪的使用

经纬仪的使用主要包括经纬仪的对中、整平、瞄准和读数等操作步骤。

（1）对中 对中目的是使仪器的中心与测站点位于同一铅垂线上。

1）打开三脚架，调节脚架高度适中，目估三脚架头大致水平，且三脚架中心大致对准地面标志中心。

2）将仪器放在脚架上，并拧紧连接仪器和三脚架的中心连接螺旋，双手分别握住另两条架腿稍离地面前后左右摆动，眼睛看对中器的望远镜，直至分划圈中心对准地面标志中心为止，放下两条架腿并踏紧。

3）升降脚架腿使气泡基本居中，然后用脚螺旋精确整平。

4）检查地面标志是否位于对中器分划圈中心，若不居中，可稍旋旋松连接螺旋，在升降脚架头上移动仪器，使其精确对中。

（2）整平 整平是利用基座上三个脚螺旋使照准部的水准管气泡居中，从而使竖轴竖直和水平度盘水平。

如图 3 - 7a 所示，整平时，先转动照准部，使照准部水准管与任一对脚螺旋的连线平行，两手同时向内或向外转动这两个脚螺旋，使水准管气泡居中；将照准部旋转90°，转动第三个脚螺旋，使水准管气泡居中，如图 3 - 7b 所示。按以上步骤反复进行，直到照准部转至任意位置，其水准管气泡皆居中为止。

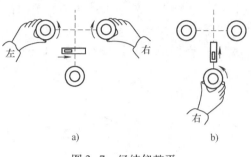

图 3 - 7　经纬仪整平

此时若光学对中器的中心与地面点又有偏离，稍松连接螺旋，在架头上平移仪器，使光学对中器的中心准确对准测站点，最后旋紧连接螺旋。垂球对中误差在 3mm 以内，光学对中器对中误差在 1mm 以内。对中和整平一般需要几次循环过程，直至对中和整平均满足要求为止。

（3）瞄准　测水平角时，瞄准是指用十字丝的纵丝精确地瞄准目标，具体操作步骤如下：

1）转动照准部，使望远镜对向明亮处，调节目镜对光螺旋，使十字丝清晰。

2）松开望远镜制动螺旋和照准部制动螺旋，用望远镜上的粗瞄准器对准目标，使其位于视场内，固定望远镜制动螺旋和照准部制动螺旋。

3）调节物镜对光螺旋，使目标影像清晰；旋转望远镜微动螺旋，使目标影像的高低适中；旋转照准部微动螺旋，使目标影像被十字丝的单根竖丝平分，或被双根竖丝夹在中间，如图 3 - 8 所示。

4）眼睛微微左右移动，检查有无视差，如果有视差，转动物镜对光螺旋予以消除。

（4）读数　照准目标后，打开反光镜，并调整其位置，使读数窗内进光明亮均匀。然后进行读数显微镜调焦，使读数窗内分划清晰，并消除视差。最后读取度盘读数并记录。

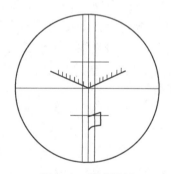

图 3 - 8　瞄准目标

1）调节反光镜的位置，使读数窗亮度适当。

2）转动读数显微镜目镜对光螺旋，使度盘分划清晰。注意区别水平度盘与竖直度盘读数窗。

3）读取位于分微尺中间的度盘刻划线注记度数，从分微尺上读取该刻划线所在位置的分数，估读至 0.1′（即 6″ 的整倍数）。在度盘靠左位置瞄准目标，读出水平度盘读数，纵转望远镜，在度盘靠右位置再瞄准该目标，两次读数之差约为 180°，以此检验瞄准和读数是否正确。

【任务实施1】

一、实施内容

认识 DJ$_6$ 型经纬仪的构造特点。

二、实施前准备工作

准备一台 DJ_6 型经纬仪、一个三脚架，一把伞。

三、实施方法及要求

（1）实施方法　首先在实训场地安置经纬仪，然后按以下步骤完成操作。

1）对照经纬仪实物，陈述经纬仪各部件名称、用法。

如：脚螺旋、制动螺旋、微动螺旋、调焦螺旋、度盘变换手轮等。

2）按照各部件操作要领进行操作，观察其中变化，体会该部件的用法。

（2）实施要求　仔细观察、认真体会，训练结束时，能熟练指出经纬仪各部件名称，能正确操作。

四、实施注意事项

1）实施前，每名同学必须事先预习教材相关知识。

2）操作仪器时注意：制动时不要将制动螺旋拧得过紧，以防失灵；微动时先要制动，后微动；微动范围要控制适当，以防微动螺旋拧出头，造成螺钉内的弹簧跳出而损坏仪器；转动仪器时，一定要先松开制动螺旋，切勿强转硬扳。

3）要爱护仪器，不能用手或硬物擦拭物镜和目镜；拆装仪器时，不能手持望远镜。

4）观测者不能擅自离开仪器，以防强风或人畜碰撞仪器。

【任务实施2】

一、实施内容

能够对中、整平、瞄准和读数。

二、实施前准备工作

准备一台 DJ_6 型经纬仪、一个三脚架，一把伞。

三、实施方法及要求

按照正确的观测程序进行对中→整平→瞄准→读数，规范操作、认真记录，观测数据要符合要求。

四、实施注意事项

1）实施前，每名同学必须事先预习教材相关知识。

2）仪器操作动作应轻，转动仪器必须打开制动，爱护仪器。

3）制动螺旋不可拧（压）得太紧，微动螺旋不可旋得太松，亦不可拧得太紧，以处于中间位置附近为好。

4）观测者不能擅自离开仪器，以防强风或人畜碰撞仪器，实习时不能打闹。

五、实施报告（表3-1）

表3-1 经纬仪使用操作记录手簿

日期：　　年　月　日　　　　　天气：　　　　　　观测：

班级：　　　小组：　　　　　　仪器号：　　　　　记录：

观测次数	水平读盘读数	属于何种读数装置	备　注

【任务考评】

任务考评内容及标准见表3-2。

表3-2 任务考评标准

序号	考核内容	满分	评分标准	该项得分
1	经纬仪各部件名称和作用	30	全部正确得30分，错一个扣3分	
2	对中、整平	40	对中、整平不合要求，按情况扣10~20分	
3	提交读数记录表	30	记录规范、字体工整、数据正确得30分	
4	总分	100		

【思考与练习】

1. 什么是水平角和竖直角？如何定义竖直角的符号？

2. 经纬仪对中和整平的步骤是什么？怎样进行带光学对中器的经纬仪的对中整平工作？

课题二　水平角测量

【任务描述】

本课题主要讲述水平角测量的主要方法，即测回法和方向测回法，让学生了解其方法和步骤。

【知识学习】

一、测回法

这种方法用于观测两个方向之间的单角。如图 3-9 所示，观测步骤如下。

1. 盘左位置的观测（上半测回）

盘左位置也称正镜位置，即观测者面对望远镜目镜时，竖盘在望远镜左侧。

1）在 O 点安置经纬仪，对中、整平后盘左位置精确瞄准左目标 A，调整水平度盘为零度稍大，读数为 $A_左$，记入观测手簿中（表3-3）。

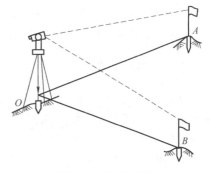

图 3-9　测回法观测

表 3-3　测回法观测手簿

测站	测回	竖盘位置	目标	水平度盘数	半测回角值	一测回角值	各测回平均角值	备注
O	1	左	A	0°03′18″	89°30′12″	89°30′15″	89°30′21″	
			B	89°33′30″				
		右	A	180°03′24″	89°30′18″			
			B	269°33′42″				
O	2	左	A	90°03′30″	89°30′30″	89°30′27″		
			B	179°34′00″				
		右	A	270°03′24″	89°30′24″			
			B	359°33′48″				

2）松开水平制动螺旋，顺时针转动照准部，瞄准右目标 B，读取水平度盘读数为 $B_左$，记入观测手簿中（表3-3）。以上过程称为上半测回，角值为

$$\beta_左 = B_左 - A_左 \qquad (3-1)$$

2. 盘右位置的观测（下半测回）

盘右位置也称倒镜位置，即观测者面对望远镜目镜时，竖盘在望远镜右侧。

盘右位置的观测正好与盘左时相反，松开水平及竖直制动螺旋，先瞄准右方 B 目标，读取水平度盘读数为 $B_右$，记入观测手簿中（表3-3）；逆时针转动照准部，再瞄准左方目标 A，读取水平度盘读数为 $A_右$，记入观测手簿中（表3-3）。以上过程称为下半测回，角值为

$$\beta_右 = B_右 - A_右 \qquad (3-2)$$

3. 测回法水平角计算

上、下半测回合称为一测回，一测回的水平角为

$$\beta = (\beta_左 + \beta_右)/2 \qquad (3-3)$$

必须注意：

1）上、下半测回的角值之差不大于 ±36″时，才能取其平均值作为一测回的观测成果。

2）水平度盘是按顺时针方向注记的，因此半测回角值必须是右目标读数减去左目标读数，当其值不够减时，则将右目标读数加上360°。

3）当测角精度要求较高时，往往要测几个测回。为了减少度盘分划误差对测量的影响，各测回间应根据测回数 n 按 $180°/n$ 的大小适当变换水平度盘位置。

测回法测角记录计算格式见表3-3。

二、方向观测法

在一个测站上需观测 3 个及以上方向时，通常采用全圆方向观测法。每半测回都从一个距离适中、目标成像清晰的方向作为起始方向开始观测。在依次观测所需的各个目标之后，应再次观测起始方向（称为归零），称为全圆方向观测法，如图 3 - 10 所示。

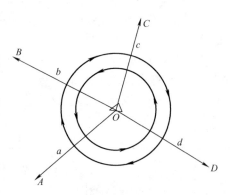

图 3 - 10 方向观测法

1. 盘左位置的观测（上半测回）

在盘左位置照准起始方向 A 配置度盘读数，然后依次顺时针照准空间各目标 B、C、D，最后再照准 A 方向，读数并记入观测手簿（表 3 - 4），完成上半测回。

表 3 - 4 方向观测法计算手簿

测站	测回数	目标	读数		2C =	平均读数	归零方向值	各测回归零方向值之平均值	略图及角值
			盘左	盘右					
1	2	3	4	5	6	7	8	9	10
1	1					(0°02′06″)			
		A	0°02′06″	182°02′00″	+6″	0°02′03″	00°00′00″	00°00′00″	
		B	51°15′42″	231°15′30″	+12″	51°15′36″	51°13′30″	51°13′28″	
		C	131°54′12″	311°54′00″	+12″	131°54′06″	131°52′00″	131°52′02″	
		D	182°02′24″	2°02′24″	0	182°02′24″	182°00′18″	182°00′22″	
		A	0°02′12″	180°02′06″	+6″	0°02′09″			
	2					(90°03′32″)			
		A	90°03′30″	270°03′24″	+6″	90°03′27″	00°00′00″		
		B	141°17′00″	321°16′54″	+6″	141°16′57″	51°13′25″		
		C	221°55′42″	41°55′30″	+12″	221°55′36″	131°52′04″		
		D	272°04′00″	92°03′54″	+6″	272°03′57″	182°00′25″		
		A	90°03′36″	270°03′36″	0	90°03′36″			

2. 盘右位置的观测（下半测回）

纵转望远镜盘变成盘右位置，照准起始方向 A，逆时针依次照准空间各方向 D、C、B，最后再照准起始方向 A 方向，读数并记入观测手簿（表 3 - 4），完成下半测回。

至此，完成了一个测回的观测工作。如需观测 n 个测回，则各测回间仍应按 $180°/n$ 的大小适当变动水平度盘位置。

3. 外业手簿计算

表 3-4 为两个测回的方向观测手簿的记录和计算实例。

（1）计算半测回归零差　半测回归零差即起始方向后、前两次读数之差，用 $\Delta_左$、$\Delta_右$ 表示，规范规定 Δ 不应超过 $\pm 18''$，否则应重新观测。

（2）计算两倍照准误差 $2C$

$$2C = 盘左读数 - （盘右读数 \pm 180°）$$

即表 3-4 第 6 列，规范对 DJ_6 型经纬仪的 $2C$ 值没有规定，故也可不作计算。

（3）计算平均读数

$$一测回平均读数 = \frac{[盘左读数 + （盘右读数 \pm 180°）]}{2}$$

将计算结果填入在表 3-4 第 7 列；另外，起始方向 A 有两个平均读数，先取平均值，再将其填入表 3-4 第 7 列第一行括号内。

（4）计算归零后方向值　将各方向的平均读数分别减去起始方向的最后平均值，得到各方向的归零方向值，简称方向值。填入表 3-4 第 8 列。

（5）计算各测回归零方向值的平均值　当同一方向各测回归零后方向值的互差不超过 $\pm 36''$ 时，取其平均值作为观测结果，见表 3-4 第 9 列；否则应重测或补测。

【任务实施】

一、实施内容

1）了解经纬仪的构造及识读度盘读数，了解水平角观测原理。

2）用测回法测水平角。

二、实施前准备工作

1）以小组为单位，准备一台 DJ_6 型经纬仪、两个测钎，一个三脚架。

2）熟悉测回法测水平角的观测程序、要领、记录方法和计算要求。

三、实施方法及要求

每组用测回法完成 2 个水平角的观测任务。

1）测回法测角时的限差要求若超限，则应立即重测。

2）若测多个测回，每个测回的盘左位置应按 $180°/n$ 的数值适当变化水平度盘的起始方向读数。

3）注意测回法测量的记录格式。

四、实施注意事项

1）实习训练前，每名同学必须事先预习教材相关知识。

2）仪器操作动作应轻，转动仪器必须打开制动按扭，爱护仪器。

3）盘左位置顺时针测，盘右位置逆时针测。

4）观测者不能擅自离开仪器，以防强风或人畜碰撞仪器，实习时不能打闹。

五、实施报告（表3-5）

表3-5　测回法观测手簿

日期：　　　年　　月　　日　　　　　天气：　　　　　　观测：

班级：　　　小组：　　　　　　　仪器号：　　　　　记录：

测回数	竖盘位置	目标	水平度盘读数（° ′ ″）	半测回角值（° ′ ″）	一测回角值（° ′ ″）	各测回平均角值（° ′ ″）	备注

【任务考评】

任务考评标准和内容见表3-6。

表3-6　任务考评标准

序号	考核内容	满分	评分标准	该项得分
1	对中、整平	30	对中、整平不合要求，按情况扣10～20分	
2	提交读数记录表	40	观测数据超限扣40分，记录规范、字体工整、数据正确得30分	
3	水平角的计算	30	计算正确得30分	
4	总分	100		

【思考与练习】

1. 试述测回法和方向观测法观测水平角的步骤。

2. 什么是视差？视差对测角有何影响？如何消除视差？

课题三　竖直角测量

【任务描述】

本课题主要讨论竖直度盘结构及竖直角的观测计算方法，让学生懂得如何测竖直角。

【知识学习】

一、竖直度盘结构

经纬仪竖直度盘（竖盘）固定在望远镜旋转轴的一端，与横轴垂直，且两者中心重合，随望远镜在竖直平面内转动，竖直度盘结构如图3-11所示。竖盘刻划也是在全圆周上注记为360°，如图3-11所示，注记方向有顺时针和逆时针两种，常用的是顺时针注记。通常在望远镜方向上注以0°及180°，当竖直度盘的水准管气泡居中，望远镜视线水平时，竖直度盘读数应为90°或270°。

而用来读取竖直度盘读数的指标，并不随望远镜转动，因此，当望远镜照准不同目标时，可读出不同的竖直度盘读数。

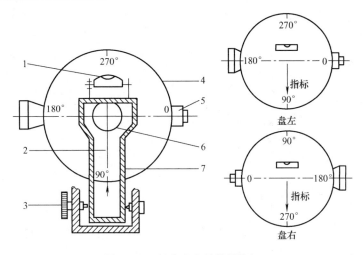

图3-11 竖直度盘结构及注记

1—指标水准管 2—读数指标 3—指标水准管微动螺旋 4—竖盘 5—望远镜 6—横轴 7—框架

二、竖直角计算

因竖盘刻划与注记不同，则根据竖盘读数计算竖直角的公式也不同。现以顺时针刻划注记的竖盘为例，说明竖直角的计算公式。

盘左位置，如图3-12所示，当抬高视线观测一目标时，竖盘读数为L，则竖直角为

$$\alpha_L = 90° - L \qquad (3-4)$$

盘右位置，如图3-12所示，当抬高视线观测原目标时，竖盘读数为R，则竖直角为

$$\alpha_R = R - 270° \qquad (3-5)$$

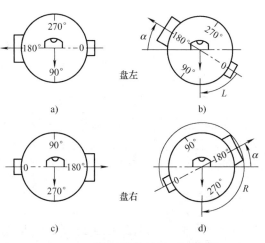

图3-12 顺时针刻划的竖直角测量

取盘左、盘右位置的平均值，即为一个测回的竖直角值，即

$$\alpha = (\alpha_{L} + \alpha_{R})/2 = (R - L - 180°)/2 \tag{3-6}$$

如图 3-13 所示，逆时针刻划注记的竖盘，可用类似的方法得出竖直角的计算公式为

$$\alpha_{L} = L - 90° \tag{3-7}$$

$$\alpha_{R} = 270° - R \tag{3-8}$$

三、竖直角的观测

如图 3-14 所示，竖直角的观测步骤如下。

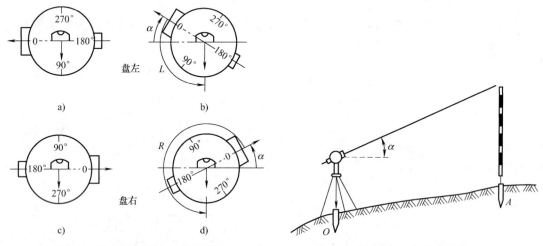

图 3-13 逆时针刻划的竖直角测量　　图 3-14 竖直角观测

1）仪器安置于测站点 O 上，盘左位置用十字丝横丝切准目标 A 点顶部，调节竖盘指标水准管，使气泡居中，读取竖盘读数 L，记入表 3-7 中。

表 3-7 竖直角观测记录手簿

测站	目标	竖盘位置	竖盘读数 (° ′ ″)	半测回竖直角 (° ′ ″)	指标差 (″)	一测回竖直角 (° ′ ″)	备注
O	A	左	76　30　6	+13　29　54	−6	+13　29　48	竖盘为全圆顺时针方向注记
		右	283　29　42	+13　29　42			
	B	左	109　26　12	−19　26　12	−9	−19　26　21	
		右	250　33　30	−19　26　30			

2）纵转望远镜，盘右位置用十字丝横丝切准目标 A 点顶部，调节竖盘指标水准管，使气泡居中，读取竖盘读数 R，记入表 3-7 中。

这样就完成了一个测回的竖直角观测。

四、竖盘指标差

当视线水平时，盘左竖盘的读数应为 90°，盘右竖盘的读数应为 270°。事实上，读数指标往往偏离正确位置，即 90°或 270°，而与正确位置相差一个小角度 x，该角度称为竖盘指

标差，简称指标差。指标差有正负号，一般规定当竖盘读数指标偏离方向与竖盘注记方向一致时，x 取正号，反之取负号，如图 3 - 15 所示。

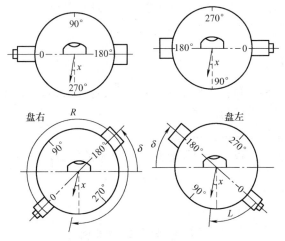

图 3 - 15 竖盘指标差

当存在指标差时，竖盘读数受到影响，顺时针刻划注记的竖直角应为

$$\alpha = 90° - (L - x) = 90° - L + x = \alpha_L + x \qquad (3 - 9)$$

或

$$\alpha = (R - x) - 270° = R - 270° - x = \alpha_R - x \qquad (3 - 10)$$

式（3 - 9）与（3 - 10）相加得

$$\alpha = (\alpha_L + \alpha_R)/2 = (R - L - 180°)/2 \qquad (3 - 11)$$

可得出结论：采用盘左、盘右观测的竖直角平均值，可以消除竖盘指标差的影响。

式（3 - 9）与（3 - 10）相减得

$$x = (\alpha_R - \alpha_L)/2 = (L + R - 360°)/2 \qquad (3 - 12)$$

可得出结论：采用盘左、盘右位置照准同一目标读数，按上式可求得指标差 x。

当一测回结束后，应立即计算出指标差和竖直角。

《城市测量规范》（CJJ/T 8—2011）规定，在同一测站上观测不同目标竖直角时，对于 DJ_6 型光学经纬仪，同一测回各方向竖盘指标差的较差不应超过 $±25″$，同一方向各测回竖直角的较差不应超过 $±25″$，否则必须重测。

【任务实施】

一、实施内容

1）了解经纬仪竖盘部分的构造。

2）确定竖直角计算公式的方法。

3）确定竖直角观测、记录、计算及指标差的检验方法。

二、实施前准备工作

准备一台 DJ_6 型经纬仪，一块记录板，一把测伞。

三、实施方法及要求

1）选择 2～3 个目标，每人分别观测所选目标并计算其竖直角。

2）同组每人所测竖盘指标差较差不得超过 ±25″。

四、实施注意事项

1）观测过程中，对同一目标应用十字丝横丝切准同一部位。每次读数前应使指标水准管气泡居中或打开竖盘指标自动补偿器。

2）计算竖直角和指标差时应注意正、负号。

3）观测者不能擅自离开仪器，以防强风或人畜碰撞仪器，实习时不能打闹。

五、实施报告（表3-8）

表3-8 竖直角观测手簿

日期：　　年　　月　　日　　　　天气：　　　　　　观测：

班级：　　　　小组：　　　　　仪器号：　　　　　记录：

测站	目标	竖盘位置	竖盘读数（° ′ ″）	半测回竖盘角（° ′ ″）	指标差（° ′ ″）	一测回竖盘角（° ′ ″）	备注

【任务考评】

任务考评标准及内容见表3-9。

表3-9 任务考评标准

序号	考核内容	满分	评分标准	该项得分
1	对中、整平	30	对中、整平不合要求，按情况扣10～20分	
2	提交读数记录表	40	记录规范、字体工整、数据正确，指标差超限扣20分	
3	竖直角计算	30	计算正确得30分	
4	总分	100		

【思考与练习】

1. 什么是竖盘指标差？如何测定其大小？如何消除？
2. 水平角和竖直角观测有什么相同点和不同点？
3. 用什么方法可以很快地照准目标？为什么望远镜方向已对准目标，而镜内还看不见目标？
4. 整理表 3-10 中测回法观测水平角的记录。

表 3-10　测回法观测记录手簿

测站	测回	竖盘位置	目标	水平度盘数 (° ′ ″)	半测回角值 (° ′ ″)	一测回角值 (° ′ ″)	各测回平均角值 (° ′ ″)	备注
O	1	左	A	0 02 12				
			B	176 24 36				
		右	A	180 01 48				
			B	356 23 54				
	2	左	A	90 01 48				
			B	266 24 18				
		右	A	270 02 12				
			B	86 24 54				

5. 整理表 3-11 中竖直角的记录。

表 3-11　竖直角观测记录手簿

测站	目标	竖盘位置	竖盘读数 (° ′ ″)	半测回竖直角 (° ′ ″)	指标差 (″)	一测回竖直角 (° ′ ″)	备注
O	A	左	82 36 48				竖盘为全圆顺时针方向注记
		右	277 23 24				
	B	左	101 25 54				
		右	258 33 30				

课题四　经纬仪的检验与校正

【任务描述】

本课题主要讲述光学经纬仪应满足的几何条件及经纬仪的检验与校正步骤，通过学习让学生掌握经纬仪的检验与校正方法。

【知识学习】

一、光学经纬仪应满足的几何条件

由测角原理可知，为了精确地测量角度，当经纬仪整平后，望远镜视准轴绕横轴上、下转动时，其视线应能扫出一个竖直面。为了达到这一要求，一台完善的经纬仪，其各条轴线之间应满足以下主要几何条件，如图3-16所示。

1）水准管轴（LL）应垂直于竖轴（VV）。

2）十字丝竖丝应垂直于横轴（HH）。

3）视准轴（CC）应垂直于横轴（HH）。

4）横轴（HH）应垂直于竖轴（VV）。

5）竖盘指标差应为零。

如果经纬仪满足了上述条件，当仪器整平后，则竖轴垂直，水准管轴和横轴水平。因视准轴垂直于横轴，所以当视准轴绕横轴上下转动时即能扫出一个竖直面。

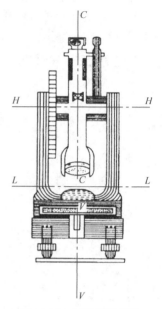

图3-16　经纬仪的轴线

二、经纬仪的检验与校正

1. 水准管轴应垂直于仪器竖轴的检验和校正

（1）检验　先整平仪器，照准部水准管平行于任意一对脚螺旋，转动该对脚螺旋使气泡居中，再将照准部旋转180°。若气泡仍居中，说明此条件满足，否则需要校正，如图3-17所示。

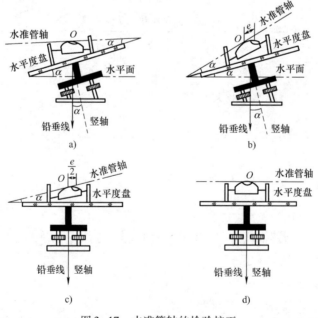

图3-17　水准管轴的检验校正

a）水准管轴水平　b）仪器旋转180°　c）用脚螺旋改正$\dfrac{e}{2}$　d）用管水准器校正螺钉改正$\dfrac{e}{2}$

（2）校正　用校正针拨动水准管一端的校正螺钉，先旋松一个、后旋紧一个，使气泡退回偏离格数的一半，再转动脚螺旋使气泡居中。重复检验和校正，直到其水准管在任何位置时气泡偏离量都在一格以内。

2. 十字丝竖丝应垂直于仪器横轴的检验和校正

（1）检验　如图 3-18 所示，用十字丝竖丝一端瞄准细小点状目标，转动望远镜微动螺旋，使其移至竖丝另一端，若目标点始终在竖丝上移动，说明此条件满足，否则需要校正。

（2）校正　旋下十字丝分划板护罩，用小的螺钉旋具松开十字丝分划板的固定螺钉，微微转动十字丝分划板，使竖丝端

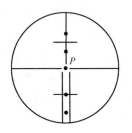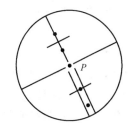

图 3-18　十字丝检验

点至点状目标的间隔减小一半，再返转到起始端点。重复上述检验和校正，直到无显著误差为止，最后将固定螺钉拧紧。

3. 视准轴应垂直于横轴的检验和校正

（1）检验　盘左位置瞄准远处与仪器同高点为 A，读取水平度盘读数为 $A_左$，盘右位置再瞄准为 A 点，读取水平度盘读数为 $A_右$。若 $A_左 = A_右 \pm 180°$，说明此条件已满足，若差值超过 $2'$，则需要校正。

（2）校正　计算正确读数，$A'_右 = [A_右 + (A_左 \pm 180°)]/2$，转动水平微动螺旋，使水平度盘读数为 $A_右$，此时目标偏离十字丝交点，用校正针拨动十字丝左、右校正螺钉，使十字丝交点对准 A 点。如此重复检验和校正，直到差值在 $2'$ 内为止，最后旋上十字丝分划板护罩。

4. 横轴与竖轴垂直的检验和校正

如图 3-19 所示，在离建筑物 10m 处安置仪器，盘左位置瞄准墙上高目标点标志 P（垂直角大于 $30°$），放平望远镜，十字丝交点投在墙上定出 P_1 点。盘右位置瞄准 P 点，同法定出 P_2 点。若 P_1P_2 点重合，说明此条件满足；若 $P_1P_2 > 5mm$，则需要校正。由于仪器横轴是密封的，故该项校正应由专业维修人员进行。

5. 竖盘指标差的检验和校正

竖盘指标差检验和校正目的是使竖盘指标差 x 等于 0。

（1）检验　安置经纬仪整平后，用盘左、盘右两个位置瞄准同一个目标的同一部位，调节竖盘指标水准管使气泡居中，

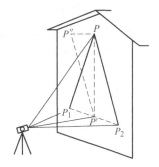

图 3-19　横轴检验

读取竖盘读数 L 和 R，然后按式（3-12）计算竖盘指标差 x。若 x 值超过 $1'$ 时，应进行校正。

（2）校正　保持盘右位置瞄准原目标不变，计算不含指标差 x 时的盘右正确读数 R_0（$R_0 = R - x$）。转动竖盘指标水准管微动螺旋，使竖盘读数为 R_0，此时竖盘指标水准管气泡一定不会居中。

用校正针拨动竖盘指标水准管一端的校正螺钉，使气泡居中即可，此项校正须反复进

行。有竖盘指标自动补偿器的仪器应校正竖盘自动补偿装置。

6. 光学对中器的检验和校正

其目的是使光学对中器的光学垂线与仪器竖轴重合。

（1）检验　在地面上铺一张白纸，在纸上标出视线的位置点，然后将照准部平转180°，再标出视线的位置点，如果两点重合，则条件满足，否则需要校正。

（2）校正　不同厂家生产的仪器，校正的部位也不同，有的是需要校正光学对中器的望远镜分划板，有的则校正直角棱镜。由于检验时所得前后两点之差是由二倍误差造成的，因而在标出两点的中间位置后，校正有关的螺旋，使视线落在中间点上即可。光学对中器分划板的校正与望远镜分划板的校正方法相同。直角棱镜的校正装置位于两支架的中间，校正直角棱镜的方向和位置需反复进行，直到满足要求为止。

课题五　角度测量误差来源及注意事项

【任务描述】

本课题主要讲述角度测量误差的来源和角度测量的注意事项。

【知识学习】

一、角度测量误差来源

影响角度测量精度的原因有很多，归纳起来主要有仪器误差、观测误差和外界条件的影响。

1. 仪器误差

仪器虽经过检验及校正，但总会有残余的误差存在。仪器误差的影响，一般都是系统性的，可以在工作中通过一定的方法予以减小或消除。

仪器误差中的视线不垂直横轴、横轴不垂直竖轴、照准部偏心及竖盘的指标差等对测角造成的误差均可通过取盘左和盘右读数的平均值，或取盘左、盘右观测角值的平均值的方法来加以抵消或大大减弱。

2. 观测误差

观测误差主要有：对中误差（测站偏心）、目标偏心、照准误差及读数误差。

（1）对中误差　观测水平角时，对中不准确使得仪器中心与测站点的标志中心不在同一铅垂线上，即是对中误差，也称测站偏心。对中误差的大小，取决于仪器对中装置的状况及操作的仔细程度，它对测角精度的影响如图3-20所示。

边长越短，偏心距越大，对测角的影响越大。所以在测水平角时，边长越短，对中的精度要求越高，对中时越需要仔细。

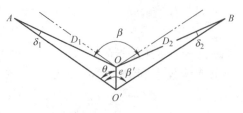

图3-20　对中误差

（2）目标偏心　在测角时，通常都要在地面点上设置观测标志，如花杆、垂球等。造成目标偏心的原因是标志与地面点对得不准确，或者标志没有铅垂，而照准的标志上部与地面标志点偏移。

与对中误差类似，偏心距越大，边长越短，则目标偏心对测角的影响越大。所以在观测角度时，标杆底部要对准地面点并且要竖直，在瞄准时应尽可能地瞄准目标的底部。短边测角时，尽可能用垂球作为观测标志。

（3）照准误差　照准误差大小与人眼的分辨能力、望远镜放大率有关。人眼的分辨能力一般为60″，设望远镜的放大率为u，则照准时的分辨能力为$60″/u$。一般 DJ_6 型光学经纬仪望远镜的放大倍率 u 为 25～30 倍，因此，瞄准误差一般为 2.0″～2.4″。另外，瞄准误差与目标的大小、形状、颜色和大气的透明度等因素也有关。因此，在观测中应尽量消除视差，选择适宜的照准标志，熟练操作仪器，掌握瞄准方法，并仔细瞄准以减小误差。对于粗的目标宜用双丝照准，细的目标则用单丝照准。

（4）读数误差　对于分微尺读法，主要是估读最小分划的误差，一般读数时应读到最小刻度的 1/10。对于 DJ_6 型经纬仪，读数误差为 ±6″。

3. 外界条件的影响

对测量成果产生影响的外界条件很多，如天气的变化、植被的不同、地面土质松紧的差异、地形的起伏以及周围建筑物的状况等，都会影响测角的精度。例如，有风时会使仪器不稳，地面土松软时可使仪器下沉，强烈阳光照射时会使水准管变形，视线靠近反光物体时则有折光影响等。这些情况在测角时都应尽量予以避免。

二、角度测量的注意事项

角度测量应根据测量规范规定的要求进行，这是防止错误、减小误差的保证。另外，在角度测量过程中还应注意以下事项。

1）选择有利的时间进行观测，避开大风、雾天、烈日等不利的天气观测。

2）仪器安置稳定、高度适中，方便观测并减弱地面辐射的影响。

3）使用仪器用力要轻而均匀，制动螺旋不要拧得过紧，微动螺旋要用中间位置，否则容易对仪器造成损坏。

4）观测时，一测回内不可两次整平仪器，若结果超限，整平仪器后重新观测该测回。

5）瞄准时应尽量瞄准目标的底部，视线应避开烟雾、建筑物、水面等，瞄准和读数时都要消除视差。

6）观测过程中应按测量的规范顺序进行观测、记录，并当场计算，如果发现错误或误差过大，应马上返工，重新观测。

【思考与练习】

1. 影响水平角和竖直角测量精度的因素有哪些？

2. 利用盘左和盘右位置可消除哪些误差？

单元四

距离测量及三角高程测量

☞ **知识目标**

（1）正确理解直线定线、直觇、反觇等概念

（2）掌握视距测量的原理和方法

（3）掌握三角高程测量的原理和方法

（4）掌握距离测量误差的来源及注意事项

☞ **技能目标**

（1）具有正确操作使用水准仪，进行视准轴水平时的视距测量的能力

（2）具有正确操作使用经纬仪，进行视准轴倾斜时的视距测量的能力

（3）具有正确操作使用经纬仪，进行三角高程测量及记录计算的能力

（4）具有正确进行直线定线及钢卷尺的精密量距的能力

单元学习目标

课题一 视距测量

【任务描述】

视距测量是根据几何光学原理，利用安装在望远镜内的视距装置同时测定两点间的水平距离和高差的一种测量方法。视距测量具有操作方便，速度快，不受地面高低起伏限制等优点，但其测距精度较低，相对误差约为 1/200 ~ 1/300。因此，如果测距精度要求较低时，可采用视距测量。

本课题主要介绍视距测量原理及工作实施。通过本课题的学习，使学生对视距测量原理、视距测量方法和计算、视距测量误差来源及注意事项有较深入的认识。

【知识学习】

在一般测量仪器（如经纬仪、水准仪、大平板仪）的望远镜内都有视距装置。这种装置结构较为简单，就是在十字丝分划板上，刻有上下对称的两条短横线，称为视距丝。

视距测量中有专用的视距标尺，也可用水准尺代替。为了能测较远的距离，经常采用的是 5m 塔尺。为便于测远距离时读数方便，还可以采用 2cm 分划的标尺。

一、视距测量原理

1. 视准轴水平时的视距测量原理

如图 4-1 所示，欲测定 A、B 两点间的水平距离 D 及高差 h，在 A 点安置仪器，在 B 点竖立视距标尺。望远镜视准轴水平时，照准 B 点的视距标尺，视线与标尺垂直交于 Q 点。若尺上 M、N 两点成像在十字丝分划板上的两根视距丝 m、n 处，则标尺上 MN 长度可由上、下视距丝读数之差求得。上、下视距丝之差称为尺间隔 l。

在图 4-1 中，l 为尺间隔，p 为视距丝间距，f 为物镜焦距，k 为物镜至仪器中心的距离。由相似三角形 $\triangle m'n'F$ 与 $\triangle MNF$ 得

$$\frac{FQ}{l} = \frac{f}{p}$$

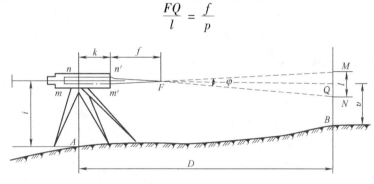

图 4-1　视准轴水平时的视距测量原理

即

$$FQ = \frac{f}{p}l$$

由图 4-1 可看出

$$D = FQ + f + k$$

令

$$\frac{f}{p} = K,\ f + k = c$$

则

$$D = Kl + c \tag{4-1}$$

式中　K——乘常数；

c——加常数。

目前测量常用的望远镜，在设计制造时，已使 $K = 100$。对于常用的内对光测量望远镜来说，若适当地选择透镜的半径、透镜间的距离以及物镜到十字丝平面的距离，就可以使 c 趋近于零。因此式（4-1）可写成

$$D = Kl = 100l \tag{4-2}$$

因目前常用的测量仪器上的望远镜都是内对光，故在以后有关的视距问题讨论中，都是以 $c = 0$ 为前提来分析。

由图 4-1 还可写出求高差的公式为

$$h = i - v \qquad\qquad (4-3)$$

式中　i——仪器高，即由地面点的标志顶至仪器横轴的铅垂距离（mm）；

　　　　v——目标高，即为望远镜十字丝在标尺上的中丝（横丝）读数（mm）。

由图 4-1 还可以看出

$$\tan\frac{\varphi}{2} = \frac{\dfrac{p}{2}}{f} = \frac{1}{2\dfrac{f}{p}} = \frac{1}{2K} = \frac{1}{200}$$

所以

$$\varphi = 34'22.6''$$

在仪器制造时，φ 值已确定。这种用定角 φ 来测定距离的方法又称为定角视距。

2. 视准轴倾斜时的视距测量原理

在地面起伏较大的地区进行视距测量时，必须使视准轴处于倾斜状态才能在标尺上读数，如图 4-2 所示。由于标尺竖在 B 点，它与视线不垂直，故不能用式（4-2）计算其距离。设想将标尺绕 G 点旋转一个角度 δ（等于视线的倾角），则视线与标尺的尺面垂直。于是，即可依式（4-2）求出斜距 S，即

$$S = Kl'$$

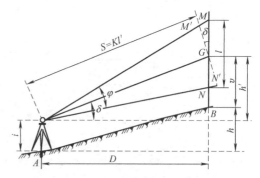

图 4-2　视准轴倾斜时的视距测量原理

其中 $M'N' = l'$，但又无法测得。由图 4-2 中可以看出，$MN = l$ 与 l' 存在一定的关系，即

$$\angle MGM' = \angle NGN' = \delta$$

$$\angle MM'G = 90° + \varphi/2$$

$$\angle NN'G = 90° - \varphi/2$$

其中 $\varphi/2 = 17'11.3''$，角值很小，故可近似地认为 $\angle MM'G$ 和 $\angle NN'G$ 是直角。于是

$$M'G = MG\cos\delta$$

即

$$\frac{1}{2}l' = \frac{1}{2}l\cos\delta$$

$$N'G = NG\cos\delta$$

即

$$\frac{1}{2}l' = \frac{1}{2}l\cos\delta$$

故

$$l' = l\cos\delta$$

代入公式（4-2）得

$$S = Kl\cos\delta$$

所以 A、B 的水平距离为

$$D = S\cos\delta = Kl\cos^2\delta \tag{4-4}$$

由图中还可看出 A、B 的高差为

$$h = h' + i - v$$

式中　h'——初算高差（mm），可由下式计算

$$h' = S\sin\delta = Kl\cos\delta\sin\delta = \frac{1}{2}Kl\sin2\delta \tag{4-5}$$

而

$$h = h' + i - v = \frac{1}{2}Kl\sin2\delta + i - v \tag{4-6}$$

在视距测量实际工作中，一般尽可能使目标高 v 等于仪器高 i，这样可以简化高差 h 的计算。

式（4-4）和式（4-6）为视距测量的普遍公式，当视线水平、竖直角 $\delta = 0$ 时，即为式（4-2）和式（4-3）。

二、视距观测和计算

1. 水准仪用于视距测量

当瞄准标尺视线水平后，即读取下丝、上丝读数，相减得视距丝在尺上截得的视距间隔 l，再利用（4-2）式即可得到仪器中心至标尺处的水平距离。也可直接读出视距。其方法是在圆水准气泡居中的情况下，旋转望远镜微动螺旋，使上丝对准标尺上某一整分米刻划，并迅速估读下丝的毫米数，再读取其分米及厘米数，用心算得视距间隔，再心算乘上 100，便得到视距报给记录员。而后用微倾螺旋使符合水准器气泡影像后，进行中丝读数即可用于高差计算。

2. 经纬仪用于视距测量

经纬仪用于视距测量的观测和计算步骤如下。

1）在已知点上安置经纬仪作为测站点，量取仪器高 i（量至厘米位）。

2）将标尺立于待测点上，尽量让尺身竖直，尺面朝向测站。

3）用盘左位置进行视距测量观测时，望远镜瞄准标尺后读取下、上、中三丝读数。再调竖盘指标水准管气泡居中，读取竖盘读数，并计算出竖直角 δ。

4）利用式（4-4）和式（4-6）计算出平距和高差。

三、视距测量误差来源及注意事项

1. 标尺读数误差

标尺读数误差直接影响视距间隔 l，而平距 D 的误差将是视距间隔 l 误差的 100 倍。如视距间隔 l 的误差为 1mm，则平距 D 的误差将达到 0.1m。因此，读数时应注意消除视差。

2. 竖盘指标差的影响

指标差主要是通过竖直角 δ 来影响平距和高程，用盘左、盘右位置观测，取其平均值，

可消除指标差 x 的影响。仅用盘左位置观测时，可先测定指标差 x，若指标差 x 较大，可用公式 $\delta = 90° - (L - x)$ 计算竖直角，以消除指标差 x 的影响。

3. 标尺不竖直误差

标尺倾斜对距离和高差影响较大，为减小标尺不竖直误差的影响，应选用装有圆水准器的标尺。

4. 外界条件的影响

外界条件影响主要有大气折光、空气对流（使标尺成像不稳定）、风力（使尺子抖动）等。因此，应尽可能使仪器视线高出地面 1m，并选择合适的天气作业。

【任务实施】

一、实施内容

用视距测量测定水平距离和高差的操作，记录和计算方法。

二、实施前准备工作

1）以小组为单位，准备一台 DJ_6 型光学经纬仪，一把视距尺（水准尺），两个木桩，一把锤子，一把 2m 钢直尺，一把测伞。

2）准备视距测量记录表；熟悉观测方法、要领、记录和计算要求。

三、实施方法和要求

1）在校园内任选已埋桩的 A、B 两点（相距约 80m）作为测站点；也可在校园内的地面上任选两点画上"十"字作为 A、B 两点的标志。

2）在 A 点安置仪器，用钢直尺量出仪器高 i（自桩顶量至仪器横轴，精确到厘米），在 B 点上竖立视距尺。

3）在盘左位置瞄准 B 点标尺，读取上、下丝读数并记入观测手簿，立即计算视距间隔 l；读取中丝读数 v，转动竖盘指标水准管微动螺旋，使竖盘指标水准管气泡居中，读取竖盘读数 L（读至分）记入观测手簿，并计算竖直角 δ。

4）计算 A、B 两点间水平距离 D 和高差 h，并填入表中。水平距离 D 和高差 h 的计算公式分别是

$$D = Kl\cos^2\delta$$

$$h = \frac{1}{2}Kl\sin2\delta + i - v = D\tan\delta + i - v$$

水平距离和高差都要进行往返测量，两次测得水平距离之差不得超过 0.2m，高差之差不得超过 ±0.1m。

四、实施注意事项

1）尽量使中丝读数对准尺上仪器高度。

2）竖盘读数之前，打开自动补偿装置或转动竖盘指标水准管微动螺旋，使竖盘指标水准管气泡居中。

五、实施报告（表4-1）

表4-1　实施报告

测站点	仪器高 /m	目标	下丝 上丝	视距间隔 /m	中丝读数 /m	竖盘读数 (° ′)	竖直角 (° ′)	水平距离 /m	高差 /m

【任务考评】

任务考评标准及内容见表4-2。

表4-2　任务考评标准

序号	考核内容	满分	评分标准	该项得分
1	一测站视距测量操作	30	操作程序正确规范	
2	竖直角、仪高、觇高、平距	40	操作正确规范，记录规范，精度符合要求	
3	提交读数记录计算表	30	记录规范，计算数据正确	
4	总分	100		

【思考与练习】

1. 试述视距测量的基本原理，其主要优缺点是什么？
2. 视距测量的误差来源及操作注意事项。

课题二　钢尺量距

【任务描述】

钢尺量距的特点是精度较高、成本低，主要用于普通导线和各种工程测量。

本课题主要介绍钢尺量距工具、直线定线、钢尺一般量距和精密量距。通过本课题的学习，使学生对直线定线、钢尺一般量距和精密量距的方法有较深入的认识。

【知识学习】

一、钢尺量距工具

用于直接丈量距离的工具，有钢卷尺、皮尺等。用于钢尺量距的钢尺类型很多，长度为20m以下的钢尺称为短钢尺，长度为20m以上的钢尺称为长钢尺，其中30m和50m的长钢尺最为常用。有些钢尺绕在尺架上，有些钢尺装在盒子里，如图4-3所示。

钢尺依零分划位置不同有两种形式：一种是零点位于尺端，以尺端扣环边作零点称为零点尺（或端点尺），如图4-4a所示；另一种是在尺端刻有零刻划，称为刻划尺。刻划尺则是以钢尺始端附近零分划作为零点，如图4-4b所示。

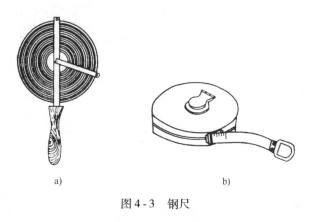

a)   b)

图4-3 钢尺

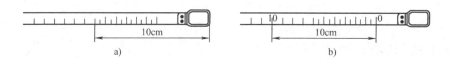

a)   b)

图4-4 零点尺和刻划尺

钢尺上最小分划值一般为1cm，而在零端2m以内，刻有毫米分划。在1m和10cm的分划处都注有数字。目前出厂的钢尺，很多是整个钢尺均有毫米刻划。

钢尺量距的辅助工具有测钎、标杆或花杆、拉力计（或弹簧秤）和垂球。测钎由约30cm长的粗铁丝制成，一端磨尖以便插入土中。

在量距时，测钎用来标志所量尺段的起、迄点和计算已量过的整尺段数。在比较精确钢尺量距时，还需要使用拉力计和温度计。

二、钢尺一般量距

1. 直线定线

若两点间距离较长，一个整尺不能量完，或由于地面起伏不平，不便用整尺段直接丈量，就需在两点间加设若干中间点，使其位于一条直线上，再将全长分做几尺段，分段丈量。这种在某直线段的方向上，确定一系列中间点使其位于一条直线上的方法，称为直线定线。

直线定线在一般情况下可用目估的方法进行，在比较精确的量距工作中，应采用经纬仪定线。

（1）目估定线　如图 4-5 所示，若要在互相通视的 A、B 两点间定线，先在 A、B 两点上竖立花杆，然后由一测量员在 A 点花杆后 $1 \sim 2m$ 处，使一只眼的视线与 A、B 点上的花杆同侧边缘相切。另一测量员手持花杆（或测钎）由 B 走向 A 端，首先在距 B 点略短于一个整尺段（约 30m 或 50m）处，依照 A 点测量员的指挥，左右移动花杆（或测钎），使之立在 AB 方向线上，然后插花杆（或测钎）定出 1 点。同法可定出 2、3、…、n 点。标定的点数主要取决于 AB 的长度和所用钢尺的长度。这种从远处 B 点走向 A 点的定线方法称走近定线。反之，由近端 A 走向远端 B 的定线，称为走远定线。定线完毕即可量距。

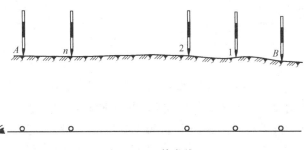

图 4-5　目估定线

在实际中，还有边定线边量距的方法，这时的定线一般为走远定线。

（2）经纬仪定线　如图 4-6 所示，在 A 点安置经纬仪，用望远镜十字丝直接瞄准 B 点上的测钎或竖在 B 点上花杆的底部，固定经纬仪照准部，由一名测量员手持测钎由 A 至 B，或由 B 至 A，依次设置中间点。相邻中间点间距应小于钢尺整尺长；在坡度变化处，亦应设中间点。在选定中间点后，在观测员的指挥下，将测钎垂直地插入地下。由此，可得图中的 1、2、3、…、n 点。

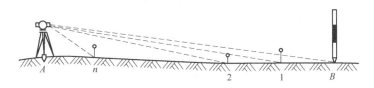

图 4-6　经纬仪定线

2. 量距方法

如图 4-7 所示，A、B 为直线两端点，因地势平坦，可沿直线在地面直接丈量水平距离。若丈量前在 A、B 间已定好线，则用钢尺依次丈量各中间点间的距离；若未定线，也可采用边定线边丈量的方法进行量距。边定线边测量的具体步骤如下。

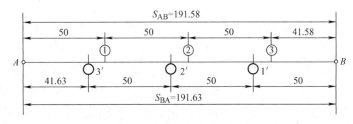

图 4-7　平地的水平量距

1）零尺端读数员站在 A 点后面，手持钢尺的零端。大尺端读数员手持钢尺的末端并携带一束测钎和一根花杆，沿 AB 方向前进，走到略小于一个整尺长处，立花杆，依零尺端读数员指挥，使花杆最后立在 AB 线上，如图 4-8 所示。

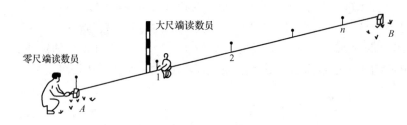

图 4-8　距离丈量

2）零尺端读数员和大尺端读数员都蹲下，零尺端读数员将钢尺零点对准起点 A 的标志，大尺端读数员将钢尺贴靠定线时的中间点，两人同时将尺拉紧、拉直和拉平。当钢尺稳定后，大尺端读数员对准钢尺终点刻划（如 30m 或 50m），在地上竖直地插一根测钎（图 4-8 中的 1 点），并喊"预备——好！"，这样就丈量完了一个整尺段。

3）零尺端读数员和大尺端读数员抬尺前进，零尺端读数员走到 1 点，然后重复上述操作，量得第二个整尺段并标志出 2 点。零尺端读数员拔出 1 点测钎继续往前丈量。最后丈量至 B 点时，已不足一个整尺段，此时，由零尺端读数员对准钢尺零端刻划，大尺端读数员读出余尺段读数，读至厘米。最后由零尺端读数员拔起 B 点的最后一根测钎。

用下式计算全长

$$全长 = n \times 整尺段长 + 余尺段长 \tag{4-7}$$

式中　n——整尺段数，即零尺端读数员全部拔起的测钎数。

量距记录计算见表 4-3，表中 AB 全长 S_{AB} 为

$$S_{AB} = 3 \times 50m + 41.58m = 191.58m$$

表 4-3　距离测量手簿

地点：工矿区　　　　　　钢尺号：5 号（50m）　　　　　量距者：张×　李×
日期：2002 年 3 月　　　　天气：晴　　　　　　　　　　记录者：王×

测线		整尺段/m	零尺段/m	总和/m	相对误差	平均值/m	备注
$A \sim B$	往	3×50	41.58	191.58	1/3 800	191.60	
	返	3×50	41.63	191.63			

为了校核和提高量距精度，应由 B 点起按上述方法量至 A 点，由 A 至 B 的丈量称往测，由 B 至 A 的丈量称返测。表 4-3 中 AB 直线的返测全长 S_{BA} 为：$S_{BA} = 3 \times 50m + 41.63m = 191.63m$。

4）精度计算。因为量距误差的影响，一般 $S_{AB} \neq S_{BA}$，往、返量距之差称为较差，$\Delta S = S_{AB} - S_{BA}$。较差反映了量距的精度，但较差的大小又与丈量的长度有关。因此，用较差 ΔS 与往、返测距离的平均值之比来衡量测距精度更为全面。该比值通常用分子为 1 的形式来表示，称为相对误差 K，即

$$K = \frac{\Delta S}{S} = \frac{1}{\frac{S}{\Delta S}} \tag{4-8}$$

式中　S——往、返测距离的平均值（m）。

各级测量都对 K 值规定了相应的限差。一般地区不超过 1/3 000，较困难地区不超过 1/2 000，特别困难地区不超过 1/1 000。若相对误差在限度之内，则取往、返测距离的平均数作为量距的最后结果。

三、钢尺精密量距

钢尺精密量距常采用悬空丈量。采用钢尺悬空量距时，需要加入拉力、温度、倾斜和比长等改正数。即用经纬仪观测丈量标志之间的垂直角 δ（或水准测量测高差 h），用温度计记录丈量时的温度 t，并采用拉力计施加一定的拉力，对钢尺应进行鉴定。

1. 钢尺尺长方程式

$$S_t = S + \Delta S + \alpha(t - t_0)S \tag{4-9}$$

式中　S——钢尺的名义长度（m）；

　　ΔS——钢尺的尺长改正数（mm）；

　　S_t——钢尺量距时的长度（m）；

　　α——钢尺线膨胀系数，一般为 1.25×10^{-5}；

　　t——量距时的空气温度（℃）；

　　t_0——钢尺检定时的空气标准温度（℃）。

2. 钢尺悬空量距的准备工作

钢尺悬空量距时，应当将经纬仪安置在测点上，并在目标点上做出观测标志，观测其竖直角 δ 并记录。丈量前应准备拉力计和空气温度计。

丈量时将仪器制动，并安排前后拉尺员各一名，前后尺读数员各一名、记录员一名。放尺时应保持尺身不动，即零尺端不动，大尺端移动。

3. 钢尺悬空量距的步骤及要求

1）准备工作完成后，应将拉力计连接在零尺端环上。

2）由零尺端读数员指挥撑尺、读数、记录。

3）读数口令由零尺端读数员完成，其中口令包括三句话，共六个字。

①"拉起来！"要求撑尺员稳定施加标准拉力。

②"准备——！"零尺端读数员尽快对准某厘米位的整刻度。大尺端读数员则将尺身靠近标志，默读标志数字（米、分米、厘米），等待读数指令。

③"好！"在听到第三句口令的瞬间，读数员应同时默读出对准标志的三位读数。

4）由大尺端读数员先报出后两位数，并记录，后报出大数即整米数；再记录零尺端的读数。量距记录计算表见表 4-4。

表4-4 悬空量距记录计算表

钢尺号码：0421 地点：5矿区 天气：晴 记录计算者：王×

尺长方程式：$S_t = 50 - 0.007 + 0.0000125 \times 50(t-20)$ 日期：2004年7月21日

线段	尺段		读数			中数 /m	倾角	温度 /℃	尺长改正 /mm	温度改正 /mm	倾角改正 /mm	改正后段长 /mm
			第一次	第二次	第三次							
A	A 1	前 后 前 － 后	45.270 0.005 45.265	45.380 0.112 45.268	45.510 0.247 45.263	45.265	1°02′	27	−7.2	4.0	−7.4	45.254
	1 2	前 后 前 － 后	31.620 0.097 31.523	31.930 0.407 31.523	31.850 0.324 31.526	31.524	2°12′	26	−5.0	2.4	−23.2	31.498
	2 3	前 后 前 － 后	44.930 0.002 44.928	45.230 0.300 44.930	45.450 0.524 44.926	44.928	1°25′	26	−7.1	3.4	−13.9	44.910
B	3 B	前 后 前 － 后	23.680 0.195 23.485	23.500 0.018 23.482	23.910 0.423 23.487	23.484	3°02′	26	−3.7	1.8	−32.9	23.449
总和 ∑												145.111

5）当第一次丈量记录完成后，应按照上述方法连续丈量三次以上，当三次丈量的边长（标志间长度）互差不超过5mm时，即取三次丈量成果的平均值，作为最终丈量成果，否则应重新测量。

4. 钢尺悬空丈量的内业计算方法

1）检查、整理记录数据。

2）加入比长改正数。由所用钢尺的尺长方程式可以看出，尺长改正数为ΔS，若钢尺名义长为S，尺段的丈量距离为S'，则应加入的尺长改正数为ΔS_L。

$$\Delta S_L = \frac{\Delta S}{S} S' \qquad (4-10)$$

3）加入温度改正数。设钢尺丈量时的温度为t，该钢尺原检定时的温度为t_0，若尺段丈量距离为S'，则温度改正数为

$$\Delta S_t = S'\alpha(t-t_0) \qquad (4-11)$$

式中 α——钢尺的线膨胀系数，其值约为$0.0115 \sim 0.0125$mm/（m℃）；

t_0——标准温度（℃），一般取20℃；

t——丈量时温度（℃）。

4）加入倾斜改正数。各尺段的高度不可能完全相同，为此还需要对量得的每尺段长度进行倾斜改正，才能转化为水平距离。倾斜改正数为

$$\Delta S_\delta = -2S\sin^2\frac{\delta}{2} \qquad (4-12)$$

5）往返丈量相对误差的计算与精度评定采用式（4-8）。

四、钢尺量距的注意事项

测量工作应做到认真、仔细、有序、准确，在钢尺量距时应当注意以下几点。

1）所用钢尺应当经过检定，必须知道该尺的尺长方程式。

2）在放尺和收尺时应保持尺身不动，以避免尺身与地面的摩擦而损坏刻划。

3）在拉力前应检查尺身是否打卷，以免折断钢尺。

4）拉尺时要均匀用力，并保持大尺端拉力员拉尺不动，由零尺端拉尺员逐步施加拉力，并不得超过标准拉力。

5）读数员应用双手捏紧尺面，以靠近标志读数，而不致碰动标志。

6）前后端应同时读数，分别报数，记录者复诵无误后记入手簿。读数时不能出错，如将6看成9；把4听成10；将分米看成米等错误。

7）钢尺量距时，应保持自由悬空，并避免通过有泥、水的地方。

8）钢尺量距时，不能踏、踩、车压钢尺，以免损坏钢尺。

9）钢尺使用后，应轻轻擦净尘土，并加擦黄油保存，以免钢尺生锈。

【任务实施】

一、实施内容

目估定线、经纬仪定线，钢尺量距步骤及量距的记录计算，相对误差的计算方法。

二、实施前准备工作

准备一台 DJ_6 型经纬仪，一把50m钢尺，测钎多个，3根花杆。

三、实施方法及要求

（1）目估定线训练 在实训场地按相应方法确定直线的中间点，进行往返丈量，其相对误差符合要求。

（2）经纬仪定线 DJ_6 经纬仪安置在测站上，照准另一点测钎或花杆底部，固定经纬仪照准部，确定中间点，进行往返丈量，其相对误差符合要求。

（3）要求 在规定时间内操作规范，记录认真，计算正确无误。

四、实施注意事项

1）实习前，每个同学必须事先预习教材相关内容。

2）距离丈量要往返测，精度符合要求，见表4-5。

表 4-5　钢尺量距观测手簿

日期：　　　　年　　月　　日　　　　天气：　　　　　　观测：

班级：　　　　小组：　　　　　　　仪器号：　　　　记录：

测段	往测 /m	返测 /m	平均值 /m	相对误差 /mm	测段	往测 /m	返测 /m	平均值 /m	相对误差 /mm

【任务考评】

任务考评标准及内容见表 4-6。

表 4-6　任务考评标准

序号	考核内容	满分	评分标准	该项得分
1	目估定线和经纬仪定线	30	操作程序正确规范	
2	量距	40	操作正确规范，精度符合要求	
3	提交读数记录计算表	30	记录规范、计算数据正确，精度符合要求	
4	总分	100		

【思考与练习】

1. 钢尺量距精度如何表示？进行钢尺量距时应该注意哪些事项？

2. 什么是直线定线？直线定线的主要方法是什么？

3. 用钢尺丈量两段距离，一段往测为 124.78m，返测为 124.65m；另一段往测为 367.48m，返测为 367.22m，问这两段距离丈量的精度是否相同？

课题三　电磁波测距

【任务描述】

电磁波测距是以电磁波作为载波，通过测定电磁波在测线两端点间往返传播的时间来测定距离。与钢尺量距及视距法测距相比，电磁波测距具有测程远、精度高、操作简捷、效率高、受地形限制小等优点。

本课题主要介绍电磁波测距原理、电磁波测距步骤及要求、电磁波测距时注意事项等内容。通过本课题的学习，使学生对电磁波测距知识有较深入的认识。

【知识学习】

钢尺量距是一项十分繁重、工作效率又很低的测量。尤其在地形复杂的条件下，钢尺量距将更加困难，甚至无法进行。视距测量操作简便、适用范围广，但测距短、精度低，使用受到限制。电磁波测距是用电磁波作为载波，传输测距信号，以测量两点间距离的一种方法。电磁波测距按载波来分有光波测距、微波测距、激光测距、红外光电测距等，目前测绘行业普遍采用红外光电测距。电磁波测距按测程来分，有短程（<5km）、中程（5~15km）和远程（>15km），目前测绘行业普遍应用中、短程测距仪。远程和中程测距仪，一般是微波或激光测距仪，它用于国家或城市大面积的控制测量。短程的红外光电测距仪常用于地形测量和各种工程测量中。按测距精度来分，以1km测距中误差（M_D）为精度指标，一般分为三级：Ⅰ级（$|M_D| \leqslant 5mm$）、Ⅱ级（$5mm \leqslant |M_D| \leqslant 10mm$）、Ⅲ级（$20mm \geqslant |M_D| \geqslant 10mm$），只是目前Ⅲ级测距仪几乎不生产。

红外光电测距仪一般以GaAs（砷化镓）发光二极管作为光源。这是因为GaAs发光二极管具有注入电流小、亮度高、寿命长、耐振、体积小以及能连续发光等优点，同时又具有当加入交变电压后，光强将随所加交变电压而变化，因而便于实现直接调制光波的优点。

一般红外光电测距仪都能自动显示距离。有的红外光电测距仪上还附有一套电子计算系统，能自动显示与记录水平距离、高差和坐标增量等。

一、电磁波测距原理

如图4-9所示，欲测定地面A、B两点距离S，将红外光电测距仪主机架设在A点（主站），将反射棱镜（又称为反光镜）架在B点（镜站）。由主机发出的光束，到达反射棱镜后再返回主机。因光波在真空中的传播速度为（299 792 458 ± 1.2）m/s，如果能测定出光波在AB间往返时间t，则可按下式计算出距离S

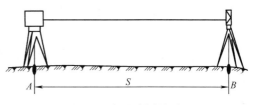

图4-9　电磁波测距原理

$$S = ct/2 \tag{4-13}$$

式中　c——光速，为一常数。

故距离测量的精度取决于时间的精度。若要求测距精度达到±1cm，则测定时间的精度需准确至6.7×10^{-11}s，这在目前还难以办到。为此，红外光电测距仪不是直接去测量时间，而是把距离和时间的关系，转化为距离与调制光波（调制波）相位移的关系，通过测定其相位移来间接测定时间t，从而确定其距离。

二、电磁波测距的步骤及要求

电磁波测距的主要步骤，包括垂直角观测、气象测量与改正测距，及记录、计算等。具体操作步骤如下。

1）在测点安置仪器，并丈量仪器高和棱镜高（目标高），连接电缆线，检查无误后开机。

2）测定空气温度和气压，并按下式加入气象改正数

$$A = 278.699 - \frac{0.387p}{1 + 0.00366t} \tag{4-14}$$

式中　A——气象改正数（mm）；

　　　p——观测时的气压值（mm Hg 或 kPa）；

　　　t——观测时的温度（℃）。

目前使用的测距仪，可以通过输入气温、气压后，自动加入气象改正数。

3）设置测距参数。

4）松开制动，瞄准目标，当听到信号返回提示时，轻轻制动仪器，并用微动螺钉调整仪器，精确瞄准目标。

5）轻轻按动测距按钮，直到显示测距成果并记录下来。测距完成后，应当松开制动，并在关机后收装仪器。

三、电磁波测距时的注意事项

1）使用主机时要轻拿轻放，运输时应将主机箱装入防震木箱内，避免摔伤和跌落。

2）测距时应避免同一条直线上有两个以上反射体或其他明亮物体，以免测错距离。

3）避免在高压线下作业。

4）避免仪器直对太阳，在强阳光下作业时应打伞。

5）避免电池过度放电，缩短电池寿命。

6）到达测站后，应立刻打开气压计并放平，避免日晒。温度计应悬于离地面 1.5 m 左右处，待与周围温度一致后，才能读数。

7）在高差大的情况下，反光镜必须准确瞄准主机，若瞄准偏差大，则会产生较大的测距误差。

【思考与练习】

1. 什么是电磁波测距？

2. 电磁波测距的分类有哪些？

课题四　三角高程测量

【任务描述】

用水准测量测定高差精度较高，但在地面高低起伏较大地区和煤矿井下主要斜巷中进行水准测量比较困难。在这种情况下，常用三角高程测量的方法测定高程。

本课题主要介绍三角高程测量原理、三角高程测量的外业观测和内业计算、三角高程测量的误差来源及注意事项。通过本课题的学习，使学生对三角高程测量有较深入的认识。

【知识学习】

一、三角高程测量原理

三角高程测量是通过测定两点间的水平距离及竖直角，根据三角学的原理计算两点间的高差。如图 4-10 所示，要测定 A、B 两点间的高差，可将经纬仪安置在 A 点上，瞄准 B 点目标，测出竖直角 δ，则 A、B 两点间的高差为

$$h_{AB} = D\tan\delta + i - v \qquad (4-15)$$

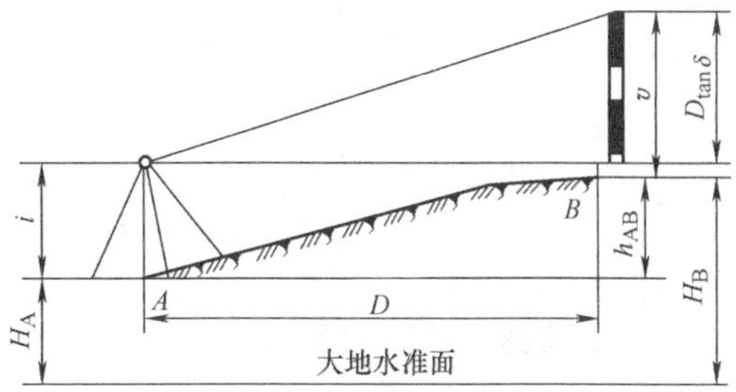

图 4-10 三角高程测量原理

式中 D——两点间水平距离（m）；

      i——测站仪器高（m）；

      v——观测点觇标高（m）。

如果 A 点高程 H_A 为已知，则 B 点的高程为

$$H_B = H_A + h_{AB} = H_A + D\tan\delta + i - v \qquad (4-16)$$

应用上式时要注意竖直角的正负号，当竖直角 δ 为仰角时取正号，相应的 $D\tan\delta$ 亦为正值；当竖直角 δ 为俯角时取负号，相应的 $D\tan\delta$ 亦为负值。

在上述三角高程测量的公式中，没有考虑地球曲率与大气折光对所测高差的影响。当 A、B 两点间的水平距离大于 400m 时，测算得的高差须加上地面的地球曲率和大气折光（简称球气差）的改正数 f。

$$f = 0.43D^2/R$$

式中 R——地球平均半径，可取 6 371km。

于是式（4-16）可以写成

$$h_{AB} = D\tan\delta + i - v + f \qquad (4-17)$$

这就是三角高程测量计算高差的基本公式。

二、三角高程测量的外业

三角高程测量的布设形式取决于平面控制网的布设形式，一般应沿短边组成附合或闭合高程路线，也可布设成独立交会高程点。高程路线以水准点、GPS 点、导线点为起闭点，独立交会高程点以高程路线点为起算点。

三角高程测量的外业工作主要是观测竖直角 δ，并量取仪器高 i 和觇标高 v，而两点间的水平距离 D 可以从平面控制网计算成果中摘取或者直接用全站仪测量。竖直角的观测方法如前所述，仪器高是量取经纬仪横轴中心到地面测点的高度，觇标高是量取标杆照准部位到地面点的高度。

为了防止测量发生错误和提高高差测定的精度，凡组成三角高程路线的各边，应进行对向观测，即直、反觇观测，并取直、反觇高差的平均值作为最后结果。

所谓直觇，就是在已知点 A 设站观测未知点 B，测定竖直角 δ_A、仪器高 i_A 及觇标高 v_B，如图 4-11a 所示。

所谓反觇，就是在未知点 B 设站观测已知点 A，测定竖直角 δ_B、仪器高 i_B 及觇标高 v_A，如图 4-11b 所示。

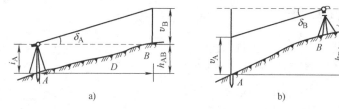

图 4-11 对向观测

三、三角高程测量的内业

三角高程测量的内业是进行高程计算。在计算之前应对外业成果进行检查，看其记录和计算有无错误，观测精度是否符合规定，各项数据是否齐全。全部合乎要求后，即可在规定的表格上进行计算。

按直觇法观测时，A、B 两点间的高差为

$$h_{AB} = D\tan\delta_A + i_A - v_B + f$$

B 点高程为

$$H_B = H_A + h_{AB}$$

按反觇法观测时，A、B 两点间的高差为

$$h_{BA} = D\tan\delta_B + i_B - v_A + f$$

A 点高程为

$$H_A = H_B + h_{BA}$$

从上述可知，若在同一边上进行对向观测，取直、反觇高差的平均值作为最后结果，可以消除地球曲率和大气折光对高差的影响。

三角高程计算实例见表 4-7。目前这种计算格式已基本不用，改用计算器直接计算。

表 4-7 三角高程计算实例

所求点	B	
起算点	$A(A$ 为测站$)$	$A(B$ 为测站$)$
觇法	直觇	反觇
δ	$+2°47'50''$	$-2°45'23''$
D/m	503.250	503.250
$\tan\delta$	0.048860	-0.048145
$D\tan\delta$	$+24.589$	-24.229
i/m	$+1.400$	$+1.425$
v/m	-1.595	-1.655
f	$+0.017$	$+0.017$
h/m	$+24.411$	-24.442
$\bar{h}$（平均高差）$/\text{m}$	24.426	
H（起算点高程）$/\text{m}$	285.56	
$H_{均}$（待求点高程）$/\text{m}$	309.99	

四、三角高程测量的误差来源

1. 竖直角的测角误差

竖直角测定误差对三角高程测量的影响，与推算高差的边长或路线的平均边长及总长有关，边长或总长越长，影响越大。

2. 边长误差

边长误差的大小决定于测量的方法。

3. 折光系数的误差

折光系数的误差对于短距离三角高程测量的影响不是主要的，但对于长距离三角高程测量而言，其影响很显著，应予以注意。

4. 仪器高 i 和目标高 v 的测定误差

三角高程测量的注意事项如下。

1）竖直角误差的影响最大，它与边长成正比。所以在用三角高程测量传递高程时，尽量选短边。

2）当边长误差较大时，如果再遇上竖直角 δ 又较大，这时边长误差的影响就较大，所以传递高程宜选择竖直角较小的边。

3）折光系数误差的影响与边长平方成正比。为了降低折光系数误差的影响，除了选择短边传递高程外，竖直角的观测宜在中午附近进行，此时折光系数比较稳定。

【任务实施】

一、实施内容

三角高程测量的外业观测和内业计算。

二、任务实施前准备工作

准备一台 DJ_6 型经纬仪、一把 2m 钢尺、两根测钎（花杆）。

三、实施方法及要求

（1）外业观测　利用导线测量相邻导线点之间的竖直角，量取仪器高，读取觇标高，用钢尺或光电测距仪量取水平距离。竖盘读数读至秒，仪器高、觇标高、水平距离读至毫米。

（2）内业计算　首先认真检查外业观测手簿，整理外业观测数据，确认无误后，把数据转抄至三角高程计算表中进行计算。

四、实施注意事项

三角高程测量进行对向观测（直觇和反觇）。

五、实施报告（表 4 - 8）

表 4 - 8　三角高程计算

所求点		
起算点		
觇法	直觇	反觇
δ D/m $\tan\delta$ $D\tan\delta$ i/m v/m f h/m		
$\bar{h}$（平均高差）/m		
H（起算点高程）/m		
$H_{均}$（待求点高程）/m		

【任务考评】

任务考评标准及内容见表 4 - 9。

表 4 - 9　任务考评标准

序号	考核内容	满分	评分标准	该项得分
1	经纬仪操作	30	操作程序正确规范	
2	竖直角、仪器高、觇标高、水平距离	40	操作正确规范，记录规范，精度符合要求	
3	提交读数记录计算表	30	记录规范，计算数据正确，精度符合要求	
4	总分	100		

【思考与练习】

1. 根据表 4 - 10 记录表中采集的数据，完成计算。

表 4 - 10　记录表

测站：A		仪器高 $i=1.45$m			测站高程 $H_A=378.50$m			
测点	视距间隔 /m	中丝读数 /m	竖盘读数 (°　′)	垂直角 (°　′)	水平距离 /m	高差 /m	测点高程 /m
1	0.580	1.45	84　04				
2	0.621	1.85	94　06				
3	0.736	2.45	88　08				

2. 用经纬仪在 A、B 两点间进行往返三角高程测量。已知 $H_A = 68.41\mathrm{m}$，水平距离 $D_{AB} = 286.36\mathrm{m}$，从 A 点观测 B 点时，$\alpha_{AB} = 10°32'26''$，A 点仪高 $i_A = 1.53\mathrm{m}$，B 点目标高 $v_B = 2.76\mathrm{m}$；从 B 点观测 A 点时，$\alpha_{BA} = -9°58'41''$，B 点仪高 $i_B = 1.48\mathrm{m}$，A 点目标高 $v_A = 2.76\mathrm{m}$，求 A、B 两点间的高差平均值及 B 点高程（列于表中进行计算）。

单元五

控制测量

单元学习目标	☞ **知识目标** （1）掌握坐标正算和坐标反算 （2）掌握导线的外业工作 （3）掌握经纬仪导线的内业计算 （4）了解 GPS 的测量原理和方法 ☞ **技能目标** （1）能正确完成外业选点、布点、测量等工作 （2）能正确进行外业数据的整理、计算、平差等工作

课题一　控制测量概述

【任务描述】

控制测量在测量工作中是一项最基本的工作任务，它能够保证测量成果的精度和成果精度的均匀性，满足各种测绘要求。

本课题主要介绍控制测量的定义、分类和等级。通过学习，让学生能够更好地理解测绘工作的三原则。

【知识学习】

控制测量是指在一个较大的测区范围内，用精密的测量仪器和一定的测量方法测定数目较少且分布均匀的点的工作，同时这些点也称为控制点。控制测量一般分为平面控制测量和高程控制测量，平面控制测量主要用于精确确定控制点的平面位置，也就是确定每个控制点的平面坐标 (x, y)；高程控制测量主要用于精确确定控制点的高程位置，也就是确定每个控制点高程 (H)。在进行地形图测绘及其他工程测量时，为了保证地形图测绘的精度及其精度的均匀，保证工程施工放样的精度，都需要进行控制测量工作。通过控制测量获取的这些控制点就可以作为地形图测绘及各种工程测量中提供测量控制基础和计算的依据。

一、平面控制网

国家平面控制网是确定地貌地物平面位置的坐标体系，按控制等级和施测精度分为一、二、三、四等网。目前提供使用的国家平面控制网含有三角点、导线点共 154 348 个，构成 1954 北京坐标系统和 1980 西安坐标系统两套系统。

1. 国家三角控制网

三角网是将相邻控制点相连接，通过构成三角形锁、网的形式，来传递坐标，也被称为三角控制测量。这种测量方法主要通过测量三角锁内三角形内的内角，进行整网平差，获取控制点的坐标。这种控制测量的方法被称为传统控制测量方法，到目前这种方法已经被 GPS 卫星定位技术及光电测距导线所取代，后两种方法也称为现代控制测量技术。

我国的国家平面控制网首先是建立一等天文大地网，在全国范围内大致沿经线和纬线方向布设成格网状（图 5-1），格网间距约为 200km，三角形的平均边长为 25km，一等三角网是国家大地控制网的骨干。

二等三角网是在一等三角网的格网中用连续三角形进行填充而成（图 5-2），平均边长 13km，二等三角网为加密网，是国家三角网的全面基础。

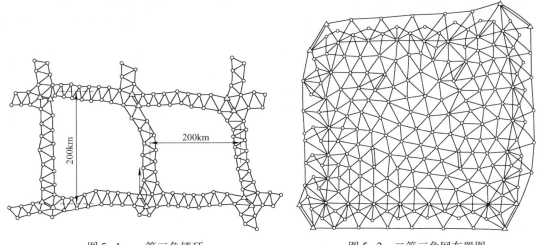

图 5-1　一等三角锁环　　　　　　　　　图 5-2　二等三角网布置图

三、四等三角网是在二等三角网的基础上加密而形成的，主要是插网、插点的形式布置，平均边长约为 8km 和 4km。

国家三角测量规范（GB/T 17942—2000）见表 5-1。

表 5-1　国家三角测量规范

等级	平均边长/km	测角中误差（″）	三角形闭合差（″）	最弱边相对中误差
一等网	20~25	±0.7	±2.5	1:200 000
二等网	13	±1.0	±3.5	1:120 000
三等网	8	±1.8	±7.0	1:70 000
四等网	2~6	±2.5	±9.0	1:40 000

2. 国家精密导线控制网

"导线"是从已知点出发,用相邻直线依次连接各导线点所形成的折线,这种导线可以通过测量水平角和边长达到传递坐标的目的。我国幅员辽阔,特别是新疆及西藏等地区,地广人稀,难以布设三角锁,因此布设了国家精密导线控制网。国家精密导线控制网按其精度分为一、二、三和四等。其测角和测距的精度与相应等级的三角测量相一致。

(1) 一等导线网 一般沿主要交通路线布设,纵横交叉构成较大的导线环,由若干导线环组成导线网。导线环长为 1 000 ~ 2 000km,边长为 15 ~ 30km。

(2) 二等导线网 布设在一等导线环内,导线的两端均闭合于一等导线点上,二等导线环的周长一般在 500 ~ 1 000km,边长为 10 ~ 15km。

(3) 三、四等导线 在一、二等导线网的基础上进行加密,布设成网状,三等导线的边长为 7 ~ 20km,四等导线边长为 4 ~ 15km。

3. GPS 控制网

GPS 是美国全球定位系统 (Global Positioning System), GPS 定位的基本原理是根据高速运动的卫星瞬间位置作为已知的起算数据,采用空间距离后方交会的方法,确定待测点的位置。在全球定位系统测量规范 (GB/T 18314—2001) 中,按其精度划分为 AA、A、B、C、D、E 级 (表 5 - 2),其中 AA、A、B 级作为建立国家空间大地测量控制网的基础。

表 5 - 2 全球定位系统 (GPS) 测量规范

级别	相邻点间的平均距离/km	固定误差/mm	比例误差系数	闭合环或附合路线边数/条
AA	1 000	≤3	≤0.01	
A	300	≤5	≤0.1	≤5
B	70	≤8	≤1	≤6
C	10 ~ 15	≤10	≤5	≤6
D	5 ~ 10	≤10	≤10	≤8
E	0.2 ~ 5	≤10	≤20	≤10

我国已建立了"2 000 国家 GPS 控制网",该 GPS 控制网由国家测绘局布设的高精度 GPS A、B 级网,总参测绘局布设的 GPS 一、二级网,中国地震局、总参测绘局、中国科学院、国家测绘局共建的中国地壳运动观测网组成。该控制网整合了上述三个大型的、有重要影响力的 GPS 观测网的成果,共 2 609 个点。通过联合处理将其归于一个坐标参考框架,形成了紧密的联系体系,可满足现代测量技术对地心坐标的需求,同时为建立我国新一代的地心坐标系统打下坚实的基础。

二、高程控制网

国家高程控制测量按其精度分为一、二、三和四等,主要采用水准测量的方法测量完成的，如图5-3所示。

一等水准测量是国家高程控制网的骨干，一等水准路线构成网状，每一闭合环长在1 000～1 500km之间。一等水准路线主要沿地质构造稳定、交通不太繁忙、路面坡度平缓的国家主干公路布设，二等水准测量是国家控制的基础，一般构成环形，闭合于一等水准路线上，其闭合环长为500～750km。

二等水准路线主要沿公路、铁路及河流布设。一、二等水准点是三、四等水准测量及其他测量的起算基础。

三、四等水准点是地形测图和各种工程建设所必需的高程控制起算点。三等水准测量一般采用附合路线，构成闭合环，附合路线长度一般不超过150km。四等水准测量一般以附合路线布设于高等级水准点之间，路线长度一般不超过80km，各等级水准点均应埋设固定标石，图5-4为水准点普通标石。

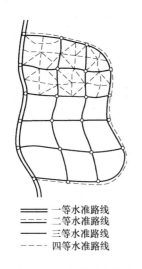

一等水准路线
二等水准路线
三等水准路线
四等水准路线

图5-3 国家水准网布设方法

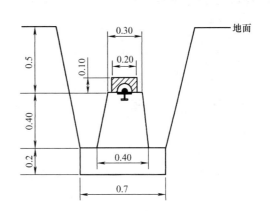

图5-4 水准点标石

表5-3 水准测量主要技术要求

等级	每km高差中误差 /mm	附合路线长度 /km	水准仪的级别	测段往返测高差 不符值	附合路线或环线 闭合差
二等	±2	400	DS_1	$±4\sqrt{R}$	$±4\sqrt{L}$
三等	+6	45	DS_2	$±12\sqrt{R}$	$±12\sqrt{L}$
四等	±10	15	DS_3	$±20\sqrt{R}$	$±20\sqrt{L}$

【思考与练习】

1. 试述控制测量的定义及分类，国家控制网的等级有哪些？
2. 试述导线的概念。

课题二　地面点之间的平面位置关系

【任务描述】

本课题主要介绍计算地面点之间平面位置关系的一些公式及概念，如两点间的坐标增量、距离、方位角和象限角，让学生能够进行坐标正算和坐标反算。

【知识学习】

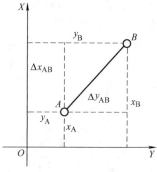

在高斯－克吕格直角坐标系中或测量独立直角坐标系中，以坐标纵轴作为 X 轴，坐标横轴作为 Y 轴，其交点为坐标原点，处于坐标系中的点以一对坐标值（x，y）表示。如图 5-5 所示，A、B 两点在直角坐标系的坐标分别为（x_A，y_A）、（x_B，y_B），这两点间相应坐标值之差为坐标增量，以 Δx_{AB}、Δy_{AB} 表示，则

$$\left.\begin{array}{l} \Delta x_{AB} = x_B - x_A \\ \Delta y_{AB} = y_B - y_A \end{array}\right\} \qquad (5\text{-}1)$$

图 5-5　点间关系

根据式（5-1），如果已知两点坐标，就可以计算出两点之间的坐标增量，也可根据已知其中一点的坐标及两点的坐标增量，来推算另一点的坐标。

$$\left.\begin{array}{l} x_B = x_A + \Delta x_{AB} \\ y_B = y_A + \Delta y_{AB} \end{array}\right\} \qquad (5\text{-}2)$$

如果已知两点之间的水平距离和坐标方位角，则两点间的坐标增量为（坐标正算）

$$\left.\begin{array}{l} \Delta x_{AB} = D_{AB}\cos\alpha_{AB} \\ \Delta y_{AB} = D_{AB}\sin\alpha_{AB} \end{array}\right\} \qquad (5\text{-}3)$$

则式（5-2）可变成下式

$$\left.\begin{array}{l} x_B = x_A + \Delta x_{AB} = x_A + D_{AB}\cos\alpha_{AB} \\ y_B = y_A + \Delta y_{AB} = y_A + D_{AB}\sin\alpha_{AB} \end{array}\right\} \qquad (5\text{-}4)$$

式中　D_{AB}——野外实测改正后两点间的水平距离（m）。

坐标方位角为野外实测的水平角经内业数据处理计算得到。

下面由已知两点计算两点的长度和坐标方位角（坐标反算）。

1. 两点间的水平距离

当已知两点的坐标，我们就可以按公式（5-5）通过两点坐标值来求得两点的水平距离。

$$D_{AB} = \sqrt{\Delta x_{AB}^2 + \Delta y_{AB}^2} = \sqrt{(x_B - x_A)^2 + (y_B - y_A)^2} \qquad (5\text{-}5)$$

2. 坐标方位角

坐标方位角是以坐标纵轴为标准方向，从坐标纵轴的北端起顺时针方向旋转至某直线所夹的水平角称为该直线的坐标方位角，其值域为（0，360]。一般用下式表示

$$\alpha_{AB} = \arctan\left(\frac{y_B - y_A}{x_B - x_A}\right) \qquad (5\text{-}6)$$

由于坐标方位角具有方向性，α_{AB} 与 α_{BA} 称为 A、B 两点间的正、反坐标方位角，其关系如下

$$\alpha_{BA} = \alpha_{AB} \pm 180° \tag{5-7}$$

由于式（5-6），坐标方位角的取值在（-90° ～ 90°）之间，我们一般利用象限角，通过判断 Δx、Δy 的正负，间接求得待求边的方位角。

3. 象限角

象限角是指从 X 轴方向顺时针或逆时针旋转至某直线所夹的锐角，用 R 表示，如图 5-6 所示。象限角与坐标方位角的关系见表 5-4。

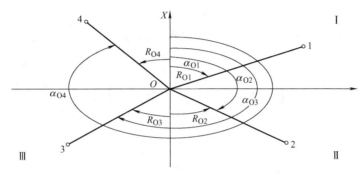

图 5-6　两点间方位角和象限角的关系

表 5-4　象限角与坐标方位角的换算关系

象限	与坐标方位角关系	象限	与坐标方位角关系
I	$\alpha = R$	III	$\alpha = 180° + R$
II	$\alpha = 180° - R$	IV	$\alpha = 360° - R$

象限角与坐标增量之间的数学关系为

$$R_{AB} = \arctan\left|\frac{\Delta y_{AB}}{\Delta x_{AB}}\right| \tag{5-8}$$

例1：已知 1、2 两点坐标分别为 1（4 384 775.413，466 102.776）、2（4 384 278.662，465 881.799），求两点水平距离及坐标方位角。

解：

$\Delta x_{12} = x_2 - x_1 = 4\ 384\ 278.662 - 4\ 384\ 775.413 = -496.751$

$\Delta y_{12} = y_2 - y_1 = 465\ 881.799 - 466\ 102.776 = -220.977$

$D_{12} = \sqrt{\Delta x_{12}^2 + \Delta y_{12}^2} = \sqrt{(-496.751)^2 + (-220.977)^2} = 543.684$

$R_{12} = \arctan\left|\dfrac{\Delta y_{12}}{\Delta x_{12}}\right| = \arctan\left|\dfrac{-496.751}{-220.977}\right| = 66°01'06''$

由于 Δx_{12}、Δy_{12} 均小于零，该直线位于第三象限。

则

$$\alpha_{12} = R_{12} + 180° = 246°01'06''$$

例2：已知 1 点坐标（380 868.762，71 068.331），1、2 两点间的水平距离为 636.112m，坐标方位角为 262°18'36''，求 2 点坐标。

解： $x_2 = x_1 + D_{12}\cos\alpha_{12} = 380\ 868.762 + 636.112\cos262°18'36''$

$= 380\ 783.642$

$y_2 = y_1 + D_{12}\sin\alpha_{12} = 71\ 068.331 + 636.112\sin262°18'36''$

$= 70\ 437.940$

【思考与练习】

1. 怎样进行坐标正算和坐标反算？

2. 已知 A、B 两点坐标为 A 点（386 333.868，70 271.233），B 点（386 128，70 336.882），求 D_{AB} 及 α_{AB}。

3. 已知 A 点坐标（380 772.123，75 771.898），$D_{AB} = 226.383$，$\alpha_{AB} = 323°33'36''$，求 B 点坐标。

课题三　导线测量外业

【任务描述】

导线测量是利用导线的形式，利用已知点，通过测定水平角和量取边长的方式，确定待定点的坐标。

本课题主要介绍导线的种类、导线测量的步骤、技术要求、注意事项等内容。

【知识学习】

一、导线的种类

随着测绘科学技术的发展和电子技术的广泛应用，测距仪、全站仪得到了普及应用，由于导线形式比较灵活，具有适应能力强的特点，与三角测量相比，导线测量现已成为平面控制的一种常用方法。导线的布设形式有：闭合导线、附合导线和支导线。

1. 闭合导线

闭合导线是从一条已知边的一个点出发，经过若干个导线点，最后又回到起点，形成一个闭合的多边形。如图 5 - 7a 所示，图中 A、B 为已知点，角 β_0 为连接角。

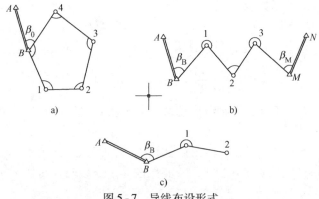

图 5 - 7　导线布设形式

2. 附合导线

附合导线是从一条已知边的一个点出发，经过若干个导线点，附合到另一条已知边的一个点上，形成伸展的折线。如图 5 - 7b 所示，图中 β_B、β_M 为连接角。

3. 支导线

支导线是从一条已知边的一个点出发，经过各导线点后，既不闭合也不附合，形成自由伸展的折线。如图 5 - 7c 所示，角 β_B 为连接角。

二、踏勘选点、埋石

在布置控制导线前，首先应收集有关资料，包括测区内及测区附近已有的各级控制点及已有地形图。然后到实地察看已有控制点的保存情况、测区地形、交通情况等，随即进行踏勘工作，根据仪器设备条件、相关的导线测量主要技术指标（表5-5）和踏勘结果，拟定控制导线的布设形式、布设路线，并在图上选定位置，然后按照设计的路线去踏勘选点，现场踏勘选点应注意的事项如下。

表 5 - 5 城市测量规范（CJJ T8—2011）中光电测距导线测量的主要技术指标

等级	附合导线 /km	平均边长 /m	测距中误差 /mm	水平角测回数 DJ$_2$	测角中误差 （"）	方位角闭合差 （"）	导线全长相对闭合差
三等	15	3 000	±18	12	±1.5	±3 $\sqrt{n}$	1/60 000
四等	10	1 600	±18	6	2.5	±5 $\sqrt{n}$	1/40 000
一级	3.6	300	±15	2	5	±10 $\sqrt{n}$	1/14 000
二级	2.4	200	±15	1	8	±16 $\sqrt{n}$	1/10 000

1）为了方便测角，相邻导线点间要通视良好，视线远离障碍物，保证成像清晰。

2）采用光电测距仪测边长，导线边应离开强电磁场和发热体的干扰，测线上不应有树枝、电线等障碍物。四等以上的测线，应离开地面或障碍物1.3m以上。

3）导线点应埋在地面坚实、不易被破坏处，一般应埋设标石。

4）导线点要有一定的密度，以便控制整个测区。

5）导线边长要大致相等，不能悬殊过大，相邻边长之比不宜超过1:3。

6）导线点应选在便于安置仪器，并且安全的地方。

导线点埋设后，要在桩上用红油漆写明点名、编号，并用红油漆在固定地物上画一箭头指向导线点，并绘制"点之记"方便寻找导线点，导线点普通标石如图 5 - 8 所示。

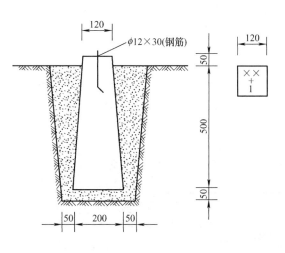

图 5 - 8 导线点普通标石

三、外业测量

1. 导线水平角测量

根据确定的测量方法选用测角仪器，当测站上有两个方向时，采用测回法测角；当测站上有三个以上的方向时采用方向观测法测角，一般采用测回法进行测量。以导线前进方向为准，在前进方向左侧的转角称为左角，右侧的转角称为右角，一般测量时，我们在外业、内业工作时，以左角为准，其值在（0，360]。

$$左角 = 前视水平度盘读数 - 后视水平度盘读数$$

$$左角 + 右角 = 360°$$

在观测前应严格对中、整平，精确照准标志，读数时要仔细果断，记录员要回报，以防听错、记错，不得涂改记录。当发现管水准器气泡偏离中心超过一个格值时，应重新整置仪器，重新观测该测回。

2. 边长测量

边长测量可采用钢尺量距和电磁波测距，现在一般采用电磁波测距，测距仪或全站仪进行边长测量。在利用全站仪进行测距时可以直接输入气象参数值，直接改正即可。

各等级光电测距导线对测距的要求见表5-6和表5-7，相关气象数据的测定见表5-8。

表5-6 城市测量规范中各等级平面控制网测距边测距的技术要求

控制网等级	测距仪等级	观测次数		总测回数	备注
		往	返		
三等	I	1	1	4	1. II 级须用 ≤ ± （5mm + 3ppm$D$）的 II 级测距仪
四等	I	1	1	2	2.1 测回是指照准目标一次，一般读数 4 次，可根据仪器出现的离散程度和大气透明度作适当增减，往返测回数各占总测回数的一半
一级	II	1		2	
二级	II	1		1	

表5-7 城市测量规范中光电测距各项较差的限值

仪器等级 \ 项目	一测回读数较差/mm	单程测回间较差/mm	往、返或不同时段的较差
I	5	7	2（$a + bD$）
II	10	15	

注：a——仪器标称精度中的固定误差（mm）；

b——仪器标称精度中的比例误差（mm/km）；

D——测距边边长（km）。

表 5-8 气象数据的测定要求

等级	最小读数		测定的时间间隔	气象数据的取用
	温度/℃	气压/Pa		
三、四等网的起始边和边长	0.2	50	一测站同时段观测的始末	测边两端的平均值
一级网的起始边和边长	0.5	100	每边测定一次	观测一端的数据
二级网的起始边和边长	0.5	100	一时段始末各测定一次	取平均值作为各边测量的气象数据

在城市测量规范中，测距边的选择应符合下列规定。

1) 测距边的长度宜在各等级控制网平均边长（1±30%）的范围内选择，并考虑所用测距仪的最佳测程。

2) 测线宜高出地面和离开障碍物 1m 以上。

3) 测线应避免通过发热体（如散热塔、烟囱等）的上空及附近。

4) 安置测距仪的测站应避开受电磁场干扰的地方，离开高压线宜大于 5m。

5) 应避免测距时的视线背景部分有反光物体。

【任务实施】

一、实施内容

进行踏勘选点、埋点，野外测量水平角和电磁波测距工作。

二、实施前准备工作

以小组为单位，选取一张当地地形图，一本记录手簿，一台全站仪，前视棱镜组，两个三脚架，一台气压计（带温度计），若干水泥钉，一把锤子。

三、实施方法及要求

1) 根据布置的任务，按照导线布置的要求，室内利用地形图进行选点工作，然后现场进行踏勘、定点工作。

现场利用水泥钉作为测量标志，进行埋点工作，并做好"点之记"。

2) 老师带领学生参观附近布设的高等级三角点、GPS 点和导线点，让同学能够更直观地理解测量点的概念。

3) 作外业水平角和边长测量，训练前老师要讲解全站仪的使用方法，其中包括气象参数的设置。按照观测导线的等级，进行野外水平角的观测工作，同时进行距离测量。

四、实施注意事项

1) 实施前，每名同学必须事先预习相关知识和实习指导书。

2) 仪器操作动作应轻，转动仪器必须打开制动，爱护仪器。

3) 在距离测量前应进行气象改正和棱镜常数输入。

4) 观测者不能擅自离开仪器，以防强风或人畜碰撞仪器，实习时不能打闹。

【任务考评】

任务考评标准及内容见表5-9。

表5-9　任务考评标准

序号	考核内容	满分	评分标准	该项得分
1	踏勘选点、定点	30	点位布置准确、"点之记"绘图标注规范	
2	野外水平角、边长测量	60	能够对中、整平，观测水平角方法准确，边长测量设置准确，测量符合规范要求，对中、整平不合要求按情况扣10~20分，观测数据超限扣20分，气象设置不正确扣10分，每站测量时间限定在18min内，每超过1min扣3分，超过25min不得分，本项累积分扣完为止	
3	提交读数记录表	10	记录规范、字体工整、数据正确得10分	
	总分	100		

课题四　导线测量内业计算

【任务描述】

导线测量内业计算的目的是根据观测的水平角和边长，利用已知边的方位角和已知点的坐标，求出各未知点的坐标。

本课题主要是学习导线的内业计算，培养学生的内业数据处理能力，提高学生的导线计算能力，能够结合外业测量，进行相关导线测量的任务。

【知识学习】

导线测量内业计算的目的是根据观测的水平角和边长，利用已知边的方位角和已知点的坐标，求出各未知点的坐标。

在进行导线计算前，应对导线测量的外业记录手簿进行检查，有无数据遗漏，各项限差是否满足测量规范，并绘制导线略图，检查完毕检查者应签字。

计算时采用两人独立对算制度，保证成果的准确性。

计算时，角度取值到秒，长度、坐标单位取值到毫米。

一、坐标方位角的推算

如图5-9所示，已知直线 AB 的坐标方位角为 α_{AB}，两直线的夹角为 β。

从图5-9a中可以容易看出

$$\alpha_{AC} = \alpha_{AB} + \beta = (\alpha_{BA} - 180°) + \beta = \alpha_{BA} + \beta - 180°$$

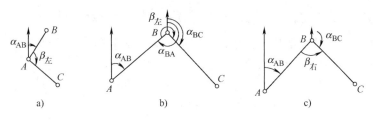

图 5 - 9 方位角的推算

同理在图 5 - 9b 中

$$\alpha_{BC} = \alpha_{BA} + \beta - 360° = (\alpha_{AB} + 180°) + \beta - 360° = \alpha_{AB} + \beta - 180°$$

在图 5 - 9a 和 b 中，两直线所夹角 β 均为沿方位角推算方向路线左侧的角，称为左转角，简称左角。

如图 5 - 9c 中，β 为沿方位角推算方向路线右侧的角，称为右转角，简称右角。由图可以看出

$$\alpha_{BC} = \alpha_{BA} - \beta_{右} = \alpha_{AB} - \beta_{右} \pm 180°$$

归纳以上各式，可以得出方位角推算的普遍公式，即

$$\alpha_{下} = \alpha_{上} + \beta_{左} \pm 180° \tag{5-9}$$

或

$$\alpha_{下} = \alpha_{上} - \beta_{右} \pm 180° \tag{5-10}$$

在现实的测量工作中，我们一般测量转折角的左角，因而在以下的章节中若不做特殊说明，转折角均以左角为准。

对于若干个转折角导线而言，如图 5 - 10 所示，我们可以推得

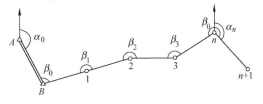

$$\alpha_n = \alpha_0 + \sum \beta - 180°n \tag{5-11}$$

图 5 - 10 转折角导线

式中 α_n——第 n 条边的推算方位角（°）；

α_0——起始边 AB 的方位角（°）；

$\sum \beta$——连接角及各转折角之和（°）。

注意：任一边的方位角小于 0°时，加上 360°；大于 360°时，减去 360°，使方位角取值在（0，360]。

二、附合导线的计算

1. 附合导线角度闭合差的计算及平差

（1）角度闭合差 由于导线的角度观测值中不可避免地存在误差，从已知边开始，利用水平角观测值推算到最终边的方位角与其真值之差，用 f_{β} 表示。

对于附合导线，则

$$f_\beta = \sum \beta_测 - \sum \beta_理 = \sum \beta_测 - (\alpha_n - \alpha_0 + 180°n) \tag{5-12}$$

角度闭合差 f_β 的大小，表明角度观测的精度。对于各种等级的导线而言，角度闭合差应小于等于相应等级导线闭合差的容许值 $f_{\beta容}$，

即

$$f_\beta \leq f_{\beta容}$$

$$f_{\beta容} = \pm 2m_\beta \sqrt{n}$$

式中　m_β——导线测角中误差，例如图根导线的测角中误差为 $20''$。

则

$$f_{\beta容} = \pm 40'' \sqrt{n}$$

（2）角度闭合差的平差　求角度闭合差的目的是消除由于水平角观测误差引起的方位角闭合差，并分别求得各转折角的平差值，即改正数，然后再求出各水平角的平差值。

求改正数的方法：按照方位角闭合差反号平均分配给各转折角。

$$v_{\beta i} = v_{\beta_1} = v_{\beta_2} = \cdots = v_{\beta_0} = v_{\beta'_0} = -\frac{f_\beta}{n} \tag{5-13}$$

连接角若参加角度闭合差的计算时，也需要加改正数；否则不需改正。

显然，各折角改正数的总和应等于角度闭合差的相反数。

$$\sum_1^n v_{\beta i} = -f_\beta \tag{5-14}$$

该公式用于计算检核。

则各水平角的平差值为

$$\beta_{i平差值} = \beta_{i观测值} + v_{\beta i} \tag{5-15}$$

在式（5-14）、（5-15）中，n 为转折角个数（测站数）、$v_{\beta i}$ 为各转折角的改正值、$\beta_{i平差值}$ 为各转折角改正后的平差值。

则各边的方位角

$$\alpha_{ij} = \alpha_{i-1,j-1} + \beta_{i平差值} \pm 180° \tag{5-16}$$

2. 坐标闭合差的计算及其平差

（1）坐标增量的计算方法：用各边的方位角与对应边的水平距离 D_i 计算各点间的坐标增量

$$\left.\begin{array}{l} \Delta x_{ij} = D_{ij}\cos\alpha_{ij} \\ \Delta y_{ij} = D_{ij}\sin\alpha_{ij} \end{array}\right\} \tag{5-17}$$

（2）坐标闭合差的计算及平差　坐标闭合差是由于水平角、边长的观测值中都存在观测误差，从一个已知点的坐标推算至另一个已知点的坐标，其推算坐标与已知坐标的不符值，一般用 f_x、f_y 表示。

$$\left.\begin{array}{l} f_x = \sum_1^n \Delta x_计 - \sum_1^n \Delta x_理 = \sum_1^n \Delta x_计 - (x_终 - x_始) \\ f_y = \sum_1^n \Delta y_计 - \sum_1^n \Delta y_理 = \sum_1^n \Delta y_计 - (y_终 - y_始) \end{array}\right\} \tag{5-18}$$

通过 f_x、f_y 可求得导线全长闭合差 f_s 和导线全长相对闭合差 K。当 K 小于容许值时，将坐标闭合差按与边长成反比并按照反号分配的原则，求坐标增量的改正数，进而求得各边的坐标增量平差值和各点的坐标平差值。

导线全长闭合差和导线全长相对闭合差

$$f_s = \pm \sqrt{f_x^2 + f_y^2}$$

$$K = \frac{f_s}{\sum D} = \frac{1}{\dfrac{\sum D}{f_s}} \tag{5-19}$$

当 K 不大于容许值时，即可求坐标增量改正数

$$\left. \begin{aligned} V_{x_{ik}} &= \frac{-f_x}{\sum D} D_{ik} \\ V_{y_{ik}} &= \frac{-f_y}{\sum D} D_{ik} \end{aligned} \right\} \tag{5-20}$$

计算完成后，利用下式进行检核

$$\left. \begin{aligned} \sum V_x &= -f_x \\ \sum V_y &= -f_y \end{aligned} \right\} $$

则各边坐标增量平差值为

$$\left. \begin{aligned} \Delta x'_{i,i+1} &= \Delta x_{i,i+1} + v_{x_{i,i+1}} \\ \Delta y'_{i,i+1} &= \Delta y_{i,i+1} + v_{y_{i,i+1}} \end{aligned} \right\} \tag{5-21}$$

（3）各待定点坐标的计算

$$\left. \begin{aligned} x_{i+1} &= x_i + \Delta x'_{i,i+1} \\ y_{i+1} &= y_i + \Delta y'_{i,i+1} \end{aligned} \right\} \tag{5-22}$$

计算完成后，应检查推算至另一已知点坐标值与其值是否相等。

例：如图 5-11 所示，A、B、C、D 为已知点，AB 边、CD 边的方位角为已知，其数据如下：

$$\begin{cases} x_B = 382\ 666.107 \\ y_B = 67\ 798.348 \end{cases} \qquad \begin{cases} x_C = 382\ 704.084 \\ y_C = 68\ 317.134 \end{cases} \qquad \begin{cases} \alpha_{AB} = 153°20'39'' \\ \alpha_{CD} = 37°34'40'' \end{cases}$$

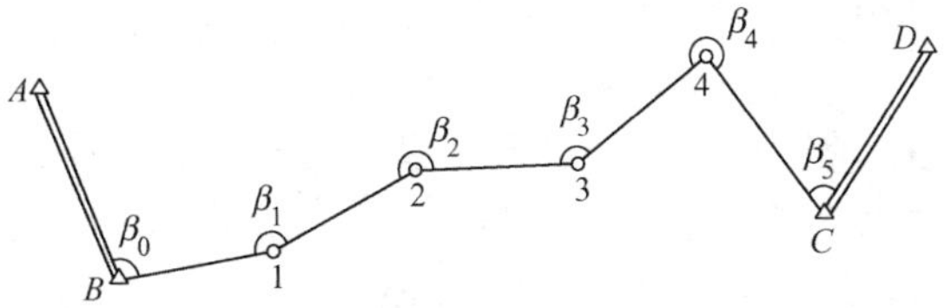

图 5-11 附合导线计算

各水平角和边长见表 5 - 10，求各待定点的坐标。

表 5 - 10　附合导线计算表

计算者：张×　　　　　　　　检查者：施×　　　　　　　　时间：2010 年 08 月 10 日

点号	观测角 β (° ′ ″)	改正数 v_β (″)	坐标方位角 α (° ′ ″)	边长 D /m	Δx /m	$v_{\Delta x}$ /mm	Δy/m	$v_{\Delta y}$ /mm	x /m	y /m
1	2	3	4	5	6	7	8	9	10	11
A			153 20 39							
B	108 01 58 （连接角）	−3	81 22 34	112. 574	16. 880	−4	111. 302	−6	382 666. 107	67 798. 348
1	164 39 50	−3	66 02 21	118. 030	47. 933	−4	107. 859	−6	382 682. 983	67 909. 644
2	202 17 58	−3	88 20 16	118. 400	3. 434	−4	118. 350	−6	382 730. 912	68 017. 497
3	147 20 08	−3	55 40 21	117. 689	66. 367	−4	97. 191	−6	382 734. 342	68 135. 841
4	263 17 09	−3	138 57 27	128. 101	− 96. 617	−4	84. 114	−6	382 800. 705	68 233. 026
C	78 37 16 （连接角）	−3	37 34 40 （检核）						382 704. 084	68 317. 134
D									（检核）	（检核）
$\sum$	964 14 19	− 18 （检核）		594. 764	37. 997	− 20 （检核）	518. 816	− 30 （检核）		

辅助计算

$\sum \beta_{理} = 37°34'40'' - 153°20'39'' + 6 \times 180° = 964°14'01''$

$f_\beta = \sum \beta_{测} - \sum \beta_{理} = + 18''$　$f_{\beta容} = \pm 40'' \sqrt{6} = \pm 01'37''$

$f_x = \sum \Delta x - (x_C - x_B) = 20 \text{mm}$　$f_y = \sum \Delta y - (y_C - y_B) = 30 \text{mm}$

$f_s = \pm \sqrt{f_x^2 + f_y^2} = \pm 36 \text{mm}$　$K = \dfrac{f_s}{\sum D} = \dfrac{36 \text{mm}}{594.764 \text{m}} = \dfrac{1}{16\ 520}$

解：

第一步：角度闭合差的计算和配赋。

先将第 2 栏中各转折角的观测值相加，各连接角参加计算，求得附合导线各水平角观测值和

$$\sum \beta_{测} = 964°14'19''$$

再计算出附合导线的理论值

$$\sum \beta_{理} = 37°34'40'' - 153°20'39'' + 6 \times 180° = 964°14'01''$$

则角度闭合差为

$$f_\beta = \sum \beta_{测} - \sum \beta_{理} = + 18''$$

图根光电测距导线的角度闭合差容许值为

$$f_{\beta容} = \pm 40'' \sqrt{n} = \pm 40'' \sqrt{6} = \pm 01'37''$$

上述计算可在表 5 - 10 辅助计算栏中进行。因为 f_β 小于容许值，成果合格，故将 f_β 反号平均配赋给各转折角，得各角改正数

$$V_{\beta i} = - \frac{f_\beta}{n} = - \frac{18''}{6} = -3''$$

第二步：坐标方位角的计算。

按式（5-16）根据起始边 AB 的坐标方位角 α_{AB} 和连接角 β_0（左角），计算 $B-1$ 边的坐标方位角 α_{B1} 为

$$\alpha_{B1} = \alpha_{AB} + \beta_0 \pm 180° = 153°20'39'' + 108°01'55'' - 180° = 81°22'34''$$

同理，其余各边的坐标方位角，均按式（5-16）推得，注意最后推得 CD 边的坐标方位角与其已知值相等，为 $37°34'40''$，说明计算无误。

第三步：坐标增量闭合差的计算与调整。

根据第4栏中推算出的各边坐标方位角和第5栏中相应的边长，利用坐标增量计算公式（5-17）分别计算各边的坐标增量，填入表5-10中第6、8栏内。将第6、8栏中的坐标增量计算值取代数和 $\sum \Delta x_{计}$、$\sum \Delta y_{计}$，即为坐标增量闭合差 $f_x = 20\text{mm}$，$f_y = 30\text{mm}$，并计算全长闭合差为：$f_s = \pm \sqrt{f_x^2 + f_y^2} = \pm 36 \text{ mm}$，全长相对闭合差为

$$K = \frac{f_s}{\sum D} = \frac{1}{16\ 520}$$

上述计算填入表5-10辅助计算栏中。因导线全长相对闭合差 $K < K_容$，说明成果符合要求，故可将坐标增量闭合差按公式（5-18）进行配赋，并将算得之增量改正数填写在表5-10中第7、9栏中，注意检核。

第四步：坐标计算。

根据已知点 B 的坐标和改正后的坐标增量按式（5-22）依次计算各点坐标。为了检核坐标计算的正确性，还需计算 C 点坐标，看计算值与理论值是否相等，如果相等，则计算结束。

三、闭合导线的计算

闭合导线计算的表格与附合导线的计算表格一样，其计算过程、原理基本相同，这里只介绍其与附合导线计算的不同点，图5-12为闭合导线图。

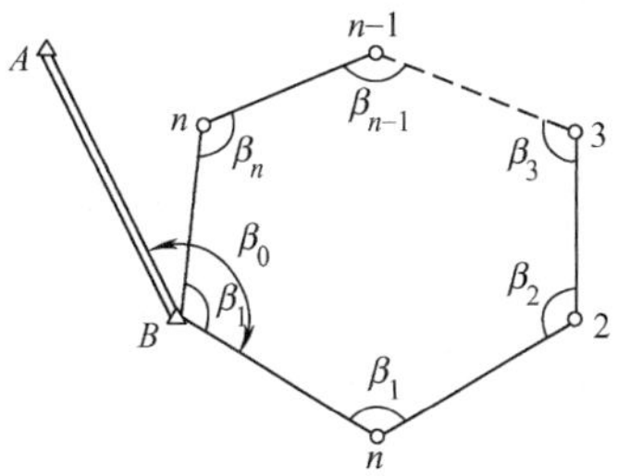

1. 角度闭合差的计算与配赋

闭合导线组成闭合多边形。闭合多边形内角总和应为 $180°(n-2)$，即

$$\sum_1^n \beta_理 = 180°(n-2) \qquad （n \text{ 为多边形顶点数}）$$

图5-12 闭合导线计算

则其角度闭合差按观测值减去理论值计算，即

$$f_\beta = \sum_1^n \beta_测 - \sum_1^n \beta_理 = \sum_1^n \beta_测 - 180°(n-2) \qquad (5-23)$$

注意：由于在计算角度闭合差时，连接角 β_0 没有参与计算，所示定向角不参加角度平差计算，因而在测量时必须注意连接角的测量工作。

2. 坐标增量闭合差的计算

从图5-12中可知，闭合多边形各边的纵、横坐标增量的代数和，在理论上应分别等于零。

即

$$\left.\begin{array}{c}\sum_1^n \Delta x_{\text{理}} = 0 \\[2mm] \sum_1^n \Delta y_{\text{理}} = 0\end{array}\right\} \tag{5-24}$$

但由于边长和方位角的误差，导致各边坐标增量均含有误差，从而使其总和不等于理论值。其不符值即为坐标增量闭合差。

$$\left.\begin{array}{c}f_x = \sum_1^n \Delta x_{\text{计}} \\[2mm] f_y = \sum_1^n \Delta y_{\text{计}}\end{array}\right\} \tag{5-25}$$

其他计算与附合导线相同。

例：具体数据如图 5-13 所示，起算数据列于表 5-11，计算过程及数据见表 5-11。

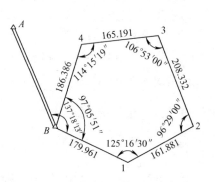

图 5-13

表 5-11　闭合导线计算表

点号	观测角 β (° ′ ″)	改正数 v_β (″)	坐标方位角 α (° ′ ″)	边长 D /m	Δx /m	$v_{\Delta x}$ /mm	Δy /m	$v_{\Delta y}$ /mm	x /m	y /m
1	2	3	4	5	6	7	8	9	10	11
A			158 32 30							
B	137 18 13（连接角）		115 50 43	179.961	−78.453	2	161.960	−2	380 771.628	70 999.212
1	125 16 30	4	61 07 17	161.881	78.181	2	141.750	−2	380 693.177	71 161.170
2	96 29 00	4	337 36 21	208.332	192.621	2	−79.370	−2	380 771.360	71 302.918
3	106 53 00	4	264 29 25	165.191	−15.861	2	−164.428	−2	380 963.983	71 223.546
4	114 15 19	4							380 948.124	71 059.116
B	97 05 51	4	198 44 48	186.386	−176.498	2	−59.902	−2	380 771.628（检核）	70 999.612（检核）
1			115 50 43（检核）							
∑	539 59 40	20（检核）		901.751	−0.01	10（检核）	0.01	−10（检核）		

辅助计算

$f_\beta = \sum \beta_{\text{测}} - 540 = -20''$　　$f_{\beta\text{容}} = \pm 40''\sqrt{5} = \pm 01'29''$

$f_x = \sum \Delta x = -10\text{mm}$　　$f_y = \sum \Delta y = 10\text{mm}$

$f_s = \pm \sqrt{f_x^2 + f_y^2} = \pm 14\text{mm}$　　$K = \dfrac{f_s}{\sum D} = \dfrac{14\text{mm}}{901.751\text{m}} = \dfrac{1}{64410}$

四、支导线的计算

由于支导线不存在闭合和附合条件，因而在实际测量工作中，当导线测站数较多或精度要求较高时，往往需要进行往返测量，这样的导线也被称为复测支导线，可进行方位角闭合差及坐标闭合差计算。

1. 方位角闭合差与改正数计算

方位角闭合差为

$$f_\beta = \alpha_往 - \alpha_返 \tag{5-26}$$

限差为

$$f_{\beta限} = \pm 2m_\beta \sqrt{2n} \tag{5-27}$$

式中 $2n$——往返观测测站数之和。

改正数为

$$\left.\begin{array}{l} v_{\beta往} = -\dfrac{f_\beta}{2n} \\[3mm] v_{\beta返} = +\dfrac{f_\beta}{2n} \end{array}\right\} \tag{5-28}$$

2. 坐标闭合差及改正数的计算

坐标闭合差为

$$\left.\begin{array}{l} f_x = \sum \Delta x_往 - \sum \Delta x_返 \\[2mm] f_y = \sum \Delta y_往 - \sum \Delta y_返 \end{array}\right\} \tag{5-29}$$

导线全长闭合差为

$$f_s = \sqrt{f_x^2 + f_y^2}$$

则导线全长相对闭合差为

$$K = \frac{f_s}{\sum D_往 + \sum D_返} \tag{5-30}$$

当导线全长相对闭合差小于限差时，进行坐标增量改正数的计算，即：

往测改正数为

$$\left.\begin{array}{l} v_{\Delta x_{ij}} = -\dfrac{f_x}{\sum D_往 + \sum D_返} D_{ij往} \\[4mm] v_{\Delta y_{ij}} = -\dfrac{f_y}{\sum D_往 + \sum D_返} D_{ij往} \end{array}\right\} \tag{5-31}$$

返测改正数为

$$\left.\begin{array}{l} v_{\Delta x_{ij}} = +\dfrac{f_x}{\sum D_往 + \sum D_返} D_{ij返} \\[4mm] v_{\Delta y_{ij}} = +\dfrac{f_y}{\sum D_往 + \sum D_返} D_{ij返} \end{array}\right\} \tag{5-32}$$

在日常的工作中，往往也可以按照测量的导线等级进行施测，然后重新再进行一次同等精度的导线测量工作，根据各次支导线的计算结果，进行精度评定工作；当角度闭合差和导线全长相对闭合差满足导线要求，对两遍得到的导线对应坐标点可进行简单求平均值也可。

【任务实施】

一、实施内容

记录本的检查，水平角、边长的摘抄，绘制导线略图，附合导线和闭合导线的计算。

二、实施前准备工作

以两人为单位，准备一份记录本及相关已知点方位角和坐标；并准备一张坐标计算表。

三、实施方法及要求

1）每人需独立检查记录本，检查完后应在相应位置签字确认。
2）每人由记录本摘抄水平角、边长数据，绘制导线略图。
3）进行附合导线和闭合导线计算工作。

四、实施注意事项

1）实习训练前，每名同学必须事先预习相关知识和实训指导书。
2）认真检查记录本，做好水平角、边长的计算工作。
3）在摘抄水平角、边长数据时，要与相应测站相对应。
4）计算时注意各检核条件的使用，计算完成后，应两人及时相互检查。

【任务考评】

任务考评标准及内容见表 5 - 12。

表 5 - 12　任务考评标准

序号	考核内容	满分	评分标准	该项得分
1	独立检查记录本	30	能及时发现错误，并签字	
2	摘抄水平角、边长数据，绘制导线略图	10	书写工整、美观，各测站水平角、边长要对应，导线略图要形象	
3	附合导线计算工作	30	角度闭合差、方位角计算值、坐标闭合差、坐标闭合差改正数、导线全长相对闭合差和各点坐标计算正确	
4	闭合导线计算工作	30	角度闭合差、方位角计算值、坐标闭合差、坐标闭合差改正数、导线全长相对闭合差和各点坐标计算正确	
	总分	100		

【思考与练习】

1. 如图 5 - 14 所示，进行附合导线计算工作。已知 $\alpha_{MA} = 148°07'03''$，$\alpha_{BN} = 107°11'36''$，A 点坐标（591.653，829.090），B 点坐标（782.665，1 323.076），求各待定点的坐标。

2. 如图 5 - 15 所示，进行闭合导线计算工作。已知 $\alpha_{AB} = 130°36'12''$，B 点坐标为（388 226.230，77 223.669），求各待定点的坐标。

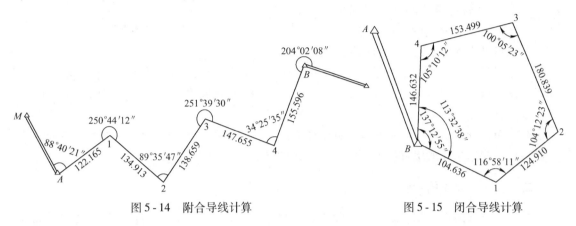

图 5 - 14　附合导线计算　　　　　　图 5 - 15　闭合导线计算

课题五　导线测量错误的检查

【任务描述】

在导线测量中水平角测量、距离测量有时存在一定的错误，那么当这些问题出现的时候，怎样找到问题呢？

本课题主要介绍了在测量导线时，当测错水平角或边长时，我们可以通过一定的数据处理的方法来找到在哪一测站水平角测错了，或者是某一边测错了。通过该工作任务的学习，可提高学生的测绘及分析能力。

【知识学习】

由于在导线测量中存在测角或量边误差，在外业测量工作中我们应该按照对应导线的等级，选用相应的测量仪器和测量方法，应精心施测，保证测量成果的精度和可靠性。但是在现实测量工作中，由于各种因素的影响，导致有时在外业或内业计算过程中，发现角度闭合差或全长相对闭合差超限，当超出过多时，则说明导线的内业计算或外业观测成果存在差错或误差过大。

此时，不应盲目立即到野外重测，而应首先复查外业观测记录手簿，观测和起算数据的整理与抄录是否正确，然后核查导线的内业计算是否有差错。如果还没有发现错误，说明导线外业的测角或量边工作可能有错误，下面就介绍了两种检查错误的方法，如果下述两种方法也不能判断是什么原因所导致，就应进行导线重测。

一、测量转折角错误的检查

测角错误表现为角度闭合差的超限。为了发现测角中的错误，可采用计算的方法进行检查。如图5-16所示，对于该附合导线，首先由点 A 向点 B 、和点 B 向点 A 分别根据观测角推算各点的坐标并进行比较，若有一点的坐标非常接近，其余各点的坐标相差较大，则说明该点

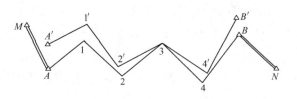

图5-16　附合导线角度测错

就是角度观测有错误的点，如图5-16中的3点。如果角度观测错误较大，用图解法也可以发现错误，这种方法只针对于整根导线只有一个转折角测错的情况，如果有两个以上的情况，就只有重测了。

对于闭合导线也可以用上面这种方法作判断。只是由已知点按顺时针和逆时针方向计算各点坐标，找出坐标值接近的点，即为测错角的点。

二、量边长错误的检查

当导线角度闭合差不超限，而导线全长相对闭合差超限时，说明边长测量有错误。如图5-16所示，若导线12边丈量有错误，其大小为$\overline{22'}$，由于边长丈量的错误引起了导线不附合。当没有其他量边和测角错误存在时，则由图5-16可以看出，由12边丈量的错误，使得2、3、4和 B 诸点都平行移动到2′、3′、4′和 B′点处，其移动方向与$\overline{22'}$的方向平行，并且偏移量均等于$\overline{22'}$。

因此，无论闭合导线、附合导线均可以从已知点开始计算，计算导线各点坐标，并求出导线全长相对闭合差及导线闭合差的方位角 $\alpha'_{\overline{BB'}}$，找出与方位角 $\alpha'_{\overline{BB'}}$ 最接近的边，该边即为量错的边。

这种方法也只适合于一条边量错的情况。

$$\alpha'_{\overline{BB'}} = \arctan \frac{f_y}{f_x} \qquad (5-33)$$

【思考与练习】

1. 闭合导线一个水平角测量错该如何分析？

2. 闭合导线一条边长测量错该如何分析？

课题六　GPS 卫星定位测量简介

【任务描述】

GPS 控制测量作为现代控制测量技术，已经得到广泛的应用，并已取代了三角网等传统控制测量技术。

本课题主要介绍 GPS 的系统组成、GPS 测量规范及要求和 GPS 卫星定位的优点。通过学习让学生对 GPS 测量有所了解。

【知识学习】

一、概述

GPS 是 Global Positioning System 的简称，指全球定位系统。GPS 是 20 世纪 70 年代由美国陆海空三军联合研制的新一代空间卫星导航定位系统。随着 GPS 技术的民用，GPS 技术得到了迅速的发展，由于 GPS 技术具有精度高、速度快、费用省、全天候、操作简便等优点，因此，它广泛应用于测量的各个领域，如控制测量、地形图测绘、工程测量等，以前的如三角控制测量、导线测量等一般称为传统控制测量技术，都已被作为现代控制测量技术的GPS 控制测量技术所取代。GPS 定位的基本原理是根据高速运动的卫星瞬间位置作为已知的起算数据，采用空间距离后方交会的方法，确定待测点的位置。

二、GPS 系统的组成

1. 空间部分

GPS 的空间部分由 24 颗卫星组成（21 颗工作卫星和 3 颗备用卫星），它位于距地表 20 200km 的上空，均匀分布在 6 个轨道面上（每个轨道面 4 颗），轨道倾角为 55°。卫星的分布使得在全球任何地方、任何时间都可观测到 4 颗以上的卫星，并能在卫星中预存导航信息。GPS 的卫星因为大气摩擦等问题，随着时间的推移，导航精度会逐渐降低。

2. 地面控制系统

地面控制系统由监测站、主控制站和地面天线所组成，主控制站位于美国科罗拉多州春田市。地面控制站负责收集由卫星传回的讯息，并计算卫星星历、相对距离和大气校正等数据。

3. 用户设备部分

用户设备部分即 GPS 信号接收机。其主要功能是能够捕获到按一定卫星截止角所选择的待测卫星，并跟踪这些卫星的运行。当接收机捕获到跟踪的卫星信号后，就可测量出接收天线至卫星的伪距离和距离的变化率，解调出卫星轨道参数等数据。根据这些数据，接收机中的微处理计算机就可按定位解算方法进行定位计算，计算出用户的三维位置及时间。接收机硬件和机内软件以及 GPS 数据的后处理软件包构成了完整的 GPS 用户设备。

GPS 接收机的结构分为天线单元和接收单元两部分。

接收机一般采用机内和机外两种直流电源。设置机内电源的目的在于更换外电源时保证不中断连续观测。在用机外电源时，机内电池自动充电。关机后机内电池为 RAM 存储器供电，以防止数据丢失。按接收机的用途分为：导航型接收机、测地型接收机和授时型接收机，测地型接收机主要用于精密大地测量和精密工程测量。这类仪器主要采用载波相位观测值进行相对定位，定位精度高，一般还可分为单频接收机、双频接收机和 RTK（实时动态差分法）。

三、GPS 测量规范及要求

GPS 网技术设计的主要依据是 GPS 测量规范（GB/T 18314—2001），见表 5-13 和表 5-14。

表 5-13　GPS 精度分级

级别	相邻点间的平均距离/km	固定误差/mm	比例误差系数	平均距离/km
AA	1 000	≤3	≤0.01	1 000
A	300	≤5	≤0.1	300
B	70	≤8	≤1	70
C	10～15	≤10	≤5	10～15
D	5～10	≤10	≤10	5～10
E	0.2～5	≤10	≤20	0.2～5

表 5-14　GPS 测量基本技术要求

项目 \ 级别		AA	A	B	C	D	E
卫星截止高度角/°		10	10	15	15	15	15
同时观测有效卫星总数		≥4	≥4	≥4	≥4	≥4	≥4
有效观测卫星总数		≥20	≥20	≥9	≥6	≥4	≥4
观测时段数		≥10	≥6	≥4	≥2	≥1.6	≥1.6
时段长度 /min	静态	≥720	≥540	≥240	≥60	≥45	≥40
	快速静态 双频＋P（Y）	—	—	—	≥10	≥5	≥2
	快速静态 双频全波	—	—	—	≥15	≥10	≥10
	快速静态 单频或双频半波	—	—	—	≥30	≥20	≥15
采样间隔 /s	静态	30	30	30	10～30	10～30	10～30
	快速静态	—	—	—	5～15	5～15	5～15
时段中任意卫星有效观测时间/min	静态	≥15	≥15	≥15	≥15	≥15	≥15
	快速静态 双频＋P（Y）	—	—	—	≥1	≥1	≥1
	快速静态 双频全波	—	—	—	≥3	≥3	≥3
	快速静态 单频或双频半波	—	—	—	≥5	≥5	≥5

注：1. 在时段中观测时间符合表 7 中第七项规定的卫星，为有效观测卫星。

　　2. 计算有效观测卫星总数时，应将各时段的有效观测卫星数扣除去其间的重复卫星数。

　　3. 观测时段长度，应为从开始记录数据到结束记录的时间段。

　　　观测时段 ≥1.6 是指每站观测 1 时段，至少 60% 测站需再观测 1 时段。

四、GPS 定位技术的优点

1）可全天候使用，不受任何天气变化的影响，无需点间通视，设站灵活。

2）全球覆盖率高达 98%。

3）三维定点保证定速、定时和高精度。GPS相对定位精度在50km以内可达10^{-6}，100～500km可达10^{-7}m，1 000km可达10^{-9}m。在300～1500m工程精密定位中，1h以上观测所得的解，其平面位置误差小于1mm。

4）快速、省时、高效率。随着GPS系统的不断完善，软件的不断更新，目前，20km以内相对静态定位仅需15～20min；快速静态相对定位测量时，当每个流动站与基准站相距在15km以内时，流动站观测时间只需1～2min，然后可随时定位，每站观测只需几秒钟。

5）应用广泛，功能多样。

6）可移动定位。

【思考与练习】

1. 简述GPS测量的原理。
2. 试述GPS卫星定位的优点。

单元六

大比例尺地形图的测绘

单元学习目标

☞ **知识目标**

（1）掌握地形图的基本知识

（2）掌握地形图符号的种类和表示方法

（3）掌握坐标格网的绘制方法

（4）掌握地形图的测绘

（5）了解数字化测图的原理

☞ **技能目标**

（1）能正确绘制坐标格网

（2）能正确进行外业地形图的测绘

（3）能完成地形图的内业拼接与整饰

课题一　地形图的基本知识

【任务描述】

地形图是规划设计、工程设计的基础图件，是将地球表面的地物和地貌按照规定的符号，利用正形投影的原理缩放到图纸所形成的图件。

本课题主要学习地形图的种类、地形图的分幅和编号方法。通过学习让学生掌握地形图的分类、内容及地形图的分幅编号方法。

【知识学习】

一、地形图定义

将地球表面的地物和地貌按照规定的符号，利用正形投影的原理缩放到图纸上所形成的图件称为地形图。所谓地形即为地物和地貌，地物是指地球表面各种自然形成的和人工修建的固定物体，如房屋、道路、桥涵、河流、植被等；地貌是指地球表面的高低起伏形态，如高山、丘陵、平原、深谷、洼地等。

二、地形图的种类

按照地形图的比例尺不相同，地形图一般分为大、中、小比例尺的地形图，其中1:500、1:1000、1:2 000 和 1:5 000 比例尺地形图称为大比例尺地形图。1:5 000 比例尺地形图常用于各种工程勘察、规划设计以及填绘地质勘探成果、计算矿产储量和进行矿区开发的总体设计等；1:2 000、1:1 000 比例尺地形图，主要用于各种工程建设的技术设计、施工设计、工矿企业的详细规划及矿产资源的精密计算等；1:500 比例尺地形图主要供特殊建筑物的详细设计和施工设计之用。1:1 万、1:2.5 万比例尺地形图称为中比例尺地形图。1:5 万和小于1:5万比例尺地形图称为小比例尺地形图，最小的比例尺为 1:100 万。

地形图（特别是大比例尺地形图）是解决经济、国防建设的各类工程设计和施工问题时所必需的重要资料。地形图上表示的地物、地貌应内容齐全，位置准确，符号运用统一规范。图面清晰明了，便于识读与应用。

1. 地形图的图幅

按规定尺寸确定的图纸范围称为图幅。一幅地形图主要包括图名、图号、比例尺、图廓、接图表、注记及主图等，如图 6-1 所示。

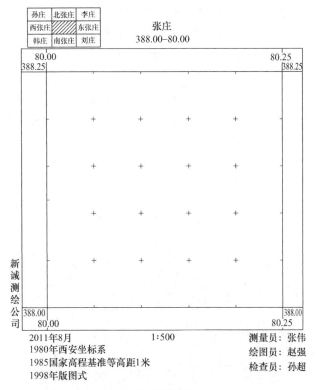

图 6-1　地形图图幅

图名是指一幅地形图的名称，是用图幅内的最著名的地名、企事业单位或典型的地物、地貌的名称；图号是按统一的分幅编号法则进行编号。图名和图号均注写在北外图廓的中央上方，图号注写在图名下方。

接图表是为了反映本幅图与相邻图幅之间的邻接关系，而在外图廓的左上方绘制的带有九个小格的接图表，中间画有斜线的一格代表本幅图，四周八格分别注明了相邻图幅的图名，利用接图表可迅速地进行地形图的拼接。

图廓是每幅地形图的边界，分为内图廓和外图廓。内图廓线是由经纬线或坐标格网线组成的图幅边界线；在内图廓外侧距内图廓1cm处，再画一平行框线称为外图廓。在内图廓外四角处注有以km为单位的坐标值，外图廓左下方注明测图方法、坐标系统、高程系统、基本等高距、测图年月和地形图图式版别。

2. 地形图的分幅与编号

为了不重复、不遗漏地测绘各地区的地形图，便于科学管理，在使用大量各种比例尺地形图时，需要将各种比例尺的地形图按统一的规定进行分幅与编号。

分幅与编号就是以经纬线（或坐标网线）按照规定的大小和分法，将地面划分成整齐、大小一致的一系列梯形（或正方形或矩形）的图块，每一块称为一个图幅，并用统一的编号。通常有矩形和梯形两种分幅编号方法。大比例尺地形图一般采用矩形分幅；中小比例尺地形图采用梯形分幅。对于大面积的1:5 000比例尺地形图，有时也采用梯形分幅。

（1）梯形图幅的分幅和编号　梯形分幅是从首子午线和赤道开始，按照一定经差和纬差的经纬线来划分图幅，并将各图幅按一定规律统一编号。这样就可使各图幅在地球上的位置与其编号一一对应。知道某地的经纬度就可求得该地区所在图幅的编号，从而迅速查找到所需地区的地形图。反之，根据编号，就可确定该图幅在地球上的位置。

1）1:100万地形图的分幅与编号：采用国际的表示方法，它是1:50万、1:25万和1:10万地形图分幅与编号的基础。

如图6-2所示，国际分幅编号由经度180°起，自西向东，逆时针按经差6°将全球分成60个纵列，每列依次用数字1~60编号；由赤道起，向北、向南分别按纬差4°将全球分成22个横行，每行由低纬度向高纬度依次用拉丁字母A、B、C、…、V表示。

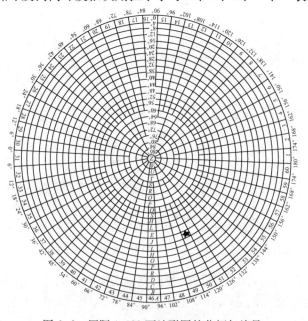

图6-2　国际1:100万地形图的分幅与编号

每幅 1∶100 万地形图就是由经差 6°和纬差 4°的经纬线所划分的梯形图幅。每幅图的编号是以该图幅所在的横行字母与纵列号数所组成，并在前面加上 N 或 S，以区分是北半球还是南半球。我国位于北半球，图号前的 N 一般省略不写。例如，首都北京位于 J 列，第 50行，所在的 1∶100 万地形图的编号为 J – 50。上海的编号为 H – 51。

2) 1∶10 万地形图的分幅与编号：将一幅 1∶100 万的地形图按经差 30′、纬差 20′，划分为 114 幅 1∶10 万的地形图，并分别以 1、2、3、…、114 表示。其编号的方法为：将数字加在所在 1∶100 万地形图编号的后面，便是 1∶10 万地形图的编号。如图 6 - 3 所示中，画有斜线的 1∶10 万地形图图幅的编号为 H – 51 – 5。

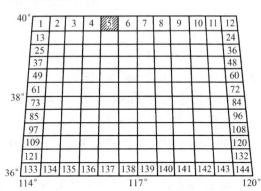

图 6 - 3　1∶10 万地形图的分幅与编号

3) 1∶5 万、1∶2.5 万和 1∶1 万地形图的分幅与编号：这三种比例尺地形图的分幅与编号是在 1∶10 万地形图的基础上进行的。

① 1∶5 万地形图是由 1∶10 万的地形图按经差 15′、纬差 10′，划分为四幅，其编号是在 1∶10 万地形图的编号之后，加上自身代号 A、B、C、D。如图 6 - 4 所示中阴影部分，其编号为 J – 50 – 5 – B。

② 1∶2.5 万地形图是由 1∶5 万地形图按经差为 7.5′、纬差为 5′，划分为四幅，其编号是在 1∶5 万地形图编号之后，加上自身代号 1、2、3、4，如图 6 - 4 所示中影线较密的图幅，其编号为 J – 50 – 5 – B – 4。

③ 1∶1 万地形图是由 1∶10 万地形图按其纬差是 2′30″、经差是 3′45″，划分为八行八列，共 64 幅 1∶1 万的地形图，其编号为（1）、（2）、（3）、…、（64）。如图 6 - 5 所示的斜线部分，其编号为 J – 50 – 5 –（24）。

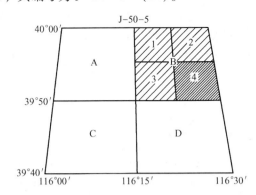

图 6 - 4　1∶5 万、1∶2.5 万地形图的分幅与编号

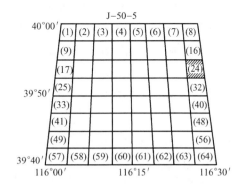

图 6 - 5　1∶1 万地形图的分幅与编号

4) 1∶5 000、1∶2 000 比例尺地形图的分幅与编号

① 1∶5 000 地形图是由 1∶1 万地形图按纬差 1′15″、经差 1′52.5″，划分为四幅，其编号是在 1∶1 万地形图编号之后，加上自身代号 a、b、c、d，如图 6 - 6 所示中画单斜线的图幅，其编号为 J – 50 – 5 –（24）– b。

② 1:2000 地形图是由 1:5 000 地形图按纬差 25″、经差 37.5″，划分为九幅，其编号是在 1:1 万地形图编号之后，加上自身代号 1、2、…、9，如图 6-6 所示中画双斜线的图幅，其编号为 J - 50 - 5 - (24) - b - 9。

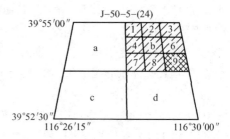

图 6-6　1:5 000、1:2 000 地形图的分幅与编号

（2）正方形或矩形图幅的分幅与编号

大比例尺地形图常采用平面直角坐标系的纵、横坐标线整齐行列分幅，图幅大小通常为 50cm×50cm、40cm×50cm 和 40cm×40cm，每幅图中以 10cm×10cm 为基本方格。

一般规定：对 1:5 000 的地形图，采用 40cm×40cm 图幅；对 1:2 000、1:1 000 和 1:500 的地形图，采用 50cm×50cm 图幅。以上分幅称为正方形分幅，也可以采用 40cm×50cm 图幅，称为矩形分幅。

如图 6-7 所示，一幅 1:5 000 的地形图可分为四幅 1:2 000 的地形图；一幅 1:2 000 的地形图可分为四幅 1:1 000 的地形图；一幅 1:1 000 的地形图可分为四幅 1:500 的地形图。一般采用坐标编号法。

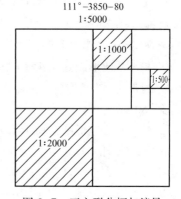

图 6-7　正方形分幅与编号

1）当测区与国家控制网联测时，图幅的编号由下列两项组成：

① 图幅所在投影带的中央子午线经度。

② 图幅西南角的纵、横坐标值（以 km 为单位），其中纵坐标在前，横坐标在后。

如图 6-7 所示为 1:5 000 地形图，图幅编号为 "117°—3850—80"，即表示该图幅所在投影带的中央子午线经度为 117°，图幅西南角坐标 $x = 3\,850\,\mathrm{km}$，$y = 80\,\mathrm{km}$。

2）当测区尚未与国家控制网联测时，正方形图幅的编号只由图幅西南角的坐标组成。如图 6-7 左下角所示 1:2 000 比例尺的地形图，其图幅编号为 "3 850.0 - 80.0"；右上角的 1:1 000 比例尺的地形图，其图幅编号为 "3 851.5 - 81.0"；1:500 比例尺的地形图，其图幅编号为 "3 851.25 - 81.75"。

各种大比例尺的图幅大小和面积见表 6-1。

表 6-1　各种大比例尺的图幅大小和面积

测图比例尺	图幅大小 /cm²	实地面积 /km²	一幅 1:5 000 地形图中所包含的图幅数	图廓西南角坐标 /m
1:5 000	40×40	4	1	1 000 的整倍数
1:2 000	50×50	1	4	1 000 的整倍数
1:1 000	50×50	0.25	16	500 的整倍数
1:500	50×50	0.0625	64	50 的整倍数

【思考与练习】

1. 简述地形图的定义和用途。
2. 地形图按比例尺如何分类？比例尺的精度是多少？

课题二 地形图的符号与表示方法

【任务描述】

在绘制地形图时应按规定的地物符号和地貌符号来绘制。

本课题主要介绍地物符号的分类、等高线的特性及种类。通过学习让学生熟悉相关的图示符号，并掌握地物符号的绘制方法、等高线的特性和种类。

【知识学习】

用不同的点、线和各种图形来表示地面上的地物和地貌，如建筑物、水系、植被和地表高低起伏的形态等，而这些点、线和图形被称为地形符号。地形符号分为地物符号、地貌符号和注记符号三大类。它既可以表示出地面物体的位置、类别、形状和大小，而且还要反映出各物体的数量及其相互关系，从而在图上可以精确地判定方位、距离、面积和高低等数据，使地形图具有一定的精确性和可靠性，以满足不同需要。

各种比例尺地形图的符号、图廓、图上和图边注记字体的位置与排列等，都有一定的格式，总称为地形图图式，简称图式。《国家基本比例尺地图图式》（GB/T 20257.1—2007）概括并制定了各类地物、地貌在地形图上表示的符号和方法，科学地反映其形态特征。测制各种比例尺的地形图，测图人员应认真熟悉图式，应严格执行相应的图式。表6-2所列的是2007年国家标准1:500、1:1 000和1:2 000地形图图式中的部分地形图符号（符号上所注尺寸均以mm为单位）。

表6-2 地形图符号示例

编号	符号名称	1:500 1:1 000	1:2 000	编号	符号名称	1:500 1:1 000	1:2000
1	三角点 凤凰山——点名 396.486——高程		△ $\frac{凤凰山}{394.468}$ 3.0	4	图根点 ①埋石的 N16——等级点号 84.46——高程	① 1.5 $\boxplus$ $\frac{N16}{84.46}$ 2.5	
2	小三角点 横山——点名 95.93——高程		3.0 • ▽ $\frac{横山}{95.93}$		②不埋石的 25——点号 62.74——高程	② 1.5 $\odot$ $\frac{25}{62.74}$	
3	导线点 I16——等级点号 84.46——高程		2.0 $\boxdot$ $\frac{I16}{84.46}$	5	水准点 Ⅱ京石5——等级点号 32.804——高程		2.0 $\otimes$ $\frac{Ⅱ京石5}{32.804}$

（续）

编号	符号名称	1:500 1:1 000	1:2 000	编号	符号名称	1:500 1:1 000	1:2000
6	一般房屋 砖——建筑材料 3——房屋层数	砖3	1.5 2	21	旗杆	1.0	1.5 1.0 1.0
7	简单房屋			22	宣传橱窗 广告牌		1.0 2.0
8	窑洞 地面上的 ① 住人的 ② 不住人的	① ②	2.5 2.0	23	亭	1.5	3.0 3.0 1.5
9	地面下的 ① 依比例尺的 ② 不依比例尺的	① ②		24	岗亭、岗楼、 岗墩		90° 3.0 1.5
10	廊房	砖3 1.0	1.0	25	庙宇		2.5 1.2
11	台价	0.5 0.5 0.5		26	独立坟		2.0 2.5
12	钻孔	3.0 1.0		27	坟地 a. 坟群 b. 散群 5——坟个数	a 5	b 2.0 2.0
13	燃料库	2.0 煤气		28	水塔	1.0 3.5 1.0	
14	加油站	2.0 3.5 1.0		29	挡土墙 ① 斜面的 ② 垂直的	① ② 5.0	0.3 0.3
15	气象站	3.0 3.5 1.0		30	公路	0.15 5.0 0.3 沥 砾	
16	烟囱	3.5 1.0		31	简易公路	0.15 碎石 0.15	
17	变电室（所） ① 依比例尺的 ② 不依比例尺的	2.5 60° 0.5 1.0 3.5 1.5 2.0		32	小路	4.0 1.0 0.3	
18	路灯	1.5 4.0 1.0		33	高压线	4.0	
19	纪念碑	1.5 1.5 1.0 3.0		34	低压线	4.0	
20	碑、柱、墩		3.0 2.0	35	电杆	1.0	
				36	电线架		

（续）

编号	符号名称	1:500　1:1 000	1:2 000	编号	符号名称	1:500　1:1 000	1:2000
37	消火栓	1.5　2.0　3.5		48	示坡线	0.8	
38	阀门	1.5　3.0		49	高程点及其注记	0.5 ……163.2　75.4	
39	水龙头	2.0　3.5		50	斜坡①未加固的②加固的	①　②　3.0	
40	砖石及混凝土围墙	10.0　10.0　0.3		51	陡坎①未加固的②加固的	①　②　1.5　3.0	
41	土围墙	10.0　0.5　0.5		52	梯田坎	56.1　1.2	
42	栅栏、栏杆	10.0　1.0		53	滑坡		
43	篱笆	10.0　1.0		54	陡崖土质的石质的	a　b	
44	活树篱笆	5.0　0.5　1.0		55	冲沟3.5——深度注记	3.5	
45	沟渠①一般的②有堤岸的③有沟堑的	①　②　③		56	散树	○ 1.5	
46	土堤①堤②垅	①　1.5　1.5　3.0　②		57	独立树①阔叶树②针叶树③果树	1.5　①　3.0　0.7　②　3.0　0.7　③　3.0	
47	等高线及其注记①首曲线②计曲线③间曲线	①　0.15　②　25　0.3　③　1.0　6.0　0.15		58	行树	10.0　0.7　1.0　○　○　○	

（续）

编号	符号名称	1:500　1:1 000　　1:2 000	编号	符号名称	1:500　1:1 000　　1:2000
59	花圃	1.5 1.5 10.0 10.0	62	水生经济作物地	0.5 3.0
60	草地	1.5 0.8　10.0 10.0	63	水稻田	0.2　2.0 10.0 10.0
61	经济作物地	0.8　3.0 10.0 10.0	64	旱地	2.0　10.0 10.0
			65	菜地	2.0 2.0　10.0 10.0

一、地物符号

根据地物的形状、大小和测图比例尺的不同，表示地物的符号总体可分为：依比例符号、非比例符号、半依比例符号和填充符号等类别。

1. 依比例符号

凡能将地物的外部轮廓用规定的符号依据测图比例尺缩绘到图上，可得到该地物外部轮廓的相似图形，这类符号就称为依比例符号。这类符号不仅能反映出地物的位置、类别，而且能反映出地物的形状和大小。如房屋、草地、树林等。

2. 非比例符号

有些地物的轮廓很小，而这些地物又很重要不能舍去时，就统一规定形状和大小的符号，并将其表示在图上，这类符号称为非比例符号。如测量控制点、烟囱、水井等。非比例符号只表示地物几何定位中心或中心线的位置，表明地物类别，而不反映地物实际的形状和大小。

运用非比例符号时，要注意符号的定位中心与地物的定位中心一致，这样才能在图上准确地反映地物的位置。《国家基本比例尺地图图式》（GB/T 20257.1—2007）中规定了各类非比例符号定位中心的位置。

1）几何图形符号，如圆形、矩形、三角形等，在其几何图形的中点。

2）宽底符号，如水塔、烟囱、蒙古包等，在底线中点上。

3）底部为直角三角形的符号，如风车、路标等，在直角的顶点。

4）几种几何图形组成的符号，如气象站等，在其下方图形的中心点或交叉点上。

5）下方没有底线的符号，如山洞、纪念亭等，在其下方两端点间的中点上。

3. 半依比例符号

对于一些线状延伸的狭长地物，如管线、围墙、铁路等，其长度可依据测图比例尺缩小后表示，而宽度不能缩绘，只能按统一规定符号表示，这类地物符号称为半依比例符号或线状符号。半依比例符号的中心线为线状地物的中心线位置。半依比例符号能表示地物几何中心的位置、类别和长度，但不能反映地物的实际宽度。

4. 填充符号

填充符号也称为面积符号，它用来表示地面某一范围内的土质和植被，如草地、林地这一类地物，外部形状、大小按比例尺测绘；而其类别则用规定符号按照一定的间隔和规定的大小均匀地绘制在相应的区域内，如草地、苗圃、旱地等。

二、地貌及其表示方法

地貌是指地表高低起伏的形态。在大比例尺地形图中，通常用等高线、特殊地貌符号和高程点相互配合起来表示地貌。

1. 等高线的概念

等高线是地面上高程相等的相邻点按照实际地形连成的闭合曲线。如图 6-8 所示，设有一山地与一系列等间距的水平面 P_1、P_2 和 P_3 相交，则其交线即为等高线。这些等高线的形状与地表的起伏形状密切相关，而且这些等高线是闭合的光滑曲线，因为这些等高线均代表了一定的高程，因而当这些等高线投影到水平面 H 上，并按规定的比例尺和符号缩绘到图纸上，就得到了用等高线表示该地貌的地形图。同时通过等高线还可以求得任意点的高程。

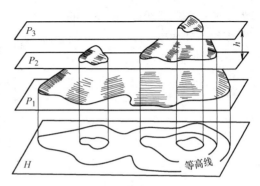

图 6-8　等高线原理

2. 等高距和等高线平距

等高距是指地形图上相邻等高线的高差，用 h 表示。在同一幅地形图内，等高距是相同的，等高距的大小通常根据测图比例尺、测区的地形及测图目的等因素来确定，等高线的疏密度与等高距的大小有关。表 6-3 为工程测量规范中的大比例尺地形图的基本等高距。等高线即是从高程起算面开始，按照所选定的测图等高距的整倍数绘制的。

表 6-3　大比例尺地形图的基本等高距　　　　　　　　　　　（单位：m）

地形类别	比例尺			
	1:500	1:1 000	1:2 000	1:5 000
平坦地	0.5	0.5	1	2
丘陵地	0.5	1	2	5
山地	1	1	2	5
高山地	1	2	2	5

等高线平距是指相邻等高间的水平距离，常以 d 表示。在同一幅地形图中等高距是相

同的，当等高线平距不同时，其坡度也不同。等高线平距越小，地面坡度越陡；相反，等高线平距越大，坡度越缓；等高线平距相等，则地面坡度相等。

3. 等高线的种类

表6-3中所列的等高距称为基本等高距。在地形测图时，当地面起伏变化剧烈时，按基本等高距测绘的等高线不能将某些局部起伏形态充分显示出来。这时可根据实际情况增绘半距等高线或辅助等高线以充分显示局部地貌。等高线有以下几种。

（1）首曲线　按规定的基本等高距描绘的等高线，称为首曲线，也称为基本等高线。如图6-9所示，基本等高距为2m，则高程为98m、100m、102m、104m、和106m的等高线为首曲线。

（2）计曲线　为了用图方便，自高程为零的等高线起，每隔4根首曲线加粗描绘1根（高程为5倍基本等高距），被加粗的等高线称为计曲线。如图6-9所示中100m等高线。

（3）间曲线　当首曲线不能很好地显示局部地貌特征时，则按基本等高距的1/2在首曲线间加绘一条等高线，该等高线称为间曲线，间曲线常以长虚线表示，描绘时可不闭合，如图6-9所示中的101m和107m的等高线。

（4）助曲线　当间曲线仍不足以显示局部地貌特征时，按基本等高距的1/4描绘的等高线，

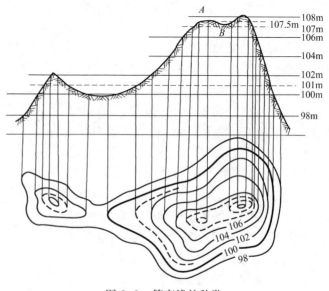

图6-9　等高线的种类

称为助曲线，助曲线一般用短虚线表示，描绘时也可不闭合，如图6-9所示中107.5m的等高线。

4. 等高线的特性

1）同一条等高线上的各点，高程都相等。但高程相等的点，则不一定在同一条等高线上。

2）每一条等高线都是一条闭合曲线。如在本图幅内不闭合，则必然在其他图幅内闭合。

3）除悬崖、峭壁外，两条等高线不能随意相交或合并为一条。同一条等高线不能随意分叉为两条。

4）等高线与山脊线正交，且凸向低处；等高线与山谷线正交，且凸向高处。

5）等高线越密，则表示地面坡度越陡；反之，等高线越稀，则表示地面坡度越平缓。

6）等高线通过河流时不会直接穿过，而是在接近河岸时，逐渐折向上游，直至与河底同高处，再垂直地穿过河底而逐渐转向下游。

5. 几种典型地貌的等高线的形状

（1）山地、盆地　如图6-10所示，凸出地面的独立高地，称为山地。高大的为山峰，矮小的为山丘；中间低四周高，经常无积水的地方被称为凹地，范围较大的凹地被称为盆地，范围小的凹地被称为洼地。

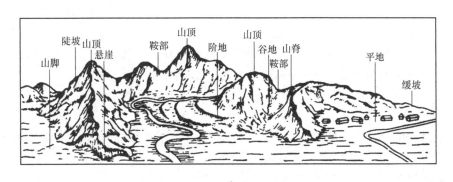

a)

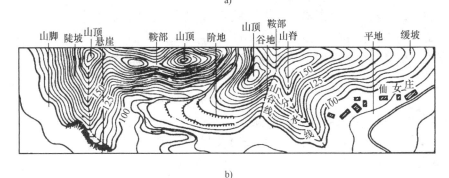

b)

图6-10　地貌要素

（2）山脊、山谷　山脊是从山顶到山脚的凸起部分，山脊最高点的连线称为山脊线，又被称为分水线，以等高线表示的山脊凸向低处；山谷是一个倾斜下降延伸的凹地，山谷中相对于两侧山坡的最低点连线，称为山谷线，也被称为汇水线，以等高线表示的山谷凸向高处。

（3）鞍部、山脚　在相邻两山头之间、山脊降低而形成马鞍形的部分称为鞍部，鞍部两侧往往有着两个向相反方向伸展的谷地。山坡与平地相接部分具有明显的基部称为山脚。

山脊线、山谷线也被称为骨架线，或称为地性线。地性线上重要的点，如山顶、谷底、鞍部、山脊和山谷转弯等处的点，它们的高程、高差和平面位置的精确性，都是正确显示地貌所必需的数据信息。

【思考与练习】

1. 简述地物符号的种类。
2. 试述等高线的特性。

课题三　地形图测图前的准备工作

【任务描述】

本课题主要讲述传统的经纬仪测图法测图前所涉及的相关工作，介绍了测图前的准备工作内容、对角线绘制坐标格网的方法和展绘控制点的方法，通过学习让学生能够完成坐标格网的绘制及控制点的展绘。

【知识学习】

根据测区的大小及选用的测量方法不同，地形测图之前，应认真做好各项准备工作。以下以经纬仪测图法为例，其准备工作通常包括以下几项。

1) 抄录各级控制点的平面及高程成果。

2) 绘制坐标格网，展绘图幅内各级控制点。

3) 准备好各种仪器设备，做好经纬仪的检验与校正工作。

4) 踏勘了解测区地形情况、平面高程控制点的完好情况，拟定作业计划。

一、技术资料的准备与抄录

测图前应收集有关测区的自然地理和交通情况资料，抄录测区内各级平面和高程控制点的成果资料，并仔细核对。测图前还应取得有关测量规范、图式和技术设计书等，并组织相关测量人员进行学习，包括仪器设备的使用、注意事项等。

二、图纸的准备

地形绘图用的图纸主要有聚酯薄膜及常见的绘图纸。现在主要采用经过热定型处理的聚酯薄膜，而绘图纸现在用得较少。聚酯薄膜相比绘图纸具有伸缩性小、耐磨、耐湿、耐酸、透明度高、抗张力强和便于保存等优点。其厚度为 0.07~0.1mm，变形率小于 0.2‰ 的聚酯薄膜作为原图纸。

聚酯薄膜一面经过打磨加工后，对铅粉和墨汁的附着力很强，如果图面污染，还可以用清水或淡肥皂水洗涤。清绘上墨后的地形图可以直接晒图或制版印刷。

在进行测图时，聚酯薄膜固定在平板上的方法，一般可用透明胶带将薄膜四周直接粘贴在图板上，薄膜应保持平展，与图板严密贴合，避免出现鼓胀、皱折或扭曲。为便于看清薄膜上的铅笔线条，可在薄膜下垫一张白色薄纸。

当采用数字化地形图时，在计算机成图后，可通过绘图机直接绘图输出。

三、绘制坐标格网

为了准确地把图根控制点展绘在图纸上，首先要精确绘制坐标方格网。图幅大小一般为 50cm×50cm，坐标方格网是由两组互相正交且间隔均为 10cm 的纵、横平行直线所构成的方格网，方格网的纵、横直线作为纵、横坐标线，并于其两端注记上与图幅位置相应的坐标值，称为坐标网。绘制坐标方格网一般采用对角线法和坐标格网尺法，在此只介绍对角线法绘制 50cm×50cm 坐标方格网的方法。

对角线法绘制坐标格网的步骤如下。

1）如图 6-11 所示，取一张大约 60cm×60cm 的图纸，把图纸平铺在一张桌子上，用一支 1m 长的金属直线尺沿图纸的对角线，绘出两条对角线交于 O 点。

2）从 O 点沿对角线上量取 OA、OB、OC、OD 四段相等的长度，为了绘制方便，可以给上述 OA、OB、OC、OD 赋一个合适的值，可取 36cm，得出 A、B、C、D 四点，并连线，即得矩形 $ABCD$。

3）从 A、B 两点起沿 AD 和 BC 向右每隔 10cm 截取一点，共截取 5 个点；再从 A、D 两点起沿 AB、DC 向上每隔 10cm 截取一点，同样需要截取 5 个点。而后连接相应的各点，即得到由 10cm×10cm 的正方形组成的坐标方格网和内图廓线。绘制完内图廓线后，由内图廓线往两侧扩展 1cm 来绘制外图廓线。

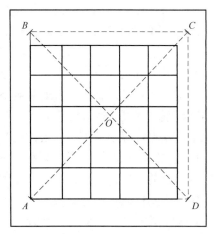

图 6-11　绘制坐标方格网

4）坐标方格网绘好后，应做检查。首先将金属直线尺边沿方格网的对角线方向放置，对角线上各方格的角点应在一条直线上，偏离不应大于 0.2mm；再检查方格的对角线长度和各方格的边长，其限差见表 6-4，当超过容许值时，应将坐标方格网进行修改或重绘。

表 6-4　坐标方格网绘制限差表

绘制坐标方格网和展绘控制点的精度要求	限差/mm	
	用直角坐标展点仪	用格网尺等
坐标方格网实际长度与名义长度之差	0.15	0.2
图廓对角线长度与理论长度之差	0.20	0.3
控制点间的图上长度与坐标反算长度之差	0.20	0.3

坐标方格网线的两端要注记坐标值，每幅图的格网线的坐标值是按照图的分幅来确定的，单位为 km。

四、展绘控制点

用经纬仪法测图时，需要事先将图幅内所有图根点其平面直角坐标展绘在图纸上，再利用这些点设置测站进行碎部测量。在展绘控制点时，首先要确定控制点所在的方格，然后计算该点与该方格西南角点的坐标差，根据坐标差展绘控制点。如图 6-12 所示，测图比例尺为 1∶1 000。

控制点 A 的坐标为：$x_A = 4\ 382\ 371.12\text{m}$，$y_A = 67\ 237.59\text{m}$。根据 A 点的纵、横坐标确定其所在的方格，由于 X 坐标为 300~400m，Y 坐标为 200~300m，两者相交即其所在方

格，如图 6 - 12 中 A 点所在的位置。计算 A 点与所在方格西南角点的坐标（4 382 300，67 200）差为：$\Delta x = 71.12$m，$\Delta y = 37.59$m，在此方格中由 300m 坐标横线向北量取 71.12m，确定出点 m、m′，并连一短线，之后由 200m 坐标纵线向东量取 37.59m，确定出点 n、n′，并连一短线，则两短线的交点即为 A 点的位置，并及时在控制点右侧注上点名和高程。用同样的方法将其他各控制点展绘在图纸上。展点过程中为了保证展点的准确性，通过量取两点之间的距离与坐标反算距离相比较，作为展绘控制点的检核，其最大误差不得超过表 6 - 4 中的规定，否则控制点应重新展绘。

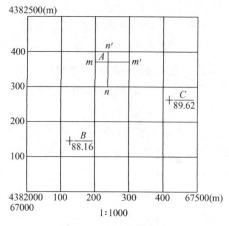

图 6 - 12　展绘控制点

1. 仪器准备

经纬仪测图法常用的仪器有经纬仪、绘图板、小卷尺、钢尺、水准尺等，并按照有关规定进行仪器的检验与校正，并将检验结果存档。

2. 计算器等绘图工具的准备

在经纬仪测图法中常用的绘图工具有计算器、半圆仪、小角板、直尺、展点针以及记录本等。常见的计算公式如下：

1）在进行碎部测量时，当视准轴水平时，计算公式为

$$L = (X_2 - X_1)/10$$

$$H = H_0$$

2）当视准轴不水平时，计算公式为：

$$L = (X_1 - X_2) \cos^2(90 - X_3)/10$$

$$H = H_0 + L\tan(90 - X_3)$$

式中　L——测站点至碎部点的水平距离（m）；

　　H——碎部点的高程（m）；

　　H_0——等于测站点高程 + 仪器高 - 目标高（m）；

　　X_1——经纬仪视距丝上丝读数值（正像）（mm）；

　　X_2——经纬仪视距丝下丝读数值（正像）（mm）；

　　X_3——经纬仪视距测量盘左时竖盘读数值（° ′ ″）。

3. 测图资料的准备

在测图中需要携带以下资料。

1）图根控制点的坐标、高程及已展点的图纸。

2）已经有的旧图资料。

3）地形图图式及技术设计说明书。

4. 实地踏勘，拟定作业计划

根据本次测量的任务，事先去测区了解地形情况、图根控制点的完好情况，根据人员、仪器情况，拟定可行的作业计划，如人员安排，现场如何作业等。

【思考与练习】

1. 试述对角法绘制坐标方格网的方法。

2. 利用自制的坐标方格网把如下 A、B、C 三点的坐标展绘在图上，该图西南角的坐标定为（438 2000，67 000），A 点坐标为（4 382 075.210，67 050.223），B 点坐标为（4 382 090，67 362.227），C 点坐标为（4 382 328.778，67 400.321），单位为 m。

课题四 地形图的测绘

【任务描述】

地形图测绘是测量工作的一项非常重要的内容，涉及相应的测量方法和成图方法。

本课题主要介绍了测量碎部点的方法、经纬仪测图法和地物地貌的绘制方法，通过学习学生能够掌握常见的碎部点测量的方法，能够用经纬仪测图法进行地形图的测绘。

【知识学习】

地球表面上地物和地貌各种各样，但这些形态总是可以由点、线、面组成，在实际地形图测绘中，就是通过测量特征点来表现各种地物、地貌的特征。

特征点是指那些能确定地物、地貌的形态和位置的点，也可称为碎部点。如房屋轮廓的转折点，河流、池塘、湖泊边线的转弯点，道路的交叉点和转弯点，管线、境界线的起终点、交叉点和转折点，草地、菜地、森林等植被边界线的转折点等。

在地貌测量时，主要是测量地貌的地性线，如山脊线、山谷线、山脚、山峰和盆地上的变换点，在测量时必须根据测图的用途和等高距的情况，来测量这些点，如果没有测到那些重要的地性线上的点，容易造成地形的失真。

地形测图又称碎部测量。它的主要内容就是根据选定的测量方法，在各类控制点（包括图根点）上安置仪器，测定其周围特征点的平面位置和高程，并在图纸上根据这些特征点描绘地物、地貌的形状和位置，要求按照规定的符号绘制，从而测绘出地形图。

碎部点的测量方法有极坐标法、支距法和交会法，在街坊内部设站困难时，也可用几何作图等综合方法进行。其中极坐标法是测定碎部点平面位置的主要方法。

一、测定碎部点的方法

1. 测定碎部点平面位置的基本方法

（1）极坐标法 极坐标法是以测站点为极点，极点与已知后视点的连线方向作为极轴，一般称为后视定向，测定测站点至碎部点连线方向与后视方向间的水平夹角，并测出测站点至碎部点的水平距离，从而确定碎部点的平面位置。

如图 6-13 所示，欲测定 B 点附近的地物的位置，则以 B 为测站点，在 B 点安置经纬仪或全站仪，以 A 为后视点，以 BA 为起始方向，测定地物角点 1、2、3 的水平角值 β_1、β_2、

β_3，并测量出测站 B 至相应地物点的水平距离 D_1、D_2、D_3，即可按测图比例尺在图上绘出该地物在图纸上的平面位置。

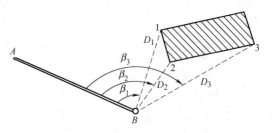

图 6 - 13　极坐标法测定特征点

（2）交会法

1）方向交会法。如图 6 - 14 所示，已知 A、B 两点，在测定碎部点时，由于量距困难，可以分别在这两点上安置仪器，测出水平夹角 β_1、β_2，即可在图上交会出碎部点的位置。

2）距离交会法。如图 6 - 15 所示，利用两个控制点 A、B，只测量了控制点（或已测定图上位置的特征点）至待测特征点的距离，就可以在图上按比例尺交会出该特征点的位置，这种方法称为距离交会法。

图 6 - 14　方向交会法

图 6 - 15　距离交会法

（3）支距法　又称直角坐标法，如图 6 - 16 所示。

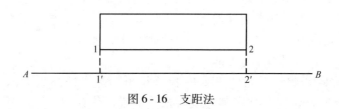

图 6 - 16　支距法

设 A、B 为图根导线点，地物点 1、2 靠近该导线边，以 AB 方向为 x 轴，找出地物点在 AB 线上的垂足 $1'$、$2'$，用钢尺量取水平距离 x（$A1'$），及其垂直方向的支距 y（$11'$），即可定出地物点 1。同法可以定出点 2。支距法适用于地物靠近控制点的连线、支距 y 较短且量测方便的情况。垂直方向可用简单工具如直角棱镜、方向架定出。

2. 碎部点高程的测量方法

在地形测图中，碎部点的高程一般采用三角高程测量或视距测量的方法来测定。

二、地形图常用的测绘方法

地形图常用的测绘方法有经纬仪测图法，全站仪、RTK 数字化成图法等。在此主要介绍经纬仪测图法。

经纬仪测图法的工作步骤，如图 6 - 17 所示。

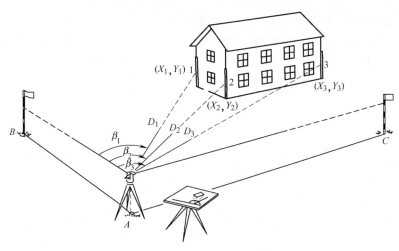

图 6-17　经纬仪测图法

1. 测站设置及测站检查

在测站点 A 安置经纬仪，进行整平、对中，仪器的对中误差应不大于图上 0.05mm，并量取仪器高 i。观测员将望远镜瞄准另一已知点 B 作为起始方向，置水平度盘为 $0°00'00''$，松开照准部照准另一已知点 C，进行水平角检查，其差值不应超过 $2'$。每站结束后，应检查归零差，其值不大于 $4'$。

同时绘图员在测站旁安放测图板，并且进行大致定向，目的是所绘地形与周围地形位置一致，便于绘制及检查。

测站 A 的高程检查方法，是选定一个邻近的已知高程点，用视距法反觇测出 A 站高程，与其已知高程值作比较，其差值不应大于 1/5 基本等高距。

2. 观测

观测员松开经纬仪照准部，使望远镜照准立尺员竖立在碎部点上的水准标尺，读取尺间隔和中丝读数，然后读出水平度盘读数和竖盘读数。

观测员一般每观测 20~30 个碎部点后，应检查起始方向有无变动，归零差不应大于 $4'$。对碎部点观测只进行半测回观测。上、下视距丝读至分米位，仪器高、中丝读数读至厘米位，水平角读至分位。

3. 记录与计算

记录员认真听取并回报观测员所读观测数据，记入碎部测量手簿（表6-5）后，按视距法计算出测站至碎部点的水平距离及碎部点高程。

表 6-5　碎部测量记录表

测站点：A	后视点：B	仪器高 $i=1.68$m		测站高程 $H_A=20.773$m			2011 年 11 月 10 日		
点号	视距 S（m）	中丝读数 v（m）	水平角 β（° ′）	竖盘读数 L（° ′）	垂直角 δ（° ′）	水平距离 D/m	高差 h/m	高程 H/m	备注
1									
2									
3									

4. 用半圆仪展绘碎部点

半圆仪如图 6-18 所示。它的圆周边缘上刻有角度分划，最小分划值一般为 20′或 30′，直径上刻有长度分划，刻至毫米位，故半圆仪既可量角又可量距。

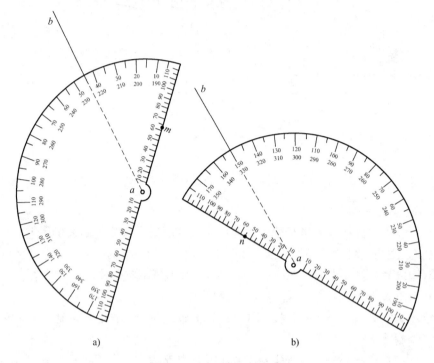

图 6-18　半圆仪展碎部点

如图 6-17 所示，两图根点 A、B 在图 6-18 中对应位置为 a、b，ab 连线为起始方向线（极轴），起始方向线一般只绘出半圆仪半径边缘附近一段。绘图人员将量角器的圆心小孔，用细针穿过并准确插入图板上的图根点 a。若测得点 A 至碎部点 1 的水平距离为 33.5m，水平角值为 44°10′（测图比例尺为 1:1 000），转动半圆仪，使起始方向 ab 的连线对准 44°10′（小于 180°时须用外圈黑色数字注记），此时，量角器圆心至 0°一端的连线，即为测站至碎部点 1 的方向线。在此方向线上长度分划 33.5mm（图上长度）的分划处，用细铅笔尖标出一点，则该点即为碎部点 1 在图上的平面位置，并在该碎部点旁标注出高程，一般保留到分米位。当所测的水平角大于 180°时，应用半圆仪的内圈数字的读数值来对准起始方向，并用半圆仪圆心与 180°一端的连线长度刻划量出图上长度，即可得到该点的位置。

使用半圆仪时，要注意估读量角器的角度分划。若量角器最小分划值为 20′，一般能估读到 1/10 分划，即 2′的精度。

5. 迁站

当把该测站附近的碎部点采集完后，需要检查方向归零差，同时，对照所绘图形与周围地形，看是否有遗漏或者连接关系不正确的地方，要做到"一站一清、站站清"，当没有发现问题就可以迁站。

根据测图的要求、比例尺的不同，在测图时，周围的地物、地貌一般采取综合取舍的原则，保持图面的整洁，而又不能遗漏重要的地物、地貌。为了相邻图幅的拼接，在测图时每幅图应测出到内图廓外 5mm。

三、铅笔原图的绘制

在绘制地形图时，要选用专用的绘图工具，铅笔的硬度不小于 3H，为了保持图面的整洁，可放张白纸，防止图面污染。

1. 地物的绘制

地物要按地形图图式规定的符号绘制，针对不同形状的地物，用直线或光滑的曲线来连接，如房屋、道路的直线段就用直线连接，湖、河流、道路的弯曲部分就用光滑的曲线逐点连接，对于一些独立的地物，可按规定的非比例符号绘制，各种地物的名称、数字等注记，应当注写准确、规范和清楚。

2. 地貌的绘制

地貌的绘制步骤，大体上分为连接地性线、确定等高线的通过点和按实际地貌勾绘等高线。

（1）连接地性线构成地貌骨架　当测绘出一定数量的地貌特征点后，绘图员应依照实际地形，及时用铅笔轻轻地将同一地性线上的特征点顺次连接，以构成地貌的骨架，待勾绘完等高线后再将其擦掉。一般用细实线表示山脊线，细虚线表示山谷线，如图 6-19 所示。在实际工作中，地性线应随地貌特征点的陆续测定而随时连接。

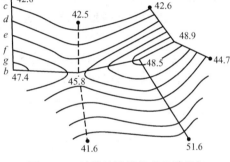

图 6-19　连接地性线构成地貌骨架

（2）确定地性线上等高线的通过点　根据图上地性线描绘等高线，需确定各地性线上等高线的通过点。由于地性线上所有倾斜变换点，在测定地貌特征点时已确定，故同一条地性线上相邻两地貌特征点间，可认为是等倾斜的，在选择一定等高距的条件下，图上等高线通过点的间距亦应是相等的。由此，可以按高差与平距成比例的关系确定等高线在地性线上的通过点，这种方法称为内插法。确定这些点一般采用解析法和图解法。

1）解析法。在图 6-20 中，可以用内插法计算出两点间某高程值的点，具体计算公式为

$$\left.\begin{array}{l} ac = \dfrac{ab}{h_{AB}}h_{AC} \\[2mm] gb = \dfrac{ab}{h_{AB}}h_{GB} \end{array}\right\}$$

如图 6-20 所示，a、b 两点高程分别为 42.8m 和 47.4m。等高距为 1m，则两点间必有 43m、44m、45m、46m、47m 五根等高线通过。因而就可以通过上式，分别求得各高程的内插点的位置。

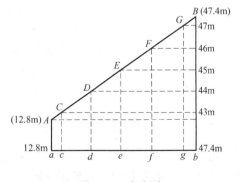

图 6-20　解析法

随着其他地性线不断地绘出，用上述同样的方法，又可确定出其他地性线上相邻地貌特征点间的等高线通过点。

2）图解法。图解法求等高线通过点如图6-21所示，即用一张透明纸，绘出一组等间距的平行线，平行线两端注上0、1、2、…、10的数字。将透明纸蒙在测图纸 a、b 的连线上，使 a 点位于平行线2.8m处，然后将透明纸绕 a 点转动，使 b 点恰好落在7、8两线间的7.4m处，将 ab 线与各平行线的交点，用细针刺于图上，即可得到

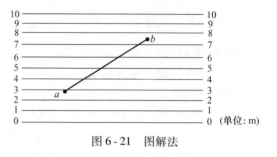

图6-21　图解法

43m、44m、45m、46m、47m等高线在地性线上的通过点。

在外业测量过程中，一般采用随测随绘的方法，也就是在测量地貌过程中，一边测量地貌的特征点，一边进行等高线的绘制工作。绘图员能够判断出所描绘的等高线对应的实地位置，然后对照等高线所在实地位置的地貌形态边看边描绘。描绘时应注意等高线的平滑性和上、下等高线的渐变性，避免出现曲折、带有尖角的线条。相距较小的两相邻等高线之间，不应出现腰鼓形或双曲线形等突变现象，注意山坡上、下等高线形状的呼应和协调，使描绘的等高线具有一定的立体感。

描绘等高线时，当遇到房屋及其他建筑物、双线道路、路堤、路堑、陡坎、斜坡、湖泊、河流、注记等应断开等高线。

【思考与练习】

1. 简述经纬仪测图法的施测步骤。
2. 简述内插法求等高线上通过点的方法。

课题五　地形图的拼接与整饰

【任务描述】

采用经纬仪测图法，相邻图幅的地形图必须进行地形图的拼接，并进行地形图的整饰工作。

本课题主要介绍了地形图的拼接方法、整饰的内容和要求以及地形图检查验收的方法。通过学习，学生能够进行地形图的拼接及整饰，并能够完成地形图的检查工作。

【知识学习】

一、地形图的拼接

由于地形图是分幅测绘的，各相邻地形图必须能互相拼接成为一体。由于测绘误差的存在，在相邻图幅拼接处，地物的轮廓线、等高线不能完全吻合。接合误差若在允许范围内，可进行调整。否则，对超限的地方须进行外业检查，并改正。

为便于拼接，每幅图的四周均须测出到内图廓线外 5mm 范围。对线状地物，若图幅外附近有转弯点（或交叉点）时，应测至图外的主要转折点和交叉点；对图边上的地物，应完整地测出其轮廓。对于聚脂薄膜的图纸，两图可以直接拼接，但对于白纸测图可采用透明纸来完成拼图工作，取 5~6cm 宽、比图廓边略长的透明纸作为接图边纸。在接图纸上须先绘出接图的图廓线、坐标方格网线并注明其坐标值。然后将每幅图各自的东、南两图廓边附近 1~1.5cm 以及图廓边线外实测范围内的地物、地貌绘于接图纸上。

图 6-22 所示为两相邻图幅的接边情况。在拼接时，两幅图的内图廓线、对应坐标方格网线要对齐，对齐后比较各地物、等高线的位置关系，两幅图的梯田坎、房屋、池塘、等高线的位置在图边均错开了一定位置。若其偏差不超过表 6-6 的规定值时，则取其平均位置，并改正相邻图幅的地物和地貌的位置。

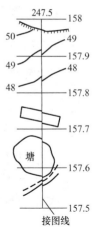

图 6-22　地形图的拼接

表 6-6　地形图拼接技术要求

地区类别	点位中误差（图上）/mm	邻近地物点间距中误差（图上）/mm	等高线高程中误差（等高距）			
			平地	丘陵地	山地	高山地
山地、高山地和设站施测困难的旧街坊内部	0.75	0.6	1/3	1/2	2/3	1
城市建筑区和平地、丘陵地	0.5	0.4				

二、地形原图的整饰

外业绘制得到的铅笔图称为地形原图。地形原图的清绘有铅笔清绘和着墨清绘。铅笔清绘在实测的铅笔原图上，用铅笔进行整理加工和修饰等各项工作；着墨清绘是根据地形图图式对整饰好的铅笔原图进行着墨描绘。

在野外测绘铅笔图时，图上的文字、数字和符号表示不规范，位置不尽合理，必须经过清绘来达到铅笔原图的要求。

铅笔清绘一般采用 2H 或 3H 铅笔描绘，对原图上不符合要求的符号、划线和注记，以及图面不清洁的地方，先用软橡皮轻轻擦淡，再按图式规定重新绘制。要随擦随绘，一次擦的内容不能过多，以免图面不清楚，造成描绘困难。清绘时要遵从于原图，不得随意改动点位位置及注记内容，清绘可按要素逐项进行，也可按坐标网格逐格进行。最终应使图面内容准确、完整、合理和美观。

地形原图清绘整饰的顺序是：内图廓线→控制点→独立地物→其他地物→高程注记点→植被→名称注记→等高线→外图廓线→图廓线外整饰。

三、地形图验收

地形图验收是在检查的基础上交图，鉴定各项成果是否符合规范及有关技术要求。验收时一般先检查成果是否齐全，并对所测绘地形图按一定比例随机抽取，然后在野外检查控制点及碎部点，检查其偏差，最终评定成果，一般按优、良、中来评定。

四、地形图测绘成果资料

主要提交的资料有：

1）所用测绘仪器的检验校正报告。

2）测区的分幅及其编号图。

3）控制点展点图、埋石点的"点之记"。

4）各种外业观测手簿。

5）平面和高程控制网计算表册。

6）控制点成果总表。

7）地形图。

8）碎部点记录手簿。

9）地形图的检查、整饰及验收记录资料。

10）测绘地形图的技术总结和技术总结资料等。

【思考与练习】

1. 试述地形图的拼接的方法。

2. 试述地形图整饰的顺序。

课题六 数字化测图简介

【任务描述】

数字化测图是以数字的形式表达地形特征点的集合形态。数字化测图是通过数字测图系统来实现的，数字测图系统主要由数据输入、数据处理和数据输出三部分组成，其作业过程与使用的设备和软件、数据源及图形输出的目的有关。

本课题主要介绍了数字化测图的优点、测图原理、工作程序，为学生的后序学习提供支持。

【知识学习】

一、概述

目前大多数数字化测图系统内容丰富，具有多种数据采集方法、多种功能和多种应用范围，能输出多种图形和数据资料。根据数据采集方式，数字化测图可概括为利用全站仪、GPS 或其他测量仪器进行野外数字化测图；利用手扶数字化仪或扫描数字化仪对纸质地形图进行数字化；利用航测技术、遥感像片进行数字化测图等技术。前者是野外采集数据，后两者主要是在室内作业采集数据。利用上述技术将采集到的地形数据传输到计算机，由数字成图软件进行数据处理程序经过编制、图形处理程序生成数字地形图。

数字化测图是全解析数字测图，经纬仪测图为传统的模拟法测图。与传统测图方法相比，数字化测图具有以下主要优点。

1）精度高。

2）自动化程度高、劳动强度较小。

3）更新方便、快捷。

4）便于保存与管理。

5）便于应用。

6）易于发布和实现远程传输。

1. 数字化测图的主要方法

（1）全站仪数字化测图　全站仪数字化测图是目前应用非常广泛的野外测图方法，主要是指采用全站仪野外采集数据。现在有测记法、电子平板测绘法两种测绘模式。测记法主要是指野外采集数据，室内成图的方法，其可以分为无码作业和有码作业：无码作业是指在测图时，全站仪采集碎部点时不输入点的编码信息，但需要绘制作业草图，在室内通过人机对话的方式成图；有码作业是指在测图时，全站仪在记录点时，同时输入点的编码信息，用这种方法可以实现自动成图。电子平板测绘法是利用专门软件，在野外组成一个完整的测图系统，能够实现所测既所得的目的，在室内只进行图的整饰即可。常见的数字化测图软件有南方测绘 CASS、威远图 SV300、开思 SCSG2005、武汉瑞得 RDMS、中地 MapGis 等。

（2）RTK 数字化测图　RTK（Real – time kinematic）是指实时动态载波相位差分技术。这是一种新的常用的 GPS 测量方法，RTK 数字化测图能够在野外实时得到厘米级定位精度，它采用了载波相位动态实时差分方法，是 GPS 应用的重大里程碑，它的出现为工程放样、地形测图、各种控制测量带来了新曙光，极大地提高了外业作业效率。它与全站仪测图方式相比，只是野外数据采集由全站仪变为了 RTK 技术，其他成图的方法与全站仪相同。

（3）原有地形图的数字化　为了充分利用原有的地形图，使其能够成为数字化图纸，一般可以采用手扶数字化仪数字化及扫描矢量化，扫描矢量化是指将原有地形图扫描成图形文件，利用专门矢量化软件，通过图形定位、图形编辑、图形输出等过程，获得数字化图。

2. 全站仪采集碎部点的原理

全站仪具有测角、量边、数据处理、记录、数据传输等功能，在野外数据采集时，主要是利用全站仪采集碎部点的坐标，由式（6-1）可知，要获取点 P 坐标，必然要知道 A 点坐标，及 AB 边的方位角，及 D_{AP} 和 β。由于全站仪本身具有测角、量边功能，所以 D_{AP} 和 β 可以直接由全站仪测得，另外两项——A 点坐标及 AB 边的方位角，就必须通过测站设置和后视定向来完成。当完成测站设置、后视定向后，采集碎部点时，全站仪就可以利用公式（6-1），将测站点坐标、后视边的方位角及所测的水平角、距离，自动解算出碎部点的坐标。通过高程的计算公式，可以看出在测量前必须及时输入 A 点的高程，仪器高和觇标高，这三项一般在测站设置的时候就可以直接输入。

$$\left.\begin{aligned} X_P &= X_A + D_{AP}\cos(\alpha_{AB} + \beta) \\ Y_P &= Y_A + D_{AP}\sin(\alpha_{AB} + \beta) \\ H_P &= H_A + D_{AP}\tan(90 - \delta_L) + i_a - v_P \end{aligned}\right\} \tag{6-1}$$

二、全站仪数字化测图的工作程序

1. 数据采集

数据采集主要是进行仪器的整平、对中，建立工作文件，测站设置，后视定向及检查。然后进行碎部点的采集，在进行无码作业时，应认真绘制草图，要求绘制基本准确，点名与全站仪记录的点位要一一对应；有码作业时，要求在记录点的时候及时输入点的编码，要求必须及时、规范地录入点的编码信息。

2. 数据传输

野外采集的数据可以数据文件的形式传输到计算机。根据全站仪品牌、型号的不同，数据传输方式及数据传输格式也有所区别，早期的全站仪一般通过数据线与计算机连接，通过通讯软件完成数据传输工作；目前的全站仪具有储存卡，而且容量也很大，在使用的时候，可以直接利用储存卡把数据文件传输到计算机中。在数据传输时，一般存在数据格式转换过程，将转换成能被数字化测图软件规定的数据格式。一个成功的数字化测图软件集成了大多数全站仪厂商的通讯软件，通过读取能够直接转换成该软件的数据格式，方便了用户的操作。例如：南方 CASS 测图软件就可以把多数不同厂家的全站仪的数据格式，直接转换成能够直接处理的坐标数据文件，格式为"∗.dat"，其数据记录格式为：点号，编码，y 坐标，x 坐标，H 高程。

3. 内业数据处理和图形编辑

内业数据处理是指将采集到的数据处理为成图所需数据的过程，包括数据格式或结构的转换、投影变换、图幅处理、误差检验等内容。数据处理分为数据预处理、地物点的图形处理和地貌点的等高线处理。数据预处理是对原始记录数据作检查，删除已作废标记的记录和删去与图形生成无关的记录，补充碎部点的坐标计算和修改有错误的信息码。数据预处理后生成点文件。点文件以点为记录单元，记录内容是点号、符号码、点之间的连接关系码和点的坐标。根据点文件形成图块文件，将与地物有关的点记录生成地物图块文件，与等高线有关的点记录生成等高线图块文件。

图形编辑是对已经处理的数据所生成的图形和地理属性进行编辑、修改的过程。图形编辑必须在图形界面下进行。在人机交互方式下的地形图编辑，主要包括删除错误的图形和不需要表示的图形，修正不合理的符号表示，增添植被、土壤等配置符号以及地形图注记。编辑过程中，在屏幕上的"图形修改"功能会对相应的图块作出修改，形成新的图块文件。人机交互编辑必须根据测量的地形点和草图进行修改，在编辑中发现的问题应按地形测量规范合理解决，必要时要通过外业复查后修改。

南方 CASS 在内业数字成图时可以采用编码自动成图、编码引导成图、点号定位成图和坐标定位成图，并具有丰富的图形编辑处理功能。

4. 图形输出

数字测图的成果根据工程的需要进行各种数字图的输出和工程应用，具体情况如下。

1）输出专题图。

2）进行图形分幅、图幅整理，按要求输出地形图。

3）按照要求生成断面图，进行土方量计算。

【思考与练习】

1. 试述数字化测图的方法。
2. 试述全站仪数字化测图的工作程序。

【任务实施】

一、实施内容

绘制坐标方格网，展绘坐标点，野外测图和地形图整饰。

二、实施前准备工作

分组进行训练，每组5~6名同学，每人准备一张图纸、一把长直尺，每组准备一个半圆仪、一套经纬仪、一个绘图板、一个水准标尺和一把钢尺。

三、实施方法及要求

1）利用对角线法，每人单独绘制一幅50cm×50cm的地形图坐标方格网。
2）每人利用自己绘制的坐标方格网把对应的坐标展绘到图上。
3）野外进行经纬仪模拟测图。
4）对绘制的地形图进行铅笔整饰。

四、实施注意事项

1）实施前，每名同学必须事先预习相关知识。
2）在绘制坐标方格网时，应检查所绘制的格网的精度。
3）在展绘控制点时，应注意相邻点用距离进行检核。
4）在野外测图时，同学间注意相互配合，能够按要求完成野外测绘工作。

【任务考评】

任务考评标准及内容见表6-7。

表6-7　任务考评标准

序号	考核内容	满分	评分标准	该项得分
1	绘制坐标格网	30	能够满足坐标方格网的绘制精度，线条要求均匀、美观、平滑，图面整洁	
2	展绘控制点	20	展点准确，注记方法、文字规范	
3	野外测图及地形图的绘制	30	仪器设站准确，能够进行测前角度检查，能够按照测量要求进行测量工作，绘图员能够利用测量的数据，在坐标方格网上填充碎部点，并注意标注信息准确	
4	地形图整饰	20	根据所测地形图完成地形图整饰，整饰注记书写要规范，地物绘制规范，等高线及一些地物要绘制光滑的曲线	

单元七

地形图的应用

☞ **知识目标**

（1）能正确理解地形图的主要用途

（2）掌握地形图室内判读的内容和判读程序，主要是对地物和地貌的判读

（3）掌握地形图野外定向、在地形图上确定站立点位置和地形图的野外判读

（4）掌握地形图的基本应用和在工程建设中的应用

☞ **技能目标**

（1）具有在地形图上求算点的平面坐标和高程的能力

（2）具有在地形图上求直线的长度、坐标方位角和坡度的能力

（3）具有在地形图上设计等坡线、确定汇水范围的能力

（4）具有按一定方向绘制纵断面图的能力

课题一　地形图应用概述

【任务描述】

地形图是工程建设的重要地形资料。地形图就是按照一定的投影规则，将地面上各种地物和地貌点的位置，通过合理取舍，把它们垂直投影到一个水平面上，再按一定的比例尺、用规定的符号和线条缩绘在图纸上。

本课题主要介绍地形图的室内判读和野外判读。通过本课题的学习，使学生对地形图的室内判读有较深入的认识。

【知识学习】

一、地形图的主要用途

地形图是工程建设的重要地形资料，是比较全面、客观地反映地面情况的可靠资料。特

别是在工程建设的规划设计阶段，不仅要以地形图为底图，进行总平面的布设，而且还要根据需要，在地形图上进行一定的量算工作，以便因地制宜地进行合理的规划和设计。因此，地形图是国土整治、资源勘察与开采、城乡规划、土地利用、环境保护、河道整理等工作的重要资料。

在矿山建设和生产实践中，经常需要利用地形图研究和处理各种技术问题，如填绘地质资料，进行勘探设计，制定矿井规划，选择建井方案，进行井上下对照，研究解决矿井地质、水文地质及生产的各种问题。特别是在采矿工程设计中更是离不开地形图，需要从地形图上获取地物、地貌、居民点、水系、交通、通讯、管线、农林等多方面的信息，作为设计的依据。

在地形图上，可以确定点位、点与点之间的距离和直线间的夹角，确定直线的方位，进行实地定向，及确定点的高程和两点间的高差；可以在地形图上勾绘出集水线和分水线，标示出洪水线和淹没线；可以从地形图上计算出面积和体积，从而能确定用地亩数、土石方量、蓄水量、矿产量等；可以从地形图上了解到各种地物、地貌等的分布情况，计算诸如村庄、树林、农田等数据，获得房屋的数量、质量、层次等资料；可以从地形图上决定各设计对象的施工数据和相关参数；可以从地形图上截取断面，绘制断面图。

利用地形图作底图，可编绘出一系列专题地图，如井田区域地形地质图、井上下对照图、开采范围图、水文及水文地质图等。

二、地形图的识读

地形图是用各种规定的符号和注记来表示地物、地貌及其他有关资料。要正确地应用地形图，首先应学会看懂地形图（识图）。识读地形图，就是了解图上所有的各种符号、轮廓线、数字和文字说明注记等所表达的内容，建立空间概念，使地形图成为展现在我们面前的实地立体模型，以判断其相互关系和自然形态，并将其与实地情况相联系。地形图判读分为室内判读和野外判读。

1. 地形图的室内判读

地形图的室内判读，主要是了解图名、图号、比例尺、接图表、内外图廓、坐标格网注记等内容。有的地形图上还注有坡度尺、三北方向等。

在识图过程中，应着重掌握以下几个要点。

（1）地形图的图外注记和说明　在地形图的图廓外，有许多注记，如图名、图号、接图表、比例尺、图廓线、坐标格网、三北方向线和坡度尺等。

在外图廓外侧注有本图幅成图方法、时间、等高距、坐标系统和高程系统、测图单位等说明文字，判读时应认真阅读这些内容。

1）图名、图号和接图表。为了区别各幅地形图所在的位置和拼接关系，每幅地形图上都编有图号，图号是根据统一的分幅进行编号的。除图号以外，还要注明图名，图名常用本幅图内最著名的地名、最大的村庄、突出的地物、地貌等的名称来命名。图号、图名注记在北图廓上方的中央。

在图的北图廓左上方，画有该幅图四邻各图号（或图名）的略图，称为接图表。中间一格画有斜线的代表本图幅，四邻分别注明相应的图号（或图名），按照接图表，就可找到相邻的图幅。

2）比例尺。在每幅图的南图框外的中央位置均注有测图的数字比例尺，并常在数字比例尺下方绘有图示比例尺，利用图示比例尺，可以用图解法确定图上的直线距离，或将实地距离换算成图上长度。

3）经纬度及坐标格网。梯形图幅的图廓是由上、下两条纬线和左、右两条经线所构成。对于 1∶10 000 的图幅，经差为 3′45″，纬差为 2′30″。图廓四周标有黑、白分格，横分格为经线分度尺，纵分格为纬线分度尺，每格表示经差（或纬差）为 1′，如果用直线连接相应的同名分度尺，即构成由子午线和平行圈构成的梯形经纬线网格。

平面直角坐标格网，是以平行于投影带的中央子午线为 x 轴和以赤道为 y 轴的直线，其间隔通常是 1km，所以也称公里格网。

由经纬线格网可以决定各点的地理坐标。而公里格网可以用来确定图上任一点的平面坐标和任一直线的方向角。

4）三北方向线关系图。在许多中、小比例尺地形图的南图廓线右下方，还绘有真子午线、磁子午线和纵坐标轴这三者的角度关系图，称为三北方向线。利用该图，可对图上任一方向的真方位角、磁方位角和坐标方位角（方向角）三者间作相互换算。

5）坡度比例尺。坡度比例尺是一种在地形图上量测地面坡度和倾角的图解工具。如图 7-1 所示，它是按下列关系式制成的

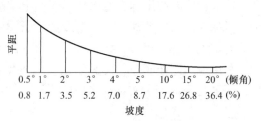

图 7-1　坡度比例尺

$$i = \tan\delta = \frac{h}{dm} \qquad (7-1)$$

式中　i——地面坡度（%）；

δ——地面倾角（°）；

h——等高距（m）；

d——相邻等高线平距（m）；

m——比例尺分母。

使用坡度比例尺，用分规量出图上相邻等高线的平距后，在坡度比例尺上使分规的两针尖下面对准底线，上面对准曲线，即可在坡度比例尺上读出地面坡度 i(%) 和地面倾角 δ(°)。

（2）地形图的坐标系统和高程系统　对于比例尺为 1∶10 000 或比例尺更小的地形图，通常是采用国家统一的高斯-克吕格平面直角坐标系。城市地形图多数采用以通过城市中心地区的某一子午线为中央子午线的高斯-克吕格平面直角坐标系，称为城市独立坐标系。当工程建设范围比城市更小时，也可采用把测区作为平面看待的工程独立坐标系。

对于高程系统，自 1956 年起，我国统一规定以黄海平均海水面作为高程基准面，建立"1956 年黄海高程系"。后来，又根据青岛验潮站历年积累的验潮资料，建立"1985 年国家高程基准"。大部分地形图都属于上述的黄海高程系统，但也有一些地方性的高程系统。通常，地形图采用的高程系统在图框外的左下方用文字说明。各高程系统之间只需加减一个常数即可进行换算。

（3）地形图图式和等高线　应用地形图应了解地形图所使用的地形图图式，熟悉一些常用的地物符号和地貌符号，了解图上文字注记和数字注记的确切含义。应了解等高线的特性，要能根据等高线判读出山头、山脊、山谷和鞍部等各种地貌。

（4）测图时间　地形图上所反映的是测绘当时的地形情况，因此，需要知道测图的时间，应与实地进行对照。对于测图后的地面变化情况，应根据需要予以修测或补测。

（5）地形图的精度　地形图的精度直接关系到从图上获得的地形信息的可靠程度。

（6）地物和地貌的判读　地物的判读主要是根据地物符号和有关注记，了解地物的分布和地物的位置，关键是熟悉地物符号。识读地物时，往往从图幅内比较集中的居民地开始，根据图上注记，沿着铁路、公路、河流进行，了解测区内政治、经济、文化中心和交通枢纽等概况。对于大比例尺的地形图，由于地物表示得比较详尽，图幅表示的实地面积较小，识读起来要容易得多。

地貌的判读主要是确定图幅范围的基本地貌形态及特殊地貌位置。识读地貌时，应先找出构成地貌总轮廓的地性线，如山脊线、山谷线等，判读出地貌总的形态。然后，要根据等高线表示的地貌特征，判读山顶、山脊、山谷、鞍部、山坡、洼地等基本地貌形态，并根据特定的符号判读冲沟、峭壁、陡坎等特殊地貌，同时根据等高线的注记和密集程度来判读出地势的高低和地面坡度的陡缓。

除判读各种地物和地貌外，还应根据图上配置的各种植被符号和注记说明，了解植被的分布、类别特征、面积大小等。

2. 地形图的野外判读

（1）地形图的定向　野外使用地形图时，首先要使地形图的方位与实地东西南北方位一致。常用的定向方法有两种。

1）用罗盘按坐标纵线或磁子午线定向。按坐标纵线定向，应将罗盘（或罗针）的零直径与图上任一坐标纵线重合，然后转动地形图，使磁针北端指到当地的磁偏角的分划值为止（注意东偏或西偏），如图7-2a所示。

若按磁子午线 PP' 定向，则将罗盘（或罗针）的零直径与图上磁子午线重合，转动地形图与磁针零直径一致。这时地形图的方位便与实地方位一致，如图7-2b所示。

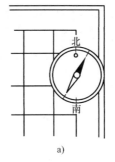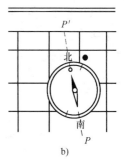

a)　　　　　　　　　　b)

图7-2　用罗盘确定地形图的方位

2）根据直线路段、其他直线形地物及明显方位物定向，这种方法类似测图中的由已知直线定向，其具体操作方法如下。

先将地形图北图廓大致朝北，再将直尺放在地形图的直线路段上，并顺着直尺边缘瞄准地面，然后将地形图与直尺一起转动，使实地直线路段和图上相应的直线路段平行。这时，地形图方位与实地一致，如图7-3所示。

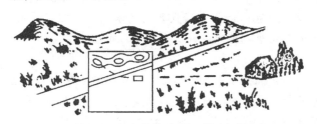

图7-3　根据地物确定地形图方位

（2）在地形图上确定站立点位置　为了在地形图上确定站立点的位置，最简便准确的方法就是把站立点选择在地形描绘出的明显地物（或地貌）特征点附近，如图7-4中的点 a。

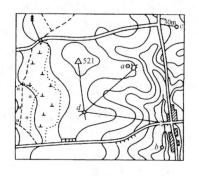

图7-4　根据地物确定站立点的位置

如果站立点不在地物点上，可根据图上绘有的站立点附近的几个明显地物点，以目估法估出该站立点的图上位置。如图7-4中的点 b。

如果站立点附近只有个别地物（图7-4中点 c），则可直接丈量地面地物点（如道路交叉点）至站立点的距离。按地形图比例尺即可确定该站立点在图上的位置。

当站立点附近没有明显地物时，可选择远处图上点位明确的明显地物、地貌特征点（如桥梁、三角标、山顶等），以图解后方交会法来确定站立点的图上位置，如图7-4中的点 d。如果站立点位于线形地物上，只需画一条方向线与该线形地物相交，其交点即为站立点的图上点位，如图7-4中的点 e。

交会法定点一般采用罗盘测角后方交会法，即先在站立点上用罗盘测定至两明显目标的反方位角，然后在图上通过目标点的图上点位，依所测角值画出方向线，两方向线的交点即为站立点。一般应选择第三个目标画出第三条方向线，以资检核。

（3）地形图的判读　在完成了地形图定向和站立点定点工作以后，便可进行地形图的野外判读工作，通过把图上内容与实地相对照，建立图上符号与实际地物、地貌的一一对应关系。并根据地形图沿指定的路线进行踏勘或进行其他作业。

【思考与练习】

1. 详细叙述地形图室内判读的步骤。
2. 地形图野外判读的基本方法和步骤如何？

课题二　地形图应用的基本内容

【任务描述】

在地形图上给定一个点，就可以知道该点在地形图的空间直角坐标系内的坐标和高程；若知道两个点的平面坐标就可以计算出两点之间的水平距离以及在此坐标系下的坐标方位角；若知道这两个点的三维坐标还可以计算出两点之间在垂直面内的倾角以及在实际地面的长度。

本课题主要介绍地形图的基本应用，其主要技能包括应用地形图求算点的平面坐标和高程，在地形图上求直线的长度、坐标方位角和坡度。通过本课题的学习，使学生对地形图的基本应用有较深入的认识。

【知识学习】

一、确定点的坐标

在如图 7-5 所示的大比例尺地形图上，都绘有纵、横坐标方格网（或在方格的交点处绘一十字线）。欲求 A 点的坐标，可按以下步骤进行。

1）通过 A 点作坐标格网的平行线 mn、qp。

2）按图纸比例尺量出 mA 和 qA 的长度。

3）按式（7-2）计算 A 点坐标（x_A，y_A）。

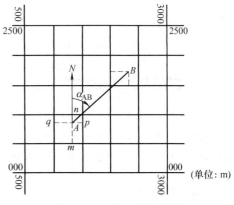

图 7-5　点位的坐标量测

$$\left. \begin{array}{l} x_A = x_0 + mA \\ y_A = y_0 + qA \end{array} \right\} \qquad (7-2)$$

式中　x_0、y_0——该点所在方格西南角点的坐标

（图中，$x_0 = 500\text{m}$，$y_0 = 1\,000\text{m}$）。

为了避免图纸伸缩变形引起的误差，可采用伸缩系数进行改算，具体步骤为：

1）在图 7-5 中量出 An 和 AP 的长度。

2）计算（$mA + An$）和（$qA + Ap$）的长度。

3）比较（$mA + An$）和（$qA + Ap$）是否等于坐标格网的理论长度 l（一般为 10cm）。

4）若（$mA + An$）和（$qA + Ap$）等于坐标格网的理论长度 l，则按公式（7-2）计算 A 点的坐标。

5）若（$mA + An$）和（$qA + Ap$）不等于坐标格网的理论长度 l，应按下式（7-3）计算 A 点的坐标。

$$\left. \begin{array}{l} x_A = x_0 + \dfrac{l}{mA + An} mAM \\ y_A = y_0 + \dfrac{l}{qA + Ap} qAM \end{array} \right\} \qquad (7-3)$$

式中　M——比例尺分母。

二、确定点的高程

地形图上任一点，都可以根据等高线及高程标记确定其高程（目估）。

如图 7-6 中 A 点位于等高线上，其高程为 50m；如果所求点不在等高线上，则可作一条大致垂直于相邻等高线的线段，量取线段的长度，按比例内插求得点的高程，如图 7-6 中的点 B。

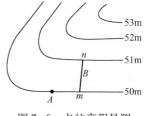

图 7-6　点的高程量测

三、确定图上直线的长度

1. 直接测量

用卡规在图上直接量出线段长度，再与图示比例尺比量，即可得其水平距离。也可以用钢直尺量取图上长度，并按比例尺换算为水平距离，但后者受图纸伸缩的影响较大。

2. 根据两点的坐标计算水平距离

当距离较长时，为了消除图纸变形的影响以提高精度，可用两点的坐标计算其距离，计算公式为

$$D_{AB} = \sqrt{(x_B - x_A)^2 + (y_B - y_A)^2} \qquad (7\text{-}4)$$

四、确定直线的坐标方位角

1. 图解法

如图 7 - 5 所示，求直线 AB 的坐标方位角，可过 A、B 两点精确地作平行于坐标格网纵线的直线，然后用量角器量测 AB 的坐标方位角。同一直线的正、反坐标方位角之差应为 180°。

2. 解析法

如图 7 - 5 所示，欲求直线 AB 的方位角，先利用公式（7 - 3）求得 A、B 两点的坐标，再用坐标反算的公式计算 AB 边方位角，公式为

$$\alpha_{AB} = \arctan\left(\frac{y_B - y_A}{x_B - x_A}\right) \qquad (7\text{-}5)$$

五、确定直线的坡度

高差与水平距离之比称为坡度，以 i 表示，常以百分率或千分率表示。设地面两点间的水平距离为 D，高差为 h，则可按下式计算两点间的坡度

$$i = \tan\alpha = \frac{h}{D} \qquad (7\text{-}6)$$

如果两点间的距离较长，中间通过疏密不等的等高线，则上式所求地面坡度为两点间的平均坡度。

六、在地形图上确定通视情况

在工程建设中，如架空索道和输电线路的设计及测量方案设计等，常常要了解地面两点间是否通视，以考虑工程的施工方法。根据地形图确定自观测点到任一点是否通视，很多情况下可以通过分析地形图上的地势来解决。

若通过分析地形图上的地势不能确定其是否通视，则可用构成三角形的方法来解决，如图7-7所示，要求 A、B 两点间是否通视，可按以下步骤进行。

1）在图上用直线连接 A、B 两点，并在该直线上标出可能影响直线通视的障碍物，如 C 点。

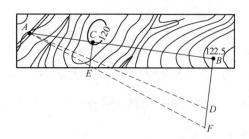

图 7 - 7 用构成三角形的方法来确定点的通视情况

2）把最低点 A 设为零，自 B 点和 C 点作 AB 的垂线 BD、CE，并使 BD、CE 的长度分别等于 B 点和 C 点相对于 A 点的高差。

3）连接 A、D 点。

4）判断直线 AD 与垂线 CE 是否相交，若相交，则不通视；若不相交，则通视。如图7-7所示，直线 AD 与垂线 CE 相交，故 A、B 两点之间不通视。

从所作三角形也可确定，为了自 B 点能看到 A 点，应在 B 点升高其高度。其方法是通过 A、E 两点作一直线与 BD 垂线的延长线相交于 F 点。量取 DF 线段长，即为从 B 点看到 A 点应升高的高度。

七、在地形图上求算平面面积

在规划设计中，常需要在地形图上量算一定轮廓范围内的面积，在煤矿生产建设中，为了研究分析地表水对矿井的危害，地表塌陷区以及建筑物占地范围等问题时，也需要求得某地区的水平投影面积。

1. 图解法

图解法是将欲计算的复杂图形分割成简单图形，如三角形、平行四边形、梯形等再量算。如果图形的轮廓线是曲线，则可把它近似看做直线，当精度要求不高时，可采用透明方格法、平行线法等进行计算。

（1）透明方格网法 如图7-8所示，用透明的方格纸蒙在图纸上，统计出图纸所围方格的整格数和不完整格数，然后用目估法将不完整的格数凑整成整格数，再用总格数乘上每一小格所代表的实际面积，就可得到图形的实地面积。也可以把不完整格数的一半当成整格数参与计算。

（2）平行线法 用绘有间隔为1mm或2mm平行线的透明纸或膜片，如图7-9所示覆盖在图上，则图形被分割成许多高为 h 的等高梯形，再量测各梯形的中线 l（图中虚线）的长度，则该图形面积为

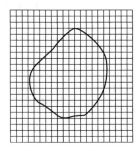

图7-8 透明方格网法

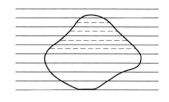

图7-9 平行线法

$$S = h \sum_{i=1}^{n} l_i \qquad (7-7)$$

式中 h——梯形的高（m）；

n——等高梯形的个数；

l_i——各梯形的中线长（m）。

最后将图上面积 S 依比例尺换算成实地面积。

2. 求积仪法

（1）机械式求积仪

1）求积仪的构造。求积仪有多种，常用的有极点求积仪，它由极臂、描迹臂及计数器

组成，如图 7-10 所示。极臂的一端有一个重锤，中心有一个短针，称为极点。极臂的另一端有一个插销，可插入描迹臂一端的插销孔中，使极臂同描迹臂成为一个整体。在描迹臂的另一端有一个描迹针，描迹针旁有一个支撑描迹针的小圆柱和一个手柄，用制动螺旋和微动螺旋可把接合套和描迹臂连接在一起。

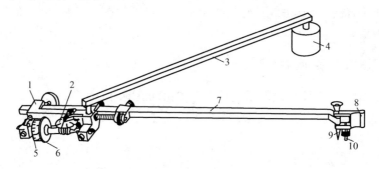

图 7-10　机械式求积仪

1—接合套　2—计数圆盘　3—极臂　4—重锤　5—游标
6—记数小轮　7—航臂　8—手柄　9—航针　10—小圆柱

计数器主要由计数圆盘、计数小轮和游标三部分组成，如图 7-11 所示。计数圆盘分为 10 个大格。计数轮刻有 100 格，计数轮转动一周（即变化 100 格）时，计数圆盘则转动一格。在计数轮旁还有一个游标，利用游标可以读出计数轮一小格的 1/10，在计数器上可以读出四位数，即先从圆盘上读出千位数，在计数轮上可读出百位数和十位数，最后按游标读出个位数。

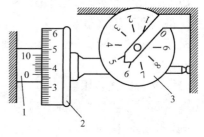

图 7-11　计数器

1—游标　2—记数小轮　3—记数圆盘

2）机械式求积仪的使用方法及操作步骤。

① 如果所求图形的面积不大时，将极点定在图形外，利用接合套的制动螺旋和微动螺旋定好描迹臂的长度。

② 用描迹针对准图形边界的某一点，作好记号，作为起始点，从计数器上读数 n_1。

③ 手持描迹针旁边的手柄，以均匀的速度使描迹针沿图形绕行一周，最后回到起始点，读数 n_2。

④ 按公式（7-8）计算图形面积

$$S = C(n_2 - n_1) \tag{7-8}$$

式中　C——求积仪的乘常数。

⑤ 将面积 S 依比例换算为实地面积。

如果所测图形面积范围较大时，需将极点放在图形内才能测量面积。其计算公式为

$$S = Q + C(n_2 - n_1) \tag{7-9}$$

式中　Q——求积仪的加常数。

3）使用求积仪时应注意以下几点：

① 待测面积较大时，可将图形分块，分别测定各块面积，最后相加即得图形的总面积。

② 图纸应平整，无折皱。

③ 应选好极点位置，使两臂夹角最好不超过150°，也不得小于30°。

④ 为了提高测量精度，对每一个图形的面积，必须将求积仪极点放在图形的左、右两侧各测一次，两次相差不得超过2~3个分划值，取其平均值作为最后值。

4）求积仪常数 C、Q 的求法。从计算公式中可以看到，乘常数 C 和加常数 Q 是两个重要的参数，其值的正确与否将直接影响所求面积的精度。C、Q 可从说明书中直接查找，亦可反算出来。

① 先在图纸上绘一个已知边长的正方形，已知面积为 S，将极点放在图形之外测量，则

$$C = \frac{S}{n_2 - n_1} \tag{7-10}$$

一般由生产厂家配置一条检验尺，旋转一周的面积为 100cm^2，可用来求常数 C。

② 再绘一个较大图形的正方形，已知面积为 S，极点放在图形内测量，则

$$Q = S - C(n_2 - n_1) \tag{7-11}$$

求积仪的加常数 Q 一般由生产厂家在说明书上给出。

③ 多次测定 C、Q，取其平均值作为最后结果。

（2）电子求积仪　电子求积仪又称数字式求积仪，是在求积仪机械装置的基础上，增加电子脉冲计数设备和微处理器，测量结果能自动显示，并可作比例尺化算、面积单位换算等。因此，其性能较机械求积仪优越，具有测量范围大、精度高、功能多、使用方便等优点。图7-12为KP—90N型电子求积仪（日本索佳公司产品）。

KP—90N型电子求积仪具有下列性能。

1）选择面积显示的单位（公制和英制中的各种单位），并可作单位换算。

2）对某一图形重复几次测定，显示其平均值（称为"平均值测量"）。

3）对某几块图形分别测定后，显示其累加值（称为"累加测量"）。

4）同时进行累加和平均值测量。

除0~9的数字键和小数点键外，KP—90N的各功能键名称分别为（图7-13）：ON、OFF——电源开关键；START——启动键（测量开始键）；HOLD——保持键（面积累加键）；MEMD——存储键；AVER——平均键（测量结束键）；UNIT-1、UNIT-2——单位转换键；SCALE——比例尺设定键；R-S——比例尺确认键；C/AC——清除（按一次）或全清除（连按两次）键。

图7-12　KP—90N型电子求积仪

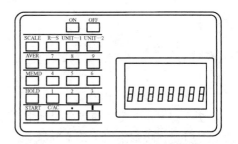

图7-13　KP—90N各功能键和显示窗

在进行图形面积测定工作之前，将图纸固定在图板上，用铅笔画大小图形 2 ~ 3 个，面积为 $100\mathrm{cm}^2$ 以上，设图的比例尺为 1∶5 000。每次安置求积仪时，垂直于动极轴的仪器中轴线通过图形中心（图 7 - 14a）；然后用描迹点沿图形的大致轮廓线绕一周（图 7 - 14b），以检查动极轮和测轮能否在图纸上平滑移动，在必要时，需要重新安放求积仪。

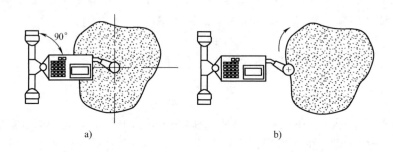

图 7 - 14　求积仪位置的安放

图形面积测定的方法及步骤如下。

1）开电源：按 ON 键。

2）选择显示面积的单位，可供选择的面积单位有：km^2（平方千米）；acre（英亩）；m^2（平方米）；ft^2（平方英尺）；cm^2（平方厘米）；in^2（平方英寸）。

3）设定比例尺：如果图的比例尺为 1∶500，则用数字键输入 500，再按 SCALE 键，最后按 R - S 键，显示比例尺分母的平方（250 000），以确认图的比例尺已设置好。

4）简单测量（一次测量）：选择仪器中轴线大致与动极轴垂直的位置，在图形轮廓线上取一点（作记号），作为测量起点。放大镜中的描迹点对准该点后，按 START 键，窗口显示为 0，蜂鸣器发出声响，使描迹点正确沿图形轮廓线按顺时针方向移动，直至回到原起点。此时窗口显示脉冲数（相当于机械求积仪的测轮读数），按 AVER 键，窗口显示图形面积值及其单位。

5）平均值测量（多次测量取其平均值）：上述简单测量的最后一步，不按 AVER 键而按 MEMD 键（将所得结果存储）；重新将描迹点对准起点，按 START 键，绕图形一周，按 MEMD 键；如果同一图形要取 n 次测量的平均值，则这样重复 n 次，结束时按 AVER 键，显示 n 次测量的面积平均值。

此外，KP—90N 型电子求积仪还能进行累加测量、累加平均值测量、面积单位换算等。

【思考与练习】

1. 地形图的基本应用有哪些？

2. 图 7 - 15 为 1∶500 的等高线地形图，图下印有直线比例尺，用于从图上量取长度。根据地形图用图解法解决以下两个问题：

1）求 A、B 两点的坐标及 AB 连线的方位角。

2）求 C 点的高程及 AC 连线的平均坡度。

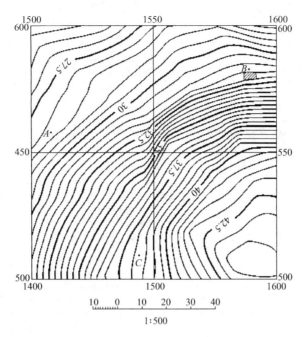

图 7-15　坐标、高程、方位角和地面坡度的量取

课题三　地形图在工程建设中的应用

【任务描述】

地形图是制定规划、设计方案和进行工程建设的重要依据和基础资料。

本课题主要介绍地形图在工程建设中的应用，包括绘制已知方向纵断面图、确定汇水范围、在地形图上设计等坡线等内容。通过本课题的学习，使学生对地形图在工程建设中的应用有较深入的认识。

【知识学习】

一、按一定方向绘制纵断面图

在进行各种线路（如道路、隧道、管线等）的工程设计时，需要了解两点之间的地面起伏情况，进行填挖方量概算，以及合理确定线路的纵坡等，此时常需要根据等高线地形图来绘制沿指定方向的纵断面图。

如图 7-16a 所示，其方法和步骤如下。

1）在地形图上作 A、B 两点的连线，与各等高线相交，各交点的高程为各等高线的高程，如图 7-16a 所示。

2）在图上用比例尺量得各交点的平距。

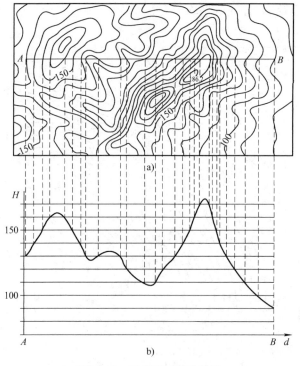

图 7 - 16　地形断面图的绘制

3）如图 7 - 16b 所示，在毫米方格纸上画出两条相互垂直的轴线，以横轴 Ad 表示平距，以纵轴 AH 表示高程。

4）在地形图上量取 A 点至各交点及地形特征点的平距，并把它们分别转绘（投影）在横轴上，以相应的高程作为纵坐标，得到各交点在断面上的位置。

5）用光滑的曲线将各点连接起来，即得到 AB 方向上的地形断面图，如图 7 - 16b 所示。

断面过山脊、山顶或山谷处高程变化点的高程，可用比例内插法求得。为了更明显地表示地面的高低起伏情况，断面图上的高程比例尺一般可比平距比例尺大 5～10 倍。

二、确定汇水面积

汇水面积是指降雨时有汇集起来并通过桥涵排泄出去的雨水的面积。

如图 7 - 17 所示，矿区公路经过山谷，拟在 A 处架桥或修涵洞，设计孔径大小时，要考虑流经该处的流水量，而流水量与山谷的汇水面积有关，因此需计算汇水面积。其方法和步骤如下。

1）在地形图上确定汇水范围，汇水范围的边界线是由一系列的分水线连接而成的。根据山脊线是分水线的特点，将山顶 B、C、D、…、H 等沿山脊线通过鞍部用虚线连接起来，即得到通过桥涵 A 的汇水范围。注意：边界线是经过一系列山脊、山头和鞍部并

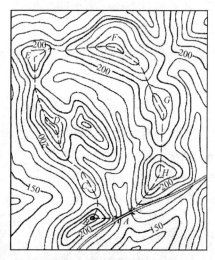

图 7 - 17　汇水范围的确定

与河谷的指定断面（公路或水坝的中心线）闭合（除公路段外）的曲线；边界线应与山脊线一致，且与等高线垂直。

2）测量该面积的大小（汇水面积），再结合气象水文资料，便可进一步确定流经公路 A 处的水量，从而对桥梁或涵洞的孔径设计提供依据。

三、在地形图上设计等坡线

在山地或丘陵地区进行道路、管线等工程设计时，往往要求在不超过某一坡度 i 的前提条件下选定一条最短线路，如图 7-18 所示，需从 A 点到 B 点定出一条路线，要求坡度为 3.3%。（图中等高线距为 1m），具体步骤如下。

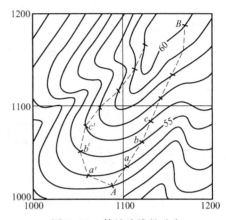

图 7-18 等坡路线的选定

1）按式（7-6）求出符合该坡度的等高线间平距

$$D = \frac{h}{i} = \frac{1\text{m}}{0.033} = 30.3\text{m}$$

2）按地形图的比例尺，用分规截取相当于 30.3m 的图上长度，然后在地形图上以 A 点为圆心，以此长度为半径，用分规截交 54m 等高线，得到 a 点。

3）再以 a 点为圆心、30.3m 为半径，用分规截交 55m 等高线，得到 b 点。

4）依此进行，直至 B 点；然后将相邻点连接，便得到 3.3% 的等坡度路线。

在图 7-18 上，按同样方法还可沿另一方向定出第二条路线 $A \rightarrow a' \rightarrow b' \rightarrow c' \rightarrow \cdots \rightarrow B$，可以作为一个比较方案。

四、场地平整时的填挖边界确定和土方量计算

在各种工程建设中，除对建筑物要作合理的平面布置外，往往还要对原地貌做必要的改造，以便适于布置各类建筑物，排除地面水以及满足交通运输和敷设地下管线等。这种地貌改造称之为平整土地。

在平整土地工作中，常需预算土、石方的工程量，即利用地形图进行填挖土（石）方量的概算。其方法有多种，其中方格法（或设计等高线法）是应用最广泛的一种。下面分两种情况介绍该方法。

1. 整理成水平场地

假设要求将原地貌按挖填土方量平衡的原则改造成平面，其步骤如下。

（1）在地形图上绘制方格网 在地形图拟建场地内绘制方格网。方格网的大小取决于地形复杂程度、地形图比例尺大小以及土方概算的精度要求。

例如，在设计阶段采用 1:500 的地形图时，根据地形复杂情况，一般边长为 10m 或 20m。方格网绘制完后，根据地形图上的等高线，用内插法求出每一方格顶点的地面高程，并注记在相应方格顶点的右上方。

（2）计算设计高程 先将每一方格顶点的高程加起来除以 4，得到各方格的平均高程，

再把每个方格的平均高程相加除以方格总数，就得到设计高程 H_0，其公式为

$$H_0 = \frac{H_1 + H_2 + \cdots + H_n}{n}$$

（3）计算挖、填高度　根据设计高程和方格顶点的高程，可以计算出每一方格顶点的挖、填高度，即

$$挖、填高度 = 地面高程 - 设计高程$$

将地形图中各方格顶点的挖、填高度写于相应方格顶点的左上方。正号为挖深高度，负号为填高高度。

（4）计算挖、填土方量　挖、填土方量可按角点、边点、拐点和中点分别计算。每一方格面积、设计高程、每一方格的挖深或填高数据已分别计算出，并已注记在相应方格顶点的左上方。于是，可分别计算出挖方量和填方量。计算的结果将显示挖方量和填方量是相等的，满足"挖、填平衡"的要求。

如图 7 - 19 所示，在图上所示范围内要求平整成高程为 100m 的平面，要求确定其填、挖边界和计算其填、挖土方量（单位为 m³）。

1）在地形图上绘制方格网，每一方格边长为 2m，然后用内插法求出各方格顶点的高程，并注在相应顶点的右上方（如图中的 57.5m、56.8m、55.3m、56.3m 等）。

2）计算设计高程。

① 在图 7 - 19 中，从方格 1 到方格 13，每一方格顶点的高程加起来除以 4，得到各方格的平均高程：56.575m、55.975m、55.225m、55.55m、50.025m、54.4m、53.7m、53.125m、54.65m、54.125m、53.725m、53.1m 和 54.425m。

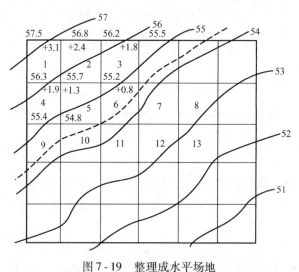

图 7 - 19　整理成水平场地

② 再把每个方格的平均高程相加除以方格总数，就得到设计高程

$$H_0 = (56.575m + 55.975m + 55.225m + 55.55m + 50.025m + 54.4m + 53.7m +$$
$$53.125m + 54.65m + 54.125m + 53.725m + 53.1m + 54.425m)/13 \approx 54.4\ m$$

即设计高程为 54.4 m。

3）确定填、挖边界线。根据上述计算所得设计平面高程为 54.4m，在图 7 - 19 中绘出 54.4m 等高线（图中虚线）即为填、挖边界线。

4）计算挖、填高度。各方格顶点的地面高程减去设计高程，即得填、挖高度，并注在相应顶点左上方（如 $+3.1m$、$+2.4m$ 和 $+1.8m$ 等），数值前带正号表示挖土深度，带负号表示填土高度。

5）计算填、挖土方量。

设 V 为土方量，A 为填、挖土的面积，则图中：

方格1的挖土土方量为

$$V_{1挖} = (3.1 + 2.4 + 1.9 + 1.3)A_{1挖}/4 = 2.175A_{1挖}$$

方格2的挖土土方量为

$$V_{2挖} = (2.4 + 1.8 + 1.3 + 0.8)A_{2挖}/4 = 1.575A_{2挖}$$

$$\cdots$$

2. 按设计等高线要求整理成一定坡度的倾斜面

将原地形改造成某一坡度的倾斜面，一般按原地形并根据土方量最少和填、挖平衡的原则，绘出设计倾斜面的等高线。但有时要求所设计的倾斜面必须包含不能改动的某些高程点（称为设计斜面的控制高程点），例如，已有道路的中线高程点、永久性或大型建筑物的外墙地坪高程等。其步骤如下。

1）确定设计等高线的平距。

2）确定设计等高线的方向。

3）插绘设计倾斜面的等高线。

4）计算挖、填土方量。

与前一方法相同，首先在图上绘制方格网，并确定各方格顶点的挖深量和填高量。不同之处是各方格顶点的设计高程是根据设计等高线内插求得，并注记在方格顶点的右下方。其填高量和挖深量仍注记在各顶点的左上方。

挖方量和填方量的计算与前一方法相同。

图7-20为某一地区的地形图，现要求将原地形改造成某一坡度的倾斜平面。

1）首先在地形图上绘制方格网，然后根据等高线求出各方格顶点的地面高程，并注记在各顶点的右上方。

2）按设计要求，并尽量结合自然地形在地形图上画出设计等高线（图中平行虚线），根据设计等高线求出各方格顶点的设计高程，并注记在各顶点的右下方。

3）计算各顶点的挖深数和填高数，即用顶点的地面高程减去设计高程，其值注记在各顶点的左上方。

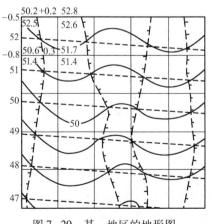

图7-20 某一地区的地形图

4）连接各零点（设计与原地面相同高程等高线的交点，即不填不挖点），即为填、挖边界线。

5）计算填、挖方量。其方法与整理成水平场地时相同。

五、建筑设计中的地形图应用

虽然现代技术设备能够推移大量的土石方，甚至可能将建设用地完全推平。但是剧烈改变地形的自然形态，仅在特殊场合下才可能是合理的，因为这种做法需要花费大量的资金，更主要的是破坏了周围的环境状态，如地下水、土层、植物生态和地区的景观环境。

在进行建筑设计时，应该充分考虑地形特点，进行合理的竖向规划。例如，当地面坡度为2.5%～5%时，应尽可能沿等高线方向布置较长的建筑物，这样，房屋的基础工程量较节约，道路和联系阶梯也容易布置。

地形对建筑物布置的间接影响是自然通风和日照效果方面的影响。由地形和温差形成的地形风，往往对建筑通风起着主要作用，常见的有山阴风、顺坡风、山谷风、越山风和山垭风等，在布置建筑物时，需结合地形并参照当地气象资料加以研究。

在建筑设计中，既要珍惜良田好土，尽量利用薄地、荒地和空地，又要满足投资省、工程量少和使用合理等要求。

建筑设计中所需要的这些地形信息，大部分都可以在地形图中找到。

六、道路勘测设计中的地形图应用

交通运输是国民经济的动脉。为了选择一条经济而合理的路线，必须进行路线勘测，路线勘测一般分为初测和定测两个阶段。

在路线勘测之前，要做好各种准备工作。首先要搜集与路线有关的规划设计资料以及地形、地质、水文和气象等资料，然后进行分析研究，在地形图（通常为1:5 000的地形图）上初步选择路线走向，利用地形图对山区和地形复杂、外界干扰多、牵涉面大的路段进行重点研究。

初测是根据上级批准的计划和基本确定的路线走向、控制点和路线等级标准而进行的外业调查勘测工作。初测时，在指定的范围内若有现势性强的大比例尺地形图和测量控制网，就可利用该地形图编制路线各方案的带状地形图和纵断面图；若没有现势性很强的大比例尺地形图，就应先布设导线，测量路线各方案的带状地形图和纵断面图，收集沿线水文、地质等有关资料，为纸上定线、编制比较方案的初步设计提供依据。根据初步设计，选定某一方案，即可转入路线的定测工作。

定测是具体核定路线方案，实地标定路线，进行路线详细测量，实地布设桥涵等构造物，并为编制施工图搜集资料。在选定设计方案的路线上进行中线测量、纵断面和横断面测量，以便在实地定出路线中线位置和绘制路线的纵横断面图；对布设桥涵等构造物的局部地区，还应提供或测绘大比例尺地形图，这些图件和资料为路线纵坡设计、工程量计算等道路的技术设计提供了详细的测量资料。由此可见，地形图在道路勘测中所起的重要作用。

七、数字地形图的应用

数字地形图以磁盘为载体、用数字形式记录地形信息，是信息时代的高科技产品。

通过地面数字测图、数字摄影测量和卫星遥感测量等方法，可以得到各种数字地形图。它已广泛地应用于国民经济建设的各个方面。

有了数字地形图，在 AutoCAD 软件环境下，可以绘制、输出各种比例尺的地形图和专题图，也可以很容易地获取各种地形信息，测量各个点位的坐标和点与点之间的距离，测量直线的方位角、点位的高程、两点间的坡度和在图上设计坡度线等。

有了数字地形图，利用 AutoCAD 的三维图形处理功能，可以建立数字地面模型（DTM），即相当于得到了地面的立体形态。利用该模型，可以绘制各种比例尺的等高线地形图、地形立体透视图和地形断面图，确定汇水范围和计算面积，确定场地平整的填挖边界和计算土方量。在公路和铁路设计中，可以绘制地形的三维轴视图和纵、横断面图，进行自动选线设计。

数字地面模型是地理信息系统（GIS）的基础资料，可用于土地利用现状分析、土地规划管理和灾情分析等。

随着科学技术的高速发展和社会信息化程度的不断提高，特别是随着数字矿山建设步伐的进一步加快，数字地形图将会发挥越来越大的作用。

【思考与练习】

1. 在如图 7 - 21 所示的等高线地形图上求 A、B 两点的高程，设计从 A 点到 B 点一条地面坡度 $i = 3\%$ 的路线。

2. 如图 7 - 22 所示，A 处为道路跨过山谷时建造的一座涵洞，请在图上圈定汇水边界线，并计算汇水面积。

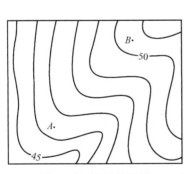

图 7 - 21 设计等坡线

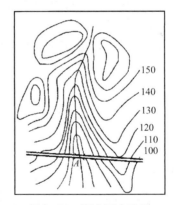

图 7 - 22 圈定汇水边界

3. 如图 7 - 23 所示的等高距为 10m，根据地形图勾绘 AB 直线方向的地形断面图。

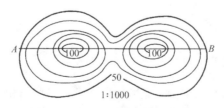

图 7 - 23 绘制地形断面图

单元八

矿井联系测量

课题一　联系测量概述

【任务描述】

　　为使矿山井上、下采用统一的坐标系统和高程系统所进行的测量工作称为联系测量。

　　本课题主要介绍矿井联系测量的目的、任务、内容和方法等方面内容。通过本课题的学习，使学生对联系测量有一定认识。

【知识学习】

一、矿井联系测量的目的、意义及任务

　　联系测量对矿井建设、安全生产、矿区地面建设、矿区与相邻地域的生产、生活、安全都有着至关重要的意义。主要表现为：绘制井上、下对照图，及时了解地面建筑物、铁路以及水体与井下巷道、回采工作面之间的相互位置关系；确定相邻矿井间的位置关系；解决同一矿井或相邻矿井间的巷道贯通问题；由地面向井下指定巷道打钻时标定钻孔的位置；留设安全煤柱等。

联系测量的任务是：

1）确定井下经纬仪导线起始边的方位角。

2）确定井下经纬仪导线起始点的平面坐标。

3）确定井下水准基点的高程。

在联系测量前，应在井口附近测设平面控制点（即近井点），作为定向的依据。在井口附近埋设 2~3 个水准点（即水准基点），作为导入标高的依据。

二、矿井联系测量的内容和方法

联系测量的内容包括平面联系测量与高程联系测量两部分，前者又称为定向，后者亦称为导入标高。由于矿井的开拓方式不同，矿井定向及导入标高的方法也不同。

平面联系测量可分为两大类：一类是从几何原理出发的几何定向，又分为采用平硐或斜井开拓的矿井几何定向、采用立井开拓的矿井一井定向及两井定向；另一类则是以物理特性为基础的物理定向，物理定向又分为陀螺经纬仪定向和精密磁性仪器定向两种。沿平硐或斜井的几何定向，只需通过斜井或平硐进行经纬仪导线测量和高程测量，可直接将地面系统的坐标和高程传递到井下；用精密磁性仪器和投向仪定向，因其定向精度远远不如陀螺经纬仪定向高，只适于小型矿井。

高程联系测量可分为：采用平硐或斜井开拓的矿井，导入标高分别采用水准测量或三角高程测量；采用立井开拓的矿井，导入标高的实质是丈量井筒深度，必须采用专门的方法来传递高程，常用的方法有钢尺法、钢丝法和光电测距法。

本章仅介绍立井联系测量的基本原理和方法。矿井联系测量的主要精度要求见表 8 - 1。

表 8 - 1 矿井联系测量的主要精度要求

联系测量类别	限差项目	精度要求	备注
几何定向	由近井点推算的两次独立定向结果的互差	一井定向：<2′ 两井定向：<1′	井田一翼长度小于 300m 的矿井，可适当放宽限差，但不得超过 10′
陀螺经纬仪定向	井下定向边坐标方位角的中误差（对地面测定仪器常数的边而言）	<30″	
导入高程	两次独立导入高程的互差	<$H/8\ 000$	H——井筒深度

【思考与练习】

1. 联系测量的目的和任务各是什么？

2. 矿井联系测量的内容有哪些？

课题二 地面近井点与井口水准基点

【任务描述】

为把地面坐标系统中的平面坐标及方向传递到井下，要在井筒附近设立近井点；为传递高程，还应设置井口水准基点。

本课题主要介绍近井点和水准基点的概念、精度要求及应满足的条件等内容。通过本课题的学习，使学生对近井点和井口水准基点有一定的认识。

【知识学习】

一、近井点和井口水准基点

1. 近井点

为了建立井上、下统一的坐标系统，需要把地面坐标系统中的平面坐标及方向传递到井下，在定向之前，必须在地面井口附近设立作为定向时与垂球线连接的点，称为"连接点"。由于井口建筑物很多，因而连接点通常不能直接与矿区地面控制点通视，为此，还必须在定向井筒附近设立控制点，称为近井点。

近井点可在矿区三、四等三角网、导线网和 GPS 网的基础上，利用插网、插点、经纬仪导线、GPS 等方法测设。近井点的精度应满足两相邻井口间进行主要巷道贯通的要求，对于测设起算点来说，其点位中误差不超过 7cm，后视边方位角中误差不大于 10″。

2. 井口水准基点

为了导入标高，还应在井口附近设置高程控制点，称为井口水准基点（一般近井点也可作为水准基点）。

测设井口水准点，其水准路线可布设成附（闭）合路线、高程网或水准支线。除水准支线必须往返测或用单程双转点法观测外，其余均可只进行单程测量，并按四等水准测量的精度要求测设。目前主要通过 GPS 定位方法测设近井点和井口高程基点。

二、近井点和井口水准基点的建立

近井点和井口水准基点是矿山井下测量的基准点。在建立近井点和井口水准基点时，应满足下列需求。

1）每个井口附近应设置一个近井点和两个水准基点。

2）近井点至井口的联测导线边数应不超过三个。

3）多井口矿井的近井点应统一合理布置，尽可能使相邻井口的近井点构成导线网中的一条边，或力求间隔的边数最少。

4）为使近井点和井口水准基点免受损坏，在点的周围宜设置保护桩和栅栏或刺网。在标石上方宜堆放高度不小于 0.5m 的碎石。

5）近井点及井口水准基点尽可能埋设在便于观测、保存和不受开采影响的地点。当近井点必须设置于井口附近工业厂房顶时，应保证观测时不受机械振动的影响和便于向井口敷设导线。

6）在近井点及与近井点直接构成导线网边的点上，宜用角钢或废钻杆等材料建造永久觇标。

【思考与练习】

1. 简答建立近井点与水准基点应满足的条件。

2. 什么是近井点与井口水准基点？

课题三　平面联系测量

【任务描述】

平面联系测量的任务是将地面的已知平面坐标和方位角传递到井下经纬仪导线的起始点和起始边上，使井上、下采用统一的坐标系统。在平面联系测量中，方位角传递的误差是主要的。因此，把平面联系测量简称为矿井定向，并用井下经纬仪导线起始边方位角的误差作为衡量定向精度的标准。

本课题主要介绍一井定向和两井定向等内容。通过本课题的学习，使学生对矿井定向中的投点、连接和内业计算等工作有较深入的认识，进而明确平面联系测量的方法。

【知识学习】

一、一井定向

通过一个立井的几何定向，叫做一井定向。定向工作分为投点与连接两部分。如图 8-1 所示，在井筒内悬挂两根钢丝，钢丝的一端固定在井口上方，另一端系上重锤自由悬挂至定向水平。

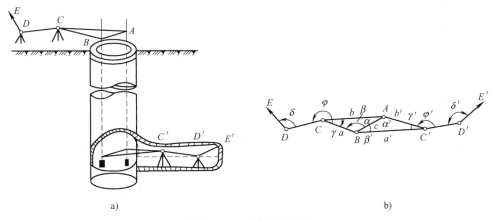

a)　　　　　　　　　　　　b)

图 8-1　一井定向原理图

根据地面坐标系统求出两根钢丝的平面坐标及其连线的方位角；在定向水平通过测量把垂线和井下永久导线点联系起来，从而将地面的坐标和方向传递到井下，达到定向的目的。

1. 投点

所谓投点，就是在井筒内悬挂重锤线至定向水平。由于井筒内风流、滴水等因素的影响，致使钢丝偏斜，产生的误差称为投点误差。由投点误差引起的两垂球线连线方向的误差称为投向误差。通常情况下，由于井筒直径有限，两垂线间的距离一般不超过 3~5m。当有 1mm 的投点误差时，便会引起方位角误差达 2′之多。因此，在投点时必须采取措施减少投点误差。通常采用如下方法：

1）采用高强度、小直径的钢丝，以便加大垂球重量，减少对风流的阻力。

2）将重锤置于稳定液中，以减少钢丝摆动。

3）测量时，关闭风门或暂停通风机，并给钢丝安上挡风套筒，以减少风流的影响等。

此外，挂上重锤后，应检查钢丝是否自由悬挂。常用的检查方法有两种：一是比距法，二是信号圈法。信号圈法是自地面沿钢丝下放小铁丝圈，看其是否受阻。比距法是分别在井口和井底定向水平用钢尺丈量两根钢丝间的水平距离，若距离相差小于 4mm，说明钢丝处于自由悬挂状态。当确认钢丝自由悬挂后，即可开始连接工作。

2. 连接

连接的方法很多，通常有连接三角形法和瞄直法等。在井上、下井筒附近选定连接点 C 和 C'，形成以两垂球线连线 AB 为公共边的两个三角形 $\triangle ABC$ 和 $\triangle ABC'$。为提高精度，尽可能将连接点 C 和 C' 设在 AB 延长线上，并尽量靠近一根垂球线。

（1）连接三角形法的外业工作

1）测角：投点工作符合要求后，应立即在井上、下同时进行水平角测量。井上测出 δ、φ、γ 角，井下测出 δ'、φ'、γ' 角。

2）量边：量边时应采用经过鉴定的钢尺，施以检校时的拉力，并记录温度。每边长丈量三次，每次互差不应大于 2mm。满足要求后取其平均值作为最后结果。井上量出边长 AB、BC、AC、DC；井下量出边长 AB、BC'、AC'、$D'C'$。

（2）连接三角形法的内业工作

1）解三角形：首先利用正弦定理解三角形，求出 α 和 β 角，即

$$\sin\alpha = \frac{a}{c}\sin\gamma$$

$$\sin\beta = \frac{b}{c}\sin\gamma$$

用同样方法，解算出井下连接三角形中的 α' 和 β' 角。

2）导线计算：根据上述角度和丈量的边长，将井上、下看成一条由 $E \to D \to C \to A \to B \to C' \to D' \to E'$ 组成的导线，按一般导线计算的方法求出井下经纬仪导线起始边的方位角 $\alpha_{D'E'}$ 和起始点的坐标 $x_{D'}$、$y_{D'}$。

为了校核，一井定向应独立进行两次，两次定向求得的井下起始边的方位角互差不超过 2′。

精度要求不高的小矿井定向时可以采用瞄直法。就是在连接三角形中，使连接点 C 和 C' 位于 AB 延长线上。这时只要在 C 和 C' 点安置经纬仪，测出 β_C、$\beta_{C'}$ 角；量出 CA、AB、BC' 边长，就可完成定向任务。但实际上把连接点 C 和 C' 精确地设在 AB 延长线上是比较困难的。

二、两井定向

当一个矿井有两个立井，且在定向水平有巷道相通时，应首先考虑两井定向。两井定向的工作包括投点、连接和内业计算。

1. 投点

如图 8 - 2 所示，在两个立井中各挂一根悬垂线，然后在地面和井下定向水平用导线测量的方法把两悬重线连接。

2. 连接

地面上由近井点 D 向两垂球线敷设经纬仪导线 $D→Ⅰ→A$ 和 $D→Ⅰ→Ⅱ→B$，测定 A、B 点的位置。井下用导线测量的方法把定向水平两悬垂线连接起来。

3. 内业计算

1）根据地面导线计算 A、B 点坐标，通过坐标反算原理求出两垂球线连线在地面坐标系统中的方位角和边长，其公式为

$$\tan\alpha_{AB} = \frac{y_B - y_A}{x_B - x_A} = \frac{\Delta y_{AB}}{\Delta x_{AB}}$$

$$D_{AB} = \frac{y_B - y_A}{\sin\alpha_{AB}} = \frac{x_B - x_A}{\cos\alpha_{AB}} = \sqrt{(\Delta x_{AB})^2 + (\Delta y_{AB})^2}$$

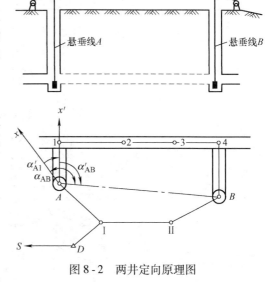

图 8-2　两井定向原理图

2）建立井下假定坐标系统，计算在定向水平上两垂球线连线的假定方位角、边长。通常为了计算方便，假定 $AⅠ$ 边为 x' 轴方向，与 $AⅠ$ 垂直方向为 y' 轴，A 点为坐标原点。

即

$$\alpha'_{A1} = 0°00'00'', \quad x'_A = 0, \quad y'_A = 0$$

计算井下连接导线各点的假定坐标，直至垂线 B 的假定坐标 x'_B 和 y'_B。再通过反算公式计算 AB 的假定方位角及其边长

$$\tan\alpha'_{AB} = \frac{y'_B - y'_A}{x'_B - x'_A} = \frac{y'_B}{x'_B}$$

$$D'_{AB} = \frac{y'_B - y'_A}{\sin\alpha'_{AB}} = \frac{x'_B - x'_A}{\cos\alpha'_{AB}} = \sqrt{(\Delta x'_{AB})^2 + (\Delta y'_{AB})^2}$$

理论上讲，D_{AB} 和 D'_{AB} 应当相等。

3）按地面坐标系统计算井下连接导线各边的方位角及各点的坐标。

$$\alpha_{A1} = \alpha_{AB} - \alpha'_{AB}$$

式中，若 $\alpha_{AB} < \alpha'_{AB}$ 时

$$\alpha_{A1} = \alpha_{AB} + 360° - \alpha'_{AB}$$

然后根据 α_{A1} 的值，以垂线 A 的地面坐标重新计算井下连接导线各边的方位角及各点的坐标，最终求得垂线 B 的坐标。井下连接导线按地面坐标系统算出 B 点坐标值应和地面连接导线所算得的 B 点坐标值相等。为了检核，两井定向也应独立进行两次，两次算得的井下起始边的方位角互差不得超过 $1'$。

三、陀螺经纬仪定向

陀螺经纬仪是将陀螺仪与经纬仪组合而成的一种定向仪器。陀螺经纬仪定向精度高，一次测定方向的中误差为 $15''$，操作简单，目前已广泛应用于矿井联系测量和井下大型贯通测量的定向。图 8-3 为陀螺经纬仪结构示意图。

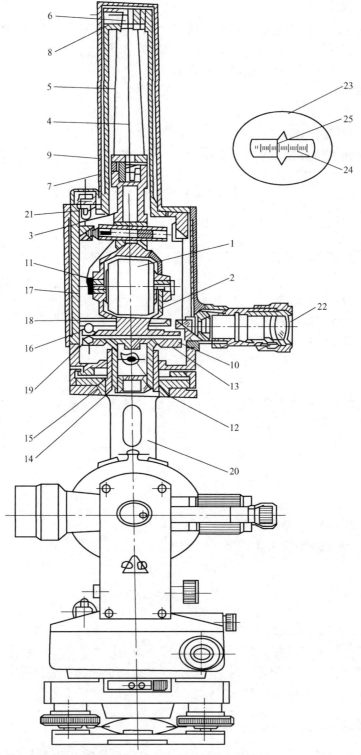

图 8-3　陀螺经纬仪结构示意图

1—陀螺马达　2—陀螺房　3—悬挂柱　4—悬挂带　5—导流丝　6—上钳形夹头　7—下钳形夹头
8—上导流丝座　9—下导流丝座　10—陀螺房底盘　11—连轴座　12—限幅手轮　13—限幅盘
14—导向轴　15—轴套　16—顶尖　17—支撑支架　18—锁紧盘　19—泡沫塑料垫　20—联结支架
21—照明灯　22—观测目镜　23—观测目镜视场　24—分划板刻度　25—光标线

1. 陀螺经纬仪定向的原理

陀螺经纬仪是根据自由陀螺仪（在不受外力作用时具有三个自由度的陀螺仪）的原理而制成的。自由陀螺仪具有定轴性（陀螺轴在不受外力作用时，它的方向始终指向初始恒定方向）和进动性（陀螺轴在受外力作用时，将产生规律偏转的效应）两个特征，它在地球自转作用的影响下，其轴绕测站的子午线作简谐振动，摆动的平衡位置就是子午线方向。将陀螺仪与经纬仪结合起来，利用陀螺仪定出子午线方向，经纬仪测出定向边与子午线的夹角，这样就可以测出地面或井下任意边的大地方位角。

2. 矿用陀螺经纬仪的基本结构

目前常用的矿用陀螺经纬仪大都是上架式陀螺经纬仪，即陀螺仪安放在经纬仪之上。

图 8-3 为徐州光学仪器厂生产的 JT—15 型陀螺经纬仪。JT—15 型陀螺经纬仪是将陀螺仪安放在 2″ 级经纬仪之上而构成的。

3. 陀螺经纬仪定向的方法

陀螺经纬仪矿井定向的常用方法主要有逆转点法和中天法。二者的主要差别是在测定陀螺北方向时，中天法的仪器照准部是固定不动的，逆转点法的仪器照准部处于跟踪状态。

这里以逆转点法为例来说明测定井下未知边方位角的全过程。所谓逆转点，是指陀螺绕子午线摆动时偏离子午线最远处的东、西两个位置，分别称为东、西逆转点。

1）测定陀螺经纬仪的仪器常数。由于仪器加工等多方面的原因，实际中陀螺轴的平衡位置往往与测站真子午线方向不重合，它们之间的夹角称为陀螺经纬仪的仪器常数，并用 $\Delta_{前}$ 表示。在地面已知边上用陀螺经纬仪测 2～3 个测回的测定仪器常数 Δ，关键是要测定已知边的陀螺方位角 $T_{AB陀}$，如图 8-4a 所示。

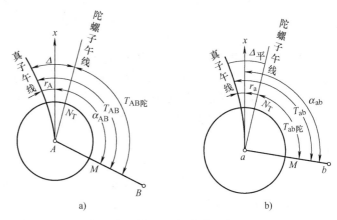

图 8-4 陀螺经纬仪定向示意图

测定 $T_{AB陀}$ 的方法如下。

① 在 A 点安置陀螺经纬仪，要求严格对中、整平，并以两个镜位观测测线方向 AB 的方向值 M_1（测前方向值）。

② 将经纬仪的视准轴大致对准北方向。

③ 启动陀螺仪，按逆转点法测定陀螺北方向值 N_T。

按逆转点法观测陀螺北方向值的方法为：在测站上安置仪器，观测前将水平微动螺旋置于行程中间位置，并于正镜位置将经纬仪照准部对准近似北方，然后启动陀螺。此时在陀螺仪目镜视场中可以看到光标线在摆动，用水平微动螺旋使经纬仪照准部转动，平稳匀速地跟踪光标线的摆动，使目镜视场中分划板上的零刻度线与光标线重合。当光标达到东西逆转点时，读取经纬仪水平度盘上读数。连续读取 5 个逆转点时的读数 u_i，便可按以下公式求得陀螺北方向值 N_T。

$$N_1 = \frac{1}{2}\left(\frac{u_1 + u_3}{2} + u_2\right)$$

$$N_2 = \frac{1}{2}\left(\frac{u_2 + u_4}{2} + u_3\right) \tag{8-1}$$

$$N_3 = \frac{1}{2}\left(\frac{u_3 + u_5}{2} + u_4\right)$$

$$N_{\text{T}} = \frac{1}{3}(N_1 + N_2 + N_3) \tag{8-2}$$

④ 再以两个镜位观测测线方向 AB 的方向值 M_2（测后方向值）。

⑤ 计算 $T_{AB陀}$

$$T_{AB陀} = \frac{M_1 + M_2}{2} - N_{\text{T}} \tag{8-3}$$

$$\Delta_前 = T_{AB} - T_{AB陀} = \alpha_{AB} + \gamma_{A} - T_{AB陀} \tag{8-4}$$

式中 $T_{AB陀}$——AB 边第一次测定的陀螺方位角（°′″）；

T_{AB}——AB 边的大地方位角（°′″）；

α_{AB}——AB 边的坐标方位角（°′″）；

γ_{A}——A 点的子午线收敛角（°′″）。

2）在井下定向边上两测回观测陀螺方位角 $T_{ab陀}$，如图 8-4b 所示。

3）返回地面后再在 AB 边上测一次仪器常数 $\Delta_后$，得仪器常数的平均值 $\Delta_平$

$$\Delta_平 = \frac{\Delta_前 + \Delta_后}{2} \tag{8-5}$$

4）计算井下未知边的坐标方位角

$$\alpha_{AB} = T_{AB陀} + \Delta_平 - \gamma_{A} \tag{8-6}$$

式中 $T_{AB陀}$——AB 边的陀螺方位角 （°′″）；

γ_{A}——A 点的子午线收敛角 （°′″）。

【思考与练习】

1. 为什么平面联系测量又称为定向？几何定向的方法有哪些？

2. 如图 8-5 所示，按地面坐标系统计算得 A、B 两垂线的方位角 $\alpha_{AB} = 37°35'42''$，按井下假定坐标系统计算得 A、B 两垂线的方位角 $\alpha'_{AB} = 88°27'55''$，试计算井下 $A1$ 边在地面坐标系统中的方位角，并叙述两井定向的过程。

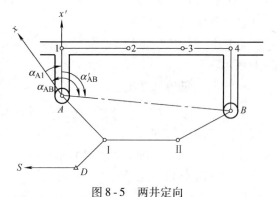

图 8-5 两井定向

课题四   高程联系测量

【任务描述】

高程联系测量的目的是建立井上、下统一的高程系统。其任务就是将地面水准基点的高程传递到井下高程测量的起始点上，确定井下水准基点的高程。

本课题主要介绍立井导入标高的方法。通过本课题的学习，使学生对高程联系测量有较深入的认识，进而明确导入标高的方法。

【知识学习】

高程联系测量又称为导入标高。由于矿井开拓方式的不同，导入标高的方法也不同。

采用平硐或斜井开拓的矿井，导入标高可以采用水准测量和三角高程测量方法完成。采用立井开拓的矿井，导入标高实质是丈量井筒深度，必须采用专门的方法来传递高程，常用的方法有钢尺法、钢丝法和光电测距仪法。

一、钢尺导入标高

导入标高通常使用的长钢尺有 100m、200m、500m、800m 和 1 000m 几种。

如图 8-6 所示，由地面向井下自由悬挂一根钢尺，在其下端挂上重锤，重锤的重量等于钢尺检验时的拉力。在井上、下各安置一架水准仪，A、B 水准尺上读数分别为 a、b，然后照准钢尺，井上、下同时读数为 N_1 和 N_2。

则井下水准基点 B 的高程为

$$H_B = H_A - h$$

式中　$h = (N_1 - N_2) - a + b$。

为了校核和提高精度，导入标高应进行两次，按 1989 版《煤矿测量规程》两次之差不得大于 $L/8\ 000$（L 为钢尺上 N_1 与 N_2 两点之间的长度）。

二、钢丝导入标高

如果井筒较深，在没有长钢尺时，多采用钢丝导入标高。钢丝导入标高的原理及方法与钢尺导入标高基本相同，只是由于钢丝上没有刻划，故应在钢丝上水准仪照准之处做上标记。如图 8-7 所示，当采用钢丝导入标高时，首先在井筒中部悬挂一根钢丝，钢丝下端悬挂一个重锤，使其处于自由悬挂状态；然后在井上、下同时用水准仪测水准尺上的读数为 a 和 b，用水准仪瞄准钢丝，在钢丝上做上标记（一般为标线夹），即 N_1 和 N_2 处；最后用小绞车绕起钢丝的同时，在地面用钢尺精确丈量出两标记间的长度。

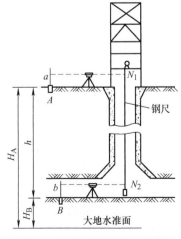

图 8-6　用长钢尺导入高程

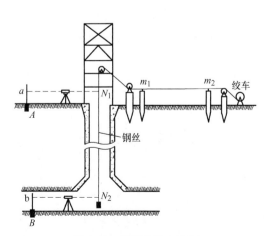

图 8-7　用钢丝导入标高

钢丝导入标高同样应独立进行两次，两次测量差值的容许值和钢尺导入标高相同。

三、测距仪导入高程

光电测距仪导入标高精度高，占用井筒时间短，因此是一种值得推广的导入标高方法。

如图 8-8 所示，在井口附近的地面上安置光电测距仪，在井口和井底分别安置反射镜；井上的反射镜与水平面呈 45°夹角，井下的反射镜处于水平状态。

通过光电测距仪分别测量出仪器中心至井上及井下反射镜的距离 l、s，从而计算出井上、下反射镜中心间的铅垂距离 H 为

$$H = s - l + \Delta l$$

式中　s——仪器中心至井上到井下反射镜的距离（m），$s = GE + EF$；

　　　l——仪器中心至井上反射镜的距离（m），$l = GE$；

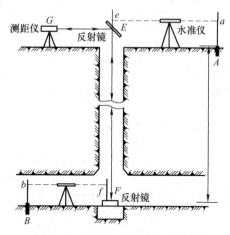

图 8-8　用光电测距仪导入标高

Δl——为光电测距仪的总改正数（mm），包括气象改正、加常数和乘常数等项改正。

然后，分别在井上、下安置水准仪。测量出井上反射镜中心与地面水准基点间的高差，和井下反射镜中心与井下水准基点间的高差，从而计算出井下水准基点 B 的高程。

$$H_B = H_A + h_{AE} + h_{FB} - H$$

$$h_{AE} = a - e$$

$$h_{FB} = f - b$$

式中　a、b、e、f——井上、下水准基点和井上、下反射镜处水准尺的读数。

为了检核和提高精度，导入标高应进行两次，两次互差不得大于 $H/8\,000$。

【思考与练习】

1. 高程联系测量的方法有哪些？
2. 简述钢丝导入标高的原理。

单元九

巷道及回采工作面测量

☞ **知识目标**

(1) 掌握井下巷道平面测量和高程测量的基本方法和要求

(2) 能正确计算直线巷道中线标定的几何要素，掌握直线巷道中线标定的方法

(3) 能正确计算曲线巷道中线标定的几何要素，掌握曲线巷道中线标定的方法

(4) 掌握井下巷道腰线标定的方法

☞ **技能目标**

(1) 具有井下经纬仪导线测量、井下高程测量和井下罗盘导线测量的能力

(2) 具有直线巷道中线的标定及其检查和延长的能力

(3) 具有用弦线法标定曲线巷道中线的能力

(4) 具有用水准仪标定水平巷道的腰线、用经纬仪标定倾斜巷道的腰线、次要巷道用半圆仪标定巷道的腰线的能力。

课题一　巷道平面测量

【任务描述】

井下巷道平面测量的目的是建立井下平面控制，确定井下巷道、硐室及采掘工作面的平面位置，指导矿井采掘施工，满足矿图填绘的要求，为矿井安全生产和规划发展提供数据资料。

本课题主要介绍井下控制导线的等级和分类、井下导线点的设置、井下导线的角度测量和边长测量，以及控制导线的内业计算和碎部测量等内容。通过本课题的学习，使学生对巷道平面测量有较深入的认识。

【知识学习】

井下巷道的平面测量分为平面控制测量和碎部测量两方面的内容。平面控制测量以导线为布设形式，碎部测量采用极坐标法和支距法。

一、井下控制导线的等级和分类

井下控制导线可分为基本控制导线和采区控制导线两大类。基本控制导线精度较高，沿主要巷道布设；采区控制导线精度较低，沿次要巷道布设，附（闭）合在基本控制导线上，作为采区巷道平面测量的控制。按照测角中误差大小划分，基本控制导线分为7″级和15″级两种，采区控制导线分为15″和30″级两种。按照导线布设形式划分，基本控制导线和采区控制导线又分为附合导线、闭合导线和支导线三种形式。按照井下导线边长测量方式划分，基本控制导线和采区控制导线又分为测距导线和量距导线。测距导线主要有全站仪测距、光电测距仪测距等类型；量距导线主要采用钢尺量距。在一个矿井中，宜长期采用一种技术标准的基本控制导线和一种技术标准的采区控制导线，如在井田一翼长度大于5km的矿井，采用7″级导线作为基本控制导线，采用15″或30″级导线作为采区控制导线。

井下控制导线点的主要技术指标见表9-1。

表9-1　井下导线的主要技术指标

导线类别	井田（采区）一翼长度/km	测角中误差（″）	一般边长/m	导线全长相对闭合差	
				附（闭）合导线	复测支导线
基本控制导线	≥5	±7	60～200	1/8 000	1/6 000
	<5	±15	40～140	1/6 000	1/4 000
采区控制导线	≥1	±15	30～90	1/4 000	1/3 000
	<1	±30	—	1/3 000	1/2 000

注：1. 30″级导线可作为小矿井的基本控制导线。

　　2. 采用经纬仪配测距仪或全站仪测量时，导线边可适当增长。

井下平面控制导线一般从井底车场的起始边开始布设，井底车场起始边的坐标和方位是通过平面联系测量确定的。对于平硐开拓和斜井开拓的矿井，可以直接从井口的地面起始边开始向井下传递。基本控制导线一般沿着矿井的平硐、斜井、暗斜井、井底车场、水平（阶段）运输巷道、总回风道、集中上下山、集中运输石门等主要巷道布设。采区控制导线一般沿采区上下山、中间巷道、片盘运输巷道等次要巷道布设。

井下导线是随着巷道的掘进而逐步延长的，基本控制导线每隔300～500m延长一次，采区控制导线每隔30～100m延长一次。

井下控制导线的布设包括导线点的设置、水平角测量和边长测量等方面的内容。

二、井下控制导线点的设置

井下导线点分为永久点和临时点两种。永久点设在主要巷道顶板的稳定岩石中，每隔300～500m设置一组，每组由相邻的三点组成。条件允许时，可在主要巷道中全部埋设永久点，永久点应在观测前一天选埋好。临时点设在顶板岩石或牢固的棚梁上，可以边选边测。为了便于管理和使用，井下所有导线点均应统一编号，并将编号明显地标记在导线点的附近。

导线点埋设的方法很多，常见的有以下方法。

1）用水玻璃、水泥或混凝土将导线点铁心标志敷设在顶板岩石上。

2）先在顶板岩石上钻一个长约200mm的孔，再用混凝土将已加工好的铁心标志埋设在孔中，或在孔中打入加工好的短木桩，再在木桩上钉一弯铁钉作为导线点标志。

3）用混凝土将导线点标志埋设在底板中，并加保护盖。

4）在木质棚梁上直接钉入弯铁钉，或在金属棚梁上打插木楔后再钉入弯铁钉作为临时导线点标志。

三、井下控制导线的角度测量

井下导线测量与地面导线测量原理一样，但观测条件和测量方法却有很大差别。

井下导线测量时，一般都用"灯语"进行指挥和联系。在角度测量过程中，瞄准前、后视目标必须辅以照明才能完成。传统的方法是用矿灯来照明前、后视的垂球线，并在矿灯上蒙一层透明纸或抹上白粉笔灰，以使垂球线成像清晰。随着技术的发展，经纬仪自带的照明光源、发光垂球等，解决了井下导线测量中的照明问题。

当导线点设在底板上时，与地面导线测量一样采用光学对中器进行点上对中。当导线点设在顶板上时，除有些在望远镜上加装光学对中器的矿用经纬仪也可进行光学对中外，一般采用活动垂球进行点下对中。这时，经纬仪必须有镜上中心，对中时望远镜必须处于水平位置（竖盘读数为90°或270°）或者可以将点位临时用垂球投到底板，进行对中。

井下测角的方法有测回法和复测法两种，一般采用测回法。测回法的步骤与地面测量相同，如图9-1。

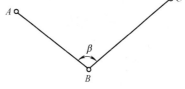

图9-1　测回法示意图

表9-2和表9-3分别列出了井下导线水平角观测的作业要求和观测限差。

表9-2　井下导线水平角观测的作业要求

导线类别	使用仪器	观测方法	按导线边长分（水平边长）					
			15m以下		15～30m		30m以上	
			对中次数	测回数	对中次数	测回数	对中次数	测回数
7″级导线	DJ_2	测回法	3	3	2	2	1	2
15″级导线	DJ_6	测回法	2	2	1	2	1	2
30″级导线	DJ_6	测回法	1	1	1	1	1	1

注：1. 如果不用表中所列的仪器，可根据仪器级别和测角精度要求适当增减测回数。

2. 由一个测回转到下一个测回观测前，应将度盘位置变换$180°/n$（n为测回数）。

3. 多次对中时，每次对中测一个测回，若用固定在基座上的光学对中器进行点上对中，每次对中应将基座旋转$360°/n$。

表 9-3　井下导线水平角的观测限差

仪器级别	同一测回中半测回互差	检验角与最终角之差	两测回间互差	两次对中测回间互差
DJ$_2$	20″	—	12″	30″
DJ$_6$	40″	40″	30″	60″

注：在倾角大于 30°的井巷中，各项限差可为表中规定的 1.5 倍。

在测量水平角时，为了将导线边的倾斜距离换算成水平距离，还应同时观测导线边的竖直角。竖直角的观测精度见表 9-4。

表 9-4　竖直角的观测精度

观测方法	DJ$_2$ 经纬仪			DJ$_6$ 经纬仪		
	测回数	竖直角互差	指标差互差	测回数	竖直角互差	指标差互差
对向观测（中丝法）	1	—	—	2	25″	25″
单向观测（中丝法）	2	15″	15″	2	25″	25″

四、井下控制导线的边长测量

井下控制导线的边长测量方法有光电测距和钢尺量距两种。

防爆的光电测距仪和全站仪可用于井下的导线边长测量。其作业要求如下。

1）每条边的测回数不得少于两个。

2）一测回（照准棱镜一次，读数四次）读数较差不大于 10mm；单程测回间较差不大于 15mm；往返观测同一边长时，化算为水平距离（经气象改正和倾斜改正）后的互差，不得大于 1/6 000。

3）测定气压读至 100Pa，气温读至 1℃，并加入气象改正。

用钢尺丈量基本控制导线的边长时，所用钢尺必须先经过比长。丈量时，用弹簧秤对钢尺施加比长时的标准拉力，悬空丈量并测记温度。其作业限差如下。

① 分段丈量时，最小尺段长度不得小于 10m，定线偏差应小于 5cm。

② 每尺段应以不同起点读数三次，读至毫米位，长度互差不大于 3mm。

③ 导线边长必须往返丈量，丈量结果加入各种改正数（比长改正、温度改正、拉力改正、垂曲改正和倾斜改正）的水平边长互差不得大于边长的 1/6 000。

④ 在边长小于 15m 或倾角在 15°以上的倾斜巷道中丈量边长时，往返水平边长的允许互差不得大于边长的 1/4 000。

用钢尺丈量采区控制导线边长时，可不用测记温度，凭经验施以拉力，并采取往返丈量或错动钢尺 1m 以上的方法丈量两次，其边长互差不得大于边长的 1/2 000。

具体丈量方法和改正计算参阅单元四有关内容。

为矿井重要贯通布设基本控制导线时，还应考虑导线边长投影到水准面的改正和投影到高斯－克吕格投影面的改正。

五、井下控制导线的内业计算

井下导线测量的记录格式见表 9-5。

表 9-5 井下导线测量手簿

工作地点：××矿 +110m 水平运输大巷 　　　观测者：张× 　　　经纬仪：南京 DJ₆

日　　期：2004 年 3 月 15 日 8 时至 10 时 　　　记录者：李× 　　　钢尺号：No2 　　　第 9 页

仪器站	视准点	水平角 I (°′″)	水平角 II (°′″)	垂直角 天顶距 (°′″)	边长/m 前尺	边长/m 后尺	边长/m 边长	上高 左+右 下高/m	仪高/m 拉力	点 温度	草图与备注
B	A	0 09 18	180 09 12	89 46 54	0.010	44.705	44.695	1.120	0.930	点℃	
	1	103 37 06	283 37 00	270 13 18	0.120	44.715	44.695	1.4+1.4			
	角	103 27 48	103 27 48	360 00 12	中数 44.695			1.76			
	平均	103°27′48″		0 13 12							
1	B	0 05 42	180 05 30	89 45 30	0.010	40.360	40.350	1.280	0.855	点℃	
	2	189 55 54	9 55 48	270 14 36	1.100	41.454	40.354	1.5+1.3			
	角	189 50 12	189 50 18	360 00 06	中数 40.352			1.70			
	平均	189°50′15″		0 14 33							
2	1	0 00 36	180 00 36	90 28 54	0.005	37.023	37.017	1.185	1.030	点℃	
	3	180 59 24	0 59 18	269 31 00	0.110	37.125	37.015	1.4+1.4			
	角	180 58 48	180 58 42	359 59 54	中数 37.016			1.80			
	平均	180°58′45″		−0 28 57							
3	2	0 10 12	180 10 00	90 31 18	0.010	17.377	17.367	1.253	0.960	点℃	
	4	67 22 30	247 22 30	269 29 00	0.110	17.474	17.364	1.4+1.4			
	角	67 12 18	67 12 30	360 00 18	中数 17.366			1.11			
	平均	67°12′24″		−0 31 09							
								+		点℃	
	角				中数						
	平均										

井下导线测量的成果计算格式见表 9-6（表中为支导线形式的采区控制导线）。

表 9-6 井下导线成果计算表

工作地点： 　　　计算者： 　　　计算日期：

测量日期：　年　月　日 　　　测量者： 　　　检查者： 　　　检查日期：

仪器高 后视点 前视点	边长 L/m 倾斜角 (°′″)	仪器高 觇标高/m 上 下	平距 S/m 高差 Δh/m	观测角 (°′″)	方位角 (°′″)	坐标增量 ΔX/m	坐标增量 ΔY/m	点的坐标 X/m	点的坐标 Y/m	Z测站点高程/m 底板高/m	点号
A					350 00 19					200.627	B
B							3112.070	6220.955			

(续)

仪器高 后视点 前视点	边长 L/m 倾斜角 (°′″)	仪器高 觇标高/m 上 下	平距 S/m 高差 Δh/m	观测角 (°′″)	方位角 (°′″)	坐标增量 ΔX/m	ΔY/m	点的坐标 X/m	Y/m	Z测站点高程/m 底板高/m	点号
后视点 A	44.695	0.930	44.6	103 27	273 28	+2.70	−44	3114.774	6176.342	200.989	1
B 前视点 1	+0 13 12	1.120 / 1.760	+0.362							198.939	
后视点 B	40.352	0.855	40.3	189 50	283 18	+9.28	−39	3124.061	6137.073	201.585	2
1 前视点 2	+0 14 33	1.280 / 1.70	+0.596							198.605	
后视点 1	37.016	1.030	37.0	180 58	284 17	+9.13	−35	3133.194	6101.203	201.428	3
2 前视点 3	−0 28 57	1.185 / 1.80	−0.157							198.443	
后视点 2	17.366	0.960	17.3	67 12 24	171 29	−17.1	+2.5	3116.020	6103.772	201.564	4
3 前视点 4	−0 31 09	1.253 / 1.11	+0.136							199.201	

注：表中所有测点均设在巷道顶板上。

井下导线的内业计算方法与地面导线基本相同。

井下控制导线的形式如果为单一的附合导线和闭合导线，则可以采用简易的近似平差方法。如果各单一导线组成了导线网，则应进行导线网平差。井下导线坐标方位角闭合差的规定见表9-7。

表9-7　井下导线坐标方位角闭合差的规定

导线类别	最大闭合差		
	闭合导线	复测支导线	附合导线
7″级导线	$\pm14''\sqrt{n}$	$\pm14''\sqrt{n_1+n_2}$	$\pm2\sqrt{m_{a1}^2+m_{a2}^2+nm_\beta^2}$
15″级导线	$\pm30''\sqrt{n}$	$\pm30''\sqrt{n_1+n_2}$	
30″级导线	$\pm60''\sqrt{n}$	$\pm60''\sqrt{n_1+n_2}$	

注：n 为附（闭）合导线的总站数；n_1、n_2 分别为复测支导线第一次和第二次测量的总站数；m_{a1}、m_{a2} 分别为附合导线起始边和附合边的坐标方位中误差；m_β 为导线测角中误差。

六、碎部测量

碎部测量主要为矿图填绘提供数据，其对象是巷道和硐室。

井下导线测量时，在完成测角量边后，还应量出前视照准点到测点标志的铅直距离（俗称"上高"）、前视照准点到巷道底板或轨面的铅直距离（俗称"下高"）、前视照准点到巷道左帮的水平距离（俗称"左量"）和前视照准点到巷道右帮的水平距离（俗称"右量"）。丈量结果用于计算导线点的高程和填绘矿图（图9-2）。

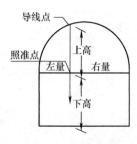

图9-2　碎部测量

对于细部轮廓变化比较大的巷道，可用极坐标法参照上述方法进行碎部测量。

巷道、硐室和回采工作面的碎部点可以采用极坐标法或支距法测量。

支距法多用在巷道与工作面碎部测量中。如图9-3所示，以导线边为基准线，量取巷道或工作面的特征点至导线边的垂距，并量出其垂足至测点的距离，然后绘制草图。

极坐标法多用在硐室碎部测量中。如图9-4所示，导线测至硐室，在导线点上用仪器测出测点至各特征点方向线与导线边之间的夹角，并丈量出仪器至特征点的水平距离，同时绘出草图，根据所测数据展绘矿图。

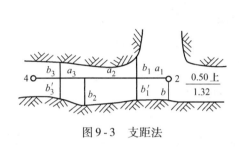

图9-3　支距法　　　　　　　　　　　　图9-4　极坐标法

【任务实施】

一、实施内容

1）井下经纬仪导线测量外业工作：用经纬仪测水平角和倾角，用钢尺量边。

2）井下经纬仪导线测量内业计算工作。

二、实施前准备

1）准备一台 DJ_6 型光学经纬仪，一把钢尺。

2）自备一支2H或3H铅笔，一台计算器。

三、实施方法和要求

1. 选点和设点

井下导线点一般设在巷道的顶板上。选点时至少需要两人，在选定的点位上用矿灯或手电筒目测，确认通视良好后即可做出标志，并用油漆或粉笔写出编号。在巷道交叉口和转弯处必须设点。导线边长一般取 $30 \sim 70m$ 为宜，导线点应设置在便于安置仪器的地方，点位设置应牢固。

2. 测角

采用 DJ_6 级光学经纬仪用测回法按30″导线的规格即一个测回进行施测。

3. 量边

用经过检验的钢尺从仪器横轴中心悬空丈量至前视点小铁钉标志处，移动钢尺连续三次读数，往返丈量或同向观测两次。

以上完成了一个测站上的施测工作。以同样方法依次测出全部角度和边长。井下观测数据经检查无误后，便可进行内业计算。钢尺量距相对误差应 ≤1/3 000，导线测角闭合差 $f_{\beta容} \leqslant \pm 40' \sqrt{n}$，导线全长相对闭合差应 ≤1/2 000。计算在表格中进行。

四、实施注意事项

1）井下选点时一定要确保通视，避免仪器安置后观测困难。

2）对中时，一定要将望远镜安放水平（盘左时，竖盘读数应为90°，盘右时其读数为270°）。

3）测角瞄准时，照明者最好用一张透明纸蒙在矿灯或手电筒上，使其发出的光能均匀柔和地照明垂球线，便于瞄准观测。

4）量边时，要注意钢尺悬空，拉力均匀，避免碰及其他物体。

五、实施报告（表9-8~表9-10）

表9-8 井下经纬仪导线测量手簿

测量地点：   日期：   年   月   日   观测：

班级：   小组：   仪器号：   记录：

测站点	照准点	水平度盘读数			竖盘度盘读数		斜距 L	平距 S	觇标高 上 左+右 下	仪高 i	备注
		盘左	盘右	$\dfrac{左+右}{2}$	$\dfrac{左}{右}$	倾角 δ					
		(° ′ ″)	(° ′ ″)	(° ′ ″)	(° ′ ″)	(° ′ ″)	/m	/m	/m	/m	
1											
水平角					往返均值						
2											
水平角					往返均值						
3											
水平角					往返均值						
4											
水平角					往返均值						
5											
水平角					往返均值						

表9-9 钢尺量距观测手薄

日期：　　年　　月　　日　　　　　　　　天　气：　　　　　　　　观测：

班级：　　小组：　　　　　　　　　　　　仪器号：　　　　　　　　记录：

测段	往测/m	返测/m	平均值/m	相对误差/mm	测段	往测/m	返测/m	平均值/m	相对误差/mm

表9-10 导线坐标计算表

点号	观测角 (° ′ ″)	改正数 (° ′ ″)	改正后角值 (° ′ ″)	坐标方位角 (° ′ ″)	边长/m	坐标增量		坐标		点号
						ΔX	ΔY	X	Y	
Σ									略图	
辅助计算										

【任务考评】

任务考评标准及内容见表9-11。

表9-11 任务考评标准

序号	考核内容	满分	评分标准	该项得分
1	井下选点，定点	20	点位布置准确、"点之记"绘图标注规范	
2	井下水平角、边长测量	30	能够对中、整平，观测水平角方法准确，边长测量设置准确，测量符合规范要求；对中、整平不合要求按情况扣10～20分，观测数据超限扣20分，每站测量时间限定在18min，每超过1min扣3分，超过25min不得分，本项累积扣完为止	

（续）

序号	考核内容	满分	评分标准	该项得分
3	提交读数记录表	10	记录规范、字体工整、数据正确	
4	独立检查记录本	10	能及时发现错误，并签字	
5	摘抄水平角、边长	10	各测站水平角、边长要对应	
6	坐标及高程计算	20	各点坐标及高程计算正确	
7	总分	100		

【思考与练习】

1. 井下导线点的设置与地面导线点的设置有何不同？经纬仪如何对中？
2. 井下经纬仪导线的布设形式有哪几种？井下导线测量的外业步骤有哪些？

课题二 巷道高程测量

【任务描述】

巷道高程测量的目的是建立井下高程控制系统，进而确定井下导线点、高程点的标高，以及巷道、硐室的标高，达到指导矿井采掘施工和满足矿图填绘高程注记等目的。

本课题主要介绍巷道高程点的设置、水准测量和三角高程测量。通过本课题的学习，使学生对巷道高程测量有较深入的认识。

【知识学习】

巷道高程测量有水准测量和三角高程测量两种方法。

一般在坡度 <8° 的水平巷道中采用水准测量的方法，在坡度 >8° 的倾斜巷道中采用三角高程测量的方法。

巷道水准测量按精度不同，可分为两级：Ⅰ级水准和Ⅱ级水准测量。

井下Ⅰ级水准测量的精度要求较高，是矿井高程测量的基础，主要作为井下首级高程控制。井下Ⅰ级水准由井底车场的水准基点开始，沿主要运输巷道向井田边界测设；井底车场内的水准基点称为高程起算点，它的高程是通过高程联系测量得到的。对于平硐和斜井，也可用井口地面的水准基点作为高程起算点直接引入。

井下Ⅱ级水准基点均布设在Ⅰ级水准基点之间和采区的次要巷道内。Ⅱ级水准测量的精度低，主要用于日常采掘工程，例如检查巷道的掘进坡度，以及测绘各种纵剖面图等。对于井田一翼小于 500m 的煤矿，Ⅱ级水准测量可以作为首级高程控制。

一、点的设置

井下高程点分为永久点和临时点。

井下高程点的设置方法大致与导线点相同，也可直接用导线点作为井下高程点。

井下高程点除埋设在顶板和底板外，也可埋设在巷道的两帮（左帮和右帮）。永久水准点作为高程测量的基础，一般每隔 300～500m 设置一组，每组至少由三个高程点组成，两点间的距离以 30～80m 为宜；临时水准点一般每隔 30～50m 设置一个，井下所有高程点都应统一编号，并把编号明显地标记在点的附近。

二、井下水准测量

井下水准测量路线的布设形式、施测方法、内业计算以及仪器工具等，均与地面水准测量大致相同，区别主要在两个方面。

1）井下巷道中没有自然光，水准测量时需要用矿灯照明水准标尺。

2）井下水准点大多设在顶板上，观测时需要倒立水准标尺。

井下水准测量一般采用 DS_3 级水准仪和普通水准标尺进行测量。

测站检核用两次仪器高或双面尺法。

如果水准点埋设在顶板上，测量时要倒立水准尺。在记录中要用"⊥""⊤""⊦""⊣"等符号表示立尺点在巷道的顶板、底板、左帮和右帮。顶板立尺的读数应以负值参与计算。

其原理如图 9-5 所示。

在图 9-5 中，后视标尺读数为 a（标尺在底板上，符号为"＋"），前视标尺读数为 b（标尺在顶板上，符号为"－"）。

则 AB 间的高差为

$$h_{AB} = a - b \qquad (9-1)$$

因此，高差计算公式仍然与地面水准测量一样。

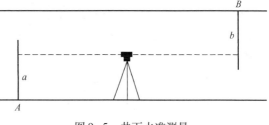

图 9-5　井下水准测量

井下水准测量的精度要求和计算方法如下。

1）相邻两点间的高差，用两次仪器高（或其他方法）观测，其互差不大于 5mm 时，取平均值作为观测结果。

2）井下每组水准点间高差应采用往返测量的方法来测定，往返测量高差的较差不应大于 $\pm 50\text{mm} \sqrt{R}$（R 为水准点间的路线长度，以 km 为单位）。

3）如果条件允许，可布设成水准环线，其闭合差不应大于 $\pm 50\text{mm} \sqrt{L}$（L 为水准环线的总长度，以 km 为单位）。

4）当成果满足上述要求时，可取往返观测的平均值作为观测结果，或按测站数分配高程闭合差。

井下水准测量记录格式见表 9-12。

表 9 - 12　井下水准测量手簿

工作地点：　　　　　　　　　　　　　　　　　　　　　　观测者：　　　　　　　水准仪

日　　期：　　年　　月　　日　　时至　　时　　　　　　记录者：　　　　　　　水准尺　　　第　页

仪器站	测点	距离	标尺读数			高差/m	高差中数/m	标高/m	测点位置顶底帮 ⊤ ⊥	巷道高	草图与备注
			后视/m	前视/m							
				转点	中间站						
	A		-1.312					200.667	⊤		注：采用双仪高法观测
1			-1.475								
	B		0.877	1.593		-2.905	-2.906	197.761	⊥		
2			0.729	1.432		-2.907					
	C		-1.091	-1.002		1.879	1.880	199.641	⊤		
3			-1.214	-1.151		1.880					
	D			-1.213		0.122	0.122	199.763	⊤		
				-1.336		0.122					

外业工作完成之后，即可进行内业计算，其计算方法与地面水准测量相同。

三、三角高程测量

如图 9 - 6 所示，井下三角高程测量是用经纬仪观测出测站点至前视测点的垂直角，用光电测距或钢尺量距的方法测量两点的倾斜边长，从而计算出两点间的高差。其施测方法与地面三角高程测量相同。三角高程测量一般用在倾斜巷道中，也可用于水平巷道。通常它都是与导线测量同时进行，我们称这种导线为高程导线。其高差计算公式为

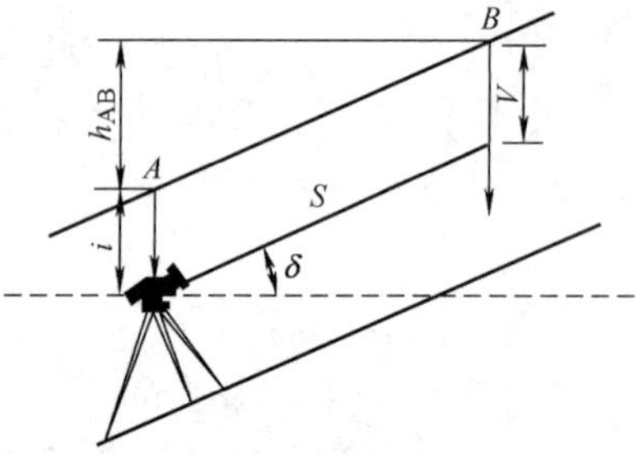

$$h = S\sin\delta + i - v \qquad (9 - 2)$$

图 9 - 6　井下三角高程测量

式中　i——仪器高（m）；

　　　v——觇标高（m）。

需要指出的是，当点设在顶板时，量得的仪器高或觇标高应以负值参与计算。

三角高程测量的精度要求和计算方法如下。

1）垂直角观测精度见表 9 - 4。

2）仪器高和觇标高应在观测开始前和结束后用小钢卷尺各量一次，两次丈量的互差不得大于 4mm，取其平均值作为丈量结果。

3）相邻两点往返、测高差的互差不应大于 10mm + 0.3mm$D$（D 为导线水平边长，以 m 为单位）。

4）三角高程导线的高程闭合差不应大于 ±100mm$\sqrt{D}$（D 为导线长度，以 km 为单位）。

5）可按与导线边长成正比例分配三角高程闭合差，并以此计算各点高程。

【任务实施】

一、实施内容

1）应用井下Ⅰ、Ⅱ级水准测量方法实测巷道各点的标高。

2）适应井下工作环境，锻炼动手能力。

二、实施前准备

1）准备一台 DS$_3$ 水准仪，一对矿用水准尺。

2）准备双仪器高法测量高差记录表；熟悉观测方法、要领、记录和计算要求。

三、实施方法和要求

1. 选点

水准点可设在巷道顶板、底板或两帮上。也可用导线点代替水准点。

2. 观测

井下水准测量与地面水准测量相比，其原理、实测方法和计算公式均完全相同。但井下水准测量时，因水准点设在顶板上，出现水准尺倒立现象，所以记录时应用符号注明，计算时在其读数前冠以负号。记录与计算格式见表 9 - 13。

Ⅰ级水准要用双仪高法往返观测。Ⅱ级闭合或附合水准可采用双仪高法单程观测。Ⅱ级水准支线可采用一次仪器高往返观测。各测站的高差互差对于Ⅰ级水准不应大于 4mm，Ⅱ级水准不应大于 5mm。

四、实施注意事项

1）在顶板上立尺时，一定要将尺的零端紧抵水准点，不能悬空。

2）读数时，无论水准尺是正像还是倒像，其读数均应由小到大读数。

3）使用矿用水准尺。

五、实施报告（表 9 - 13）

表 9 - 13　井下水准测量手簿

工作地点：　　　　　　　　　观测：　　　　　　　　仪器：

日　期：　　　　　　　　　　记录：　　　　　　　　扶尺：

点号	后视/m	前视/m		高差/m	平均高差/m	高程/m	立尺位置
		转点	中间点				

【任务考评】

任务考评标准及内容见表9-14。

表9-14　任务考评标准

序号	考核内容	满分	评分标准	该项得分
1	选点	10	位置正确	
2	一测站操作水准测量	20	操作程序正确、记录规范，数据符合要求，时间在2min内得20分，增加1min减5分，超过5min或数据不符合要求不得分	
3	双仪器高法水准测量	30	操作程序正确、记录规范，数据符合要求，时间在5min内得20分，增加1min减5分，超过8min或数据不符合要求不得分	
4	水准路线测量	30	规定时间内操作、记录规范，观测数据符合要求，得10分，计算正确得5分。时间标准按每增加一个水准点，观测时间最多增加4min把握	
5	观测态度及表现	10	爱护仪器，动作规范连贯，得10分，损坏仪器不得分	
6	总分	100		

【思考与练习】

1. 井下水准测量与地面水准测量、井下碎部测量与地面的地形图测绘有何异同？
2. 计算表9-15中井下水准点A、B、C、D的高程。

表9-15　计算A、B、C、D的高程

仪器站	测点	标尺读数			高差/m	高差中数/m	高程/m	立尺位置	测点	备注
		后视/m	前视/m							
			转点	中间站						
	A	-1.009					200.369	丅	A	
1		-0.903								
	B	-0.916	-1.281					丅	B	
2		-1.053	-1.077							采用双仪
	C	1.063	0.711					丄	C	高法观测
3		0.901	0.575							
	D		-1.193					丅	D	
			-1.354							

3. 井下三角高程测量与地面三角高程测量有何不同？

4. 在井下 A 点安置经纬仪，欲测 B 点三角高程。A、B 均设在顶板上，已知：仪器高为 0.540m，$H_A = 345.034$m，AB 斜距为 157m，觇标高 $v = 1.02$m，$\delta = -30°$。试求 B 点高程。

课题三 罗盘仪测量

【任务描述】

井下测量所用的罗盘仪通常是指挂罗盘仪，全称为"矿山悬挂罗盘仪"。相对于经纬仪来说，挂罗盘仪是一种低精度的测量仪器。它虽然构造简单，但可以测量出磁方位角，多用于次要巷道和回采工作面的测量。在小煤矿中，挂罗盘仪甚至可以作为主要的测量仪器，用于小型贯通测量工程。

本课题主要介绍罗盘仪的结构和原理、罗盘仪导线测量等内容。通过本课题的学习，使学生对罗盘导线测量有较深入的认识，在此基础上掌握罗盘仪导线测量的主要步骤。

【知识学习】

一、罗盘仪的结构和原理

罗盘仪一般同半圆仪、皮尺和测绳配合使用。测绳用于悬挂罗盘，皮尺用于丈量距离，半圆仪用于测量倾角，挂罗盘仪用于测量磁方位角。

需要注意的是，磁方位角应加入磁偏角和子午线收敛角 γ，才是我们所需要的坐标方位角。而且，在使用罗盘仪时，应避开金属支架、钢轨等磁性物质。

挂罗盘仪的构造如图 9-7 所示。

挂罗盘仪的构造与地质罗盘相仿，体积比地质罗盘

图 9-7 挂罗盘仪的构造
1—悬臂 2—圆环 3—罗盘盒
4—挂钩 5—测绳

大，精度也高一些。挂罗盘仪度盘刻划为 0°～360°，最小分划值为 30′。松开罗盘盒与圆环之间的联接螺钉后，罗盘由于重力作用而保持水平状态。

半圆仪，又称为"坡度规"，其构造如图 9-8 所示。其轴线两侧都有 0～90° 的注记，最小分划值为 20′（也有的半圆仪最小分划值为 30′ 或 1°）。中心 O 处有一小孔，通过该小孔，用细线挂一小垂球，测量时可沿垂球线读出倾角，用 δ 表示。半圆仪两端有挂钩，以便悬挂在测绳上。此外，为了防止仪器在测绳上滑动，可以在测绳上加线夹。

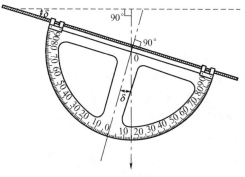

图 9-8 半圆仪的构造

二、罗盘仪导线测量

罗盘仪导线布设须在采区导线控制之下，根据巷道和回采工作面的不同情况，可以布成闭合、附合和支导线三种形式。罗盘仪导线测量的主要步骤如下。

（1）选点　从已知点开始，边选边测。一般在木棚子上钉入小钉作为临时测点。

（2）挂绳　将线绳挂在相邻两点之间并拉紧。

（3）测倾角　将半圆仪分别挂在 1/3 边长与 2/3 边长处，用正、反两个位置测出倾斜角，取平均值为该边的倾角，记入表 9 - 16 中。

表 9 - 16　井下挂罗盘测量手簿

工作地点：　　　　　　　　　观测者：　　　　　　　　　记录者：
日　　期：　　　　　　　　　仪　器：　　　　　　　　　磁偏角：

起至点	斜长/m	倾角 (°)	平均倾角 (°)	磁方位角 (°)	平均方位角 (°)	水平边长 /m	高差 /m	高程 /m	备注和草图

（4）测磁方位角　将挂罗盘的 N 端（零读数端）指向导线前进方向，然后在靠近导线边的两端点处悬挂罗盘仪，分别按磁针北端读出磁方位角，互差不超过 2° 时，取平均值作为该边的磁方位角，并记入表 9 - 16 中。

（5）量边　罗盘仪导线边长一般不得超过 20m。量边时，应拉紧皮尺往返丈量，读到厘米位，当往返丈量的差值与平均值之比不超过 1/200 时，取平均值作为该边的长度，并记入表 9 - 16 中。

罗盘仪导线外业工作结束后，可用图解法或计算法确定巷道或工作面位置。

图解法采用量角器和比例尺进行。将外业资料直接展绘在图纸上，并根据碎部测量草图展绘次要巷道或工作面的轮廓。

在罗盘仪导线测量时，导线的最远点距已知的起始点不得超过 200m。内业计算出的导线相对闭合差不得大于 1/200，高程闭合差不得超过 1/300。罗盘仪导线的内业计算与井下经纬仪导线计算基本相同，不同点在于：计算前，导线边长必须根据倾角改算成平距，导线边的磁方位角换算为坐标方位角，然后进行坐标和高程计算。采用独立坐标系的小煤矿，如果标准方向为磁北方向时，坐标方位角就是磁方位角，计算坐标时不需要换算。

【任务实施】

一、实施内容

1）用支距法和极坐标法对一巷道、硐室进行碎部测量，并绘制出大比例尺的巷道平面图和硐室平面图。

2）在一条次要巷道内进行罗盘测量。

二、实施前准备

1）以小组为单位，准备挂罗盘仪、半圆仪各一个，一把皮尺，一根测绳。

2）准备挂罗盘导线测量记录计算表；熟悉观测方法、要领、记录和计算要求。

三、实施方法和要求

1. 碎部测量的方法和要求

（1）用支距法进行巷道碎部测量　巷道碎部测量一般与导线测量同时进行。当量边结束后，钢尺暂时拉着不动，用皮尺量出特征点距钢尺的距离（支距），并读出垂点处的钢尺刻划数，然后绘出草图。对于测站点、导线点，还应量出仪器中心距顶板、底板和左右两帮的距离（俗称量上、量下、量左和量右）。

（2）用极坐标法测量硐室　在硐室的顶板确定一个导线点，挂上垂球线。然后在导线点处安置经纬仪，转动照准部逐一瞄准硐室各轮廓点，读出水平角值，用钢尺（或皮尺）量出水平距离，并绘出草图。

2. 挂罗盘测量的方法和要求

按事先拟定的挂罗盘导线，经选点、挂测绳、测倾角、测磁方位角、量边等步骤进行测量。用半圆仪在正、反两个位置测出倾角后，取平均值作为该边倾角；同一测绳两端测出的磁方位角互差不应超过2°；用皮尺往、返量边之互差不得超过边长的1/200。

在进行挂罗盘测量时，同时完成巷道的碎部测量，其方法与前面碎部测量相同。外业完成后，可用图解法或解析法确定巷道或工作面的位置。

3. 绘图

首先将控制点（经纬仪导线点）展绘于图纸上，然后用极坐标法展绘罗盘点。按所需比例尺，沿导线边将支距法测量成果展绘在图上，便得巷道两帮的实测图。硐室展绘可以用极坐标法进行。以导线边为起始边，以量角器绘出各观测角，用比例尺量取导线点到各碎部点的距离，便得出硐室的实测图形。

四、实施注意事项

1）进行挂罗盘测量时，要特别注意避开磁性物质，以免影响观测成果的质量。当无法避开时，则需将测磁方位角改为测量测线间夹角。

2）导线点可选在两帮的棚子上，边长不宜过长，一般不应超过20m。

3）各矿区应使用本地区的磁偏角进行磁方位角与坐标方位角的换算。

五、实施记录手簿（表9-17）

表9-17 井下罗盘导线测量及计算手簿

测量地点：　　　　　　　测量者：　　　　　　　测量日期：　　　　　　　已知边坐标方位角：

计算者：　　　　　　　　检查者：　　　　　　　计算日期：　　　　　　　磁偏角：

边号	磁方位角 $\alpha_磁$ (°′)	坐标方位角 α (°′)	倾角 δ (°′)	斜距 L/m	平距 S /m	坐标增量 /m		坐标 /m		碎部测量 上 左+右 下	高差 H /m	高程 H /m	底板高程 H_0 /m	点号	备注
						ΔX	ΔY	X	Y						

【任务考评】

任务考评标准及内容见表9-18。

表9-18 任务考评标准

序号	考核内容	满分	评分标准	该项得分
1	选点、定点	30	点位符合要求，"点之记"规范	
2	量边，测磁方位角，测倾角	40	操作正确、规范，限差符合要求	
3	提交读数，记录计算表	30	记录规范、字体工整、数据正确	
4	总分	100		

【思考与练习】

1. 用罗盘仪和半圆仪测绘次要巷道时要注意些什么？
2. 叙述用罗盘仪和半圆仪测量罗盘导线的方法。

课题四　直线巷道中线的标定

【任务描述】

井下巷道的位置是根据设计图样提供的数据标定出来的，这种标定的工作贯穿于井下巷道掘进的始终。确定巷道的平面位置时需要标定巷道的中线，所谓中线，是指巷道投影在水平面上的几何中心线。中线一般设在巷道顶板上，用于控制水平面上的方向。

本课题主要介绍直线巷道开口时的标定方法，巷道中线的标定、检查、延长和使用等方面的内容。通过本课题的学习，使学生对直线巷道中线的标定有较深入的认识，从而掌握中线标定的方法。

【知识学习】

一、概述

标定工作是一项非常重要的工作，一旦出现差错，将会造成很大的经济损失，严重时甚至会酿成重大安全事故。因此，它要求矿山测量人员具有高度的责任心，及时、认真、准确地标定出巷道中线。

标定巷道中线的步骤如下。

1）复核设计图样。

2）计算标定中线的几何要素。

3）标定巷道的开口点和方向。

4）随着巷道的掘进及时延长中线，并检查、校核中线。

二、直线巷道开口时的中线标定方法

巷道开口时的中线标定主要包括两个方面：一是标定开口点（也称开切眼）位置；二是给出巷道的掘进方向。

下面以图9-9说明巷道开口时的标定方法。

4、5号点是已掘巷道中的两个导线点，欲从 A 点处新掘一巷道，其步骤如下。

1）用设计坐标计算 A 点到已知导线点4、5的距离 D_{4A}、D_{A5}，并根据两巷道的方位角计算转向角 β，或者直接从设计图上量取 D_{4A}、D_{A5} 和 β。

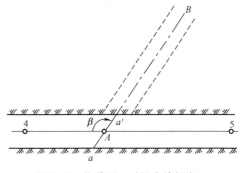

图9-9　巷道开口时的中线标定

$$\beta = \alpha_{AB} - \alpha_{A4}$$

$$D_{4A} = \frac{y_A - y_4}{\sin\alpha_{4A}} = \frac{x_A - x_4}{\cos\alpha_{4A}}$$

$$D_{A5} = \frac{y_5 - y_A}{\sin\alpha_{A5}} = \frac{x_5 - x_A}{\cos\alpha_{A5}}$$

式中　　　α_{AB}——设计巷道中线的坐标方位角（°′″）；

x_A、y_A——设计巷道的起点坐标；

x_4、y_4、x_5、y_5——导线点坐标。

2）在点4安置经纬仪，瞄准导线点5。沿此方向，量取水平距离 D_{4A}，即得到 A 点。可将 A 点设置在顶板上，并以 D_{A5} 的长度作检核。

3）在 A 点安置经纬仪，用正镜后视点4，并拨水平角 β，此时望远镜视线所指的方向即是新掘巷道的方向，在此方向上定出 a' 点，倒镜定出 a 点，使 a'、A、a 三个点构成一组中线点。为防止差错，标定时还应再用倒镜后视点4，拨 β 角进行检核。

4）巷道开口后，初次标定的中线点常被放炮震落或破坏，因此，当巷道掘进 4~8m

时，应检查或重新标定中线点。

由于巷道开口的标定只是初步给出掘进方向，因此也可用皮尺和挂罗盘仪等工具概略标定出开口的位置和方向，当巷道掘进几米以后，再进行精确标定。

三、巷道中线的标定

新开掘的巷道掘进 4~8m 后，应用经纬仪正式标出一组中线点，每组中线点不得少于 3 个点，点间距离不得小于 2m，如图 9-10 所示。

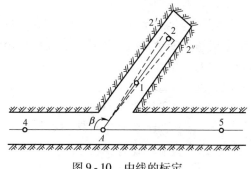

图 9-10 中线的标定

1）检查 A 点是否有位移或破坏。

2）经检查认为 A 点无位移后，将经纬仪安置在 A 点，用盘左位置后视 4 点，在水平度盘上转出 β 角值，在巷道顶板上距工作面 5m 左右给出 2′ 点，用盘右位置再给出 2″ 点，取其 2′、2″ 两点中间点为 2 点，则 2 点即为巷道中线点。如图 9-10 所示。

3）然后在 2 点处挂垂球线，用一个测回实测行程 4、A、2，用以检查 β 角是否正确。

4）经检查 β 角无误后，再用经纬仪瞄准 2 点，在此方向线上的顶板或棚顶上标出 1 点。A、1、2 三点即为一组中线点，在这三点上挂上绳线。

四、巷道中线的延伸

一组中线点，可以指示巷道掘进 30~40m。随着巷道的掘进，巷道中线要向前延伸才能指导巷道继续掘进。

1）首先检查原中线点是否有移动，如 B 组中线点 B、1、2 是否在一条直线上，如图 9-11 所示。若其中有三点在一条直线上，便使用这三个点作延伸。

2）经检查认为无误后将经纬仪安置在 B 点，用盘左及盘右位置后视 A 点，转 180° 沿视准轴方向定出一点，取其中间点 C 为新中线点。

3）用经纬仪瞄准 C 点，再于此方向上定出 1、2 点。则 C、1、2 三点即为延伸的一组巷道中线点。

4）在各组中线点中选出一点作为导线点，如 A、B、C 等点作为导线点测设 15″、30″ 级采区控制导线，并根据导线计算结果，及时调整中线。

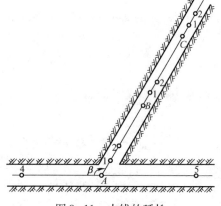

图 9-11 中线的延长

五、巷道中线的使用

在井下巷道中设置中线点的目的，是为了用它指示巷道的掘进方向。常用的方法有瞄线法和拉线法两种。

（1）瞄线法 如图9-12所示，在中线点1、2、3上挂垂球线，一人在掘进工作面上移动矿灯，另一人站在垂球线1的后面，用矿灯照亮三根垂球线并用眼睛瞄视，当1、2、3三个垂球线和矿灯在视线中重合时，矿灯的位置就是中线在掘进工作面上的位置。

（2）拉线法 如图9-13所示，同样在中线点1、2、3上挂垂球线，并将测绳的一端系在点1上，另一端拉向工作面，当测绳与2、3两点的垂球线相切时，测绳在工作面上所指的位置即为巷道中线的位置。

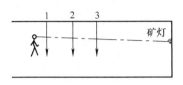

图9-12 瞄线法

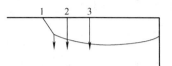

图9-13 拉线法

瞄线法和拉线法是使用巷道中线点的方法，当然也可以用这两种方法来延长中线。相对来说，用经纬仪延长中线精度较高，用瞄线法和拉线法延长中线精度较低。因此，应尽量使用经纬仪延长中线。在个别情况下，需要用瞄线法和拉线法延长中线时，可在延设一组中线点后，再用经纬仪检查、校核，以确保巷道中线正确无误。

【任务实施】

一、实施内容

1）标定直线巷道的方向并延伸中线。

2）在井下巷道内根据图样的设计要求，用经纬仪标定新开巷道的位置和掘进方向，标定巷道中线。

3）根据已知中线点，延长巷道中线。

二、实施前准备

1）以小组为单位，准备一台 DJ_6 型光学经纬仪，一把钢尺，灰浆或油漆，测绳。

2）计算标定数据。

三、实施方法和要求

1. 巷道开切位置、方向的标定

首先熟悉图样，了解设计巷道与其他巷道的几何关系，检查图上给定数据，利用计算的标定数据，现场标定巷道开切位置。由三点组成一组中线点，表示巷道掘进的方向。

2. 巷道中线的标定

新开掘的巷道掘进4~8m后，采用经纬仪正式标出一组中线点，一组中线点不得少于3个点，点间距离不得小于2m。

3. 巷道中线的延伸

一组中线点，可以指示巷道掘进30~40m。随着巷道的掘进，巷道中线要向前延伸才能继续指导巷道的掘进。每组中线点不少于3个，便使用这3个点作延伸。在各组中线点中选出一点作为导线点，以备进行采区导线测量时检查中线的正确性。

四、实施注意事项

1）巷道中线是控制巷道水平方向的重要指向线，因此标定时一定要细心，要及时做检查，发现问题及时纠正，不应当因其简单而轻视。

2）中线点要选在不易被爆破时岩块冲击的地方，而且岩石一定要坚固，若设在棚梁上，更要注意棚梁的稳固性。

【任务考评】

任务考评标准及内容见表9-19。

表9-19 任务考评标准

序号	考核内容	满分	评分标准	该项得分
1	检查图上给定数据	30	全部正确得30分，错一处扣3分	
2	计算标定数据	40	全部正确得40分，错一处扣10分	
3	现场标定	30	仪器安置规范、拨角方法准确。对中、整平不合要求按情况扣10~20分，每站标定时间限定在18min内，每超过1min扣3分，超过25min不得分，本项累积分扣完为止	
4	总分	100		

【思考与练习】

1. 什么是巷道中线？如何标定直线巷道的开口位置？
2. 直线巷道中线标定的几何要素有哪些？
3. 延长巷道中线有哪几种方法？

课题五 曲线巷道中线的标定

【任务描述】

在井下巷道的转弯处或分岔处，一般都要设计一段曲线巷道，以利于矿车运行的安全性。井下巷道的曲线都是圆曲线，曲线巷道的起点、终点、曲线半径 R 和圆心角 θ 的大小，在设计图样上都有规定。其半径一般在10~25m，因曲线巷道的中线是弯曲的圆弧，中线的标定方法不同于井下直线巷道的中线标定。

本课题主要介绍用弦线法标定曲线巷道的中线，及其标定要素的计算和标定方法。通过本课题的学习，使学生对弦线法标定曲线巷道的中线有较深入的认识，进而掌握其标定方法。

【知识学习】

　　弦线法是常用的曲线巷道中线的标定方法。其思路是将圆曲线等分成几个圆弧段，在每一个圆弧段中，用弦线代替中线，以弦线指示曲线巷道的掘进方向。

　　弦线法标定巷道的中线时，要确定恰当的分段数目，也就是要确定合理的弦长。如果分段数目太多，弦长就太短，则中线转点多，工作量太大；如果分段数目太少，弦长太长，造成弦线距巷道帮太近，施工难以掌握，或者弦线两端不能通视。最好先绘一张1:50或1:100的大样图，在图上确定分段划分方案。一般说来，中心角为90°左右的曲线巷道，等分成三段较为恰当。

一、标定要素计算

　　在图9-14中，曲线起点为A点，终点为B点，曲线半径为R，中心角（转向角）为θ，现将该圆曲线作n等分，则该曲线巷道的标定要素计算步骤如下。

　　（1）各等分段弦长为

$$L = 2R\sin\frac{\theta}{2n} \qquad (9-3)$$

　　（2）起点A和终点B处的转角为

$$\beta_A = \beta_B = 180° + \frac{\theta}{2n} \qquad (9-4)$$

　　（3）中间点1、2、…、n的转角为

$$\beta_1 = \beta_2 = 180° + \frac{\theta}{n} \qquad (9-5)$$

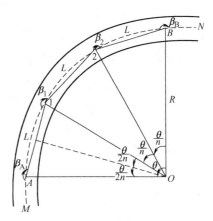

图9-14　弦线法中线的标定要素

　　以上是曲线巷道向右转向时，标定的各转角是左角的情况。如果标定的各转角是右角，或曲线巷道向左转向并标定左角时，式（9-4）和式（9-5）中的"＋"应改为"－"。

　　例1：如图9-15所示的曲线巷道AB中，曲线巷道向右转向时，$\theta = 87°36'$，$R = 15\text{m}$，现按三等分（$n = 3$）划分曲线段，其标定要素计算步骤如下。

　　（1）各等分段弦长为

$$L = 2R\sin\frac{\theta}{2n} = 2 \times 15\text{m} \times \sin\frac{87°36'}{2 \times 3} = 7.562\text{m}$$

　　（2）起点A和终点B处的转角为

$$\beta_A = \beta_B = 180° + \frac{\theta}{2n} = 180° + \frac{87°36'}{2 \times 3} = 194°36'$$

　　（3）中间点1、2的转角为

$$\beta_1 = \beta_2 = 180° + \frac{\theta}{n} = 180° + \frac{87°36'}{3} = 209°12'$$

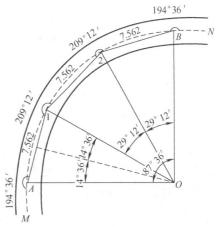

图9-15　弦线法中线的标定算例

　　标定曲线巷道的中线，有时会遇到圆心角不便于等分的情况，例如巷道转弯时，设计图

上圆心角为 $75°45'$ 就不便于等分，这时，可按下面例子计算标定要素。

例2：设圆曲线巷道向右转向时，其圆心角 $\theta = 75°45'$，$R = 12m$，将圆心角分为 $30°$、$30°$、$15°45'$ 三个小角（不等分圆心角），求标定要素。

（1）三个小角所对的弦长分别为

$$L_1 = L_2 = 2 \times 12m \times \sin \frac{30°}{2} = 6.212m$$

$$L_3 = 2 \times 12m \times \sin \frac{15°45'}{2} = 3.310m$$

（2）起点 A 和终点 B 处的转角为

$$\beta_A = 180° + \frac{\theta_1}{2} = 180° + \frac{30°}{2} = 195°$$

$$\beta_B = 180° + \frac{\theta_3}{2} = 180° + \frac{15°45'}{2} = 187°52'$$

（3）中间点 1、2 的转角为

$$\beta_1 = 180° + \theta_1 = 180° + 30° = 210°$$

$$\beta_2 = 180° + \left(\frac{\theta_2}{2} + \frac{\theta_3}{2} \right) = 180° + \left(\frac{30°}{2} + \frac{15°45'}{2} \right) = 202°52'$$

二、弦线标定

计算出曲线巷道的标定要素后，就可进行弦线标定，标定方法如图 9-16 所示。

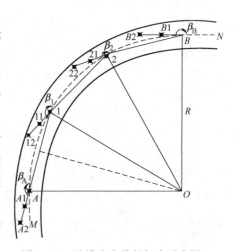

先在直线巷道中标定出 A 点，再在 A 点安置经纬仪，后视直线巷道中线点 M，拨角 β_A，即得到 $A1$ 方向；倒转望远镜，在顶板上标出 $A1$、$A2$ 点，使 $A2$、$A1$、A 三点成为一组中线点，指示 $A \rightarrow 1$ 段的掘进方向。当巷道掘进到 1 点后，再在 1 点安置经纬仪，拨 β_1 角，同法标定出 II 点和 12 点，从而给出了 $1 \rightarrow 2$ 段的掘进方向。依此类推，直到 B 点，在 B 点安置经纬仪，拨 β_B 角，标定出 $B1$、$B2$ 点，从而给出了直线巷道 $B \rightarrow N$ 段的掘进方向。

图 9-16 弦线法中线的标定示意图

三、曲线巷道施工大样图的绘制

由于曲线巷道是用弦线来指示掘进方向，弦线到巷道两帮的距离（称为边距）是变化的，为了掌握掘进时巷道两帮的弯曲程度，测量人员一般绘制一张 1:50 或 1:100 的大样图，图上绘出巷道两帮与弦线的相对位置，然后在图上量出弦线到巷道两帮的边距，并交给施工人员以指导施工。

大样图的绘制方法有垂线法和半径法两种。垂线法沿垂直于弦线的方向给出边距，半径法沿半径方向给出边距。用垂线法和半径法绘制的大样图（局部）如图 9-17 和图 9-18 所示。

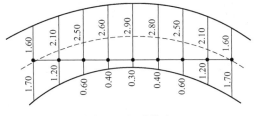

图 9 - 17　垂线法

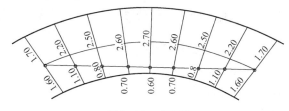

图 9 - 18　半径法

【思考与练习】

1. 用弦线法标定曲线巷道的中线时应注意哪些问题？

2. 绘制曲线巷道施工大样图的方法有哪些？

3. 如图 9 - 19 所示为一条即将施工的曲线巷道，曲线起点为 *A* 点，终点为 *B* 点，曲线半径为 15m，中心角（转向角）为 84°，现将该圆曲线作 3 等分，试计算该曲线巷道的中线标定要素（各段弦长和各点的转向角）。

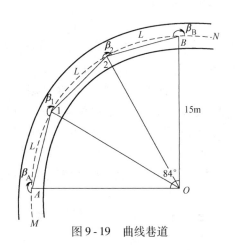

图 9 - 19　曲线巷道

课题六　巷道腰线的标定

【任务描述】

巷道的坡度和倾角是用腰线来控制，腰线即是给掘进巷道指示坡度的方向线。

本课题主要介绍半圆仪标定水平巷道和倾斜巷道腰线、水准仪标定水平巷道腰线、经纬仪用伪倾角法标定倾斜巷道腰线等内容。通过本课题的学习，使学生对巷道腰线标定有较深入的认识，进而掌握巷道腰线标定方法。

【知识学习】

标定巷道腰线的测点称为腰线点。腰线点成组设置，每 3 个点一组，点间距不得少于 2m。腰线点离掘进工作面的距离不得超过 30 ~ 40m，标定在巷道的一帮或两帮上，若干个腰线点连成的直线即为巷道的坡度线，又称腰线，用来指示掘进巷道在竖直面内的方向，使巷道的坡度符合设计图样的要求，满足矿井运输和排水的需要。

根据巷道的性质和用途不同，腰线的标定可采用不同的仪器和方法。次要巷道一般采用挂半圆仪标定腰线；倾角小于 8° 的主要巷道，采用水准仪标定腰线；倾角大于 8° 的主要巷道采用经纬仪标定腰线。对于新开巷道，开口时可采用挂罗盘标定腰线，但巷道掘进 4 ~ 8m 后，应按上述要求用相应的仪器重新标定。

为了便于施工，腰线距巷道底板的高度在同一矿井中应为定值，如在一个矿井中，各巷道的腰线高度均设为 1m。

一、用半圆仪标定腰线

1. 用半圆仪标定倾斜巷道腰线

如图 9 - 20a 所示，1 点为新开斜巷的起点，称为起坡点。1 点高程 H_1 由设计给出，H_A 为已知点 A 的高程。

从图 9 - 20 可知

$$H_A - H_1 = h_{Aa} \qquad (9 - 6)$$

在 A 点悬挂垂球，自 A 点向下量取 h_{Aa}，得到 a 点。过 a 点拉一条水平线 11′，使 1 点位于新开巷道的一帮上，再挂上半圆仪，此时半圆仪上读数应为 0°。将 1 点系上测绳，沿巷道同侧拉向掘进方向，在帮上选定一点 2，拉直测绳，悬挂半圆仪，上下移动测绳，使半圆仪的读数等于巷道的设计倾角 δ，此时固定 2 点，连接 1、2 点，用灰浆或油漆在巷道帮上划出腰线。

2. 用半圆仪标定水平巷道的腰线

在倾角小于 8° 的次要巷道中，可采用半圆仪标定腰线，如图 9 - 20b 所示，1 点为已知腰线点，2 点为

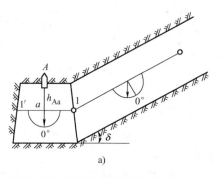

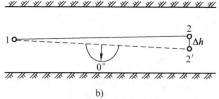

图 9 - 20　半圆仪标定巷道腰线
a）半圆仪标定倾斜巷道腰线
b）半圆仪标定水平巷道腰线

将要标定的腰线点。首先将测绳的一端系于 1 点上，靠近巷道同一帮壁拉直测绳，悬挂半圆仪，测绳另一端上下移动，当半圆仪读数为 0° 时得到 2′ 点。此时，1、2′ 点间测绳处于水平位置。用皮尺量 1 点至 2′ 点的平距 $D_{12'}$，再根据巷道设计坡度 i，算出腰线点 2 与 2′ 点的高差 Δh

$$\Delta h = i D_{12'} \qquad (9 - 7)$$

求得 Δh 后，用小钢尺由 2′ 点沿垂直方向量取 Δh 值，便得到腰线点 2 的位置。连接 1、2 两点，用灰浆或油漆在巷道壁上画出腰线。要注意的是，量取 Δh 时，量取方向取决于坡度 i 的正负号，当 i 为负时向下量取；当 i 为正时向上量取。

二、用水准仪标定腰线

倾角小于 8° 的主要巷道一般采用水准仪标定巷道腰线。在图 9 - 21 中，巷道中已有一组腰线点 1、2、3，巷道的设计坡度为 i，需向前标设一组新的腰线点 4、5、6。标定时，先在两组点间安置水准仪，首先观测已知腰线点间的高差是否移动。

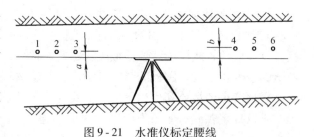

图 9 - 21　水准仪标定腰线

检查完成并确认无误后，选取一个已知点作为后视点，记下 3 号点的读数 a。a 的符号以视线为准来定，点在视线之上为正，在视线之下为负。然后丈量 3 点至 4 点的水平距离 D_{34}，则可按下式算出腰线点 4 距视线的高度 b。

$$b = a - h_{34} = a - iD_{34} \tag{9-8}$$

h_{34}——3 号点与 4 号点间的高差（m）；坡度 i 的符号，上坡为正，下坡为负。水准仪前视 4 点处，以视线为准，根据 b 值标出点 4 的位置。b 值为正时，腰线点在视线之上，b 值为负时，则在视线之下。5、6 腰线点依同法标设。

标设时，应特别注意 a、b、i 的符号，根据正负号来确定标定点的量取方向。标设完成后，应由 3 点求出 4、5、6 点的高程，看这些腰线点的高程是否与设计相符合。

三、用经纬仪标定腰线

在主要倾斜巷道中，通常采用经纬仪标定腰线，用经纬仪标定腰线的方法主要有以下几种。

1. 利用中线点标定腰线

这个方法的特点是在中线点的垂球上作出腰线的标志，同时量取腰线标志到中线点的距离，以便随时根据中线点恢复腰线的位置。

如图 9 - 22 所示，1、2、3 点为一组已标设腰线点位置的中线点，4、5、6 点为待设腰线点标志的一组中线点。标设时，经纬仪安置于 3 点，量仪高为 i，用正镜瞄准中线，使竖盘读数为巷道设计的倾角 δ，此时望眼镜视线与巷道腰线平行。在中线点 4、5、6 的垂球线上用大头针标出视线位置，用倒镜测倾角作为检查。已知中线点 3 到腰线位置的垂距为 a_3，则仪器视线到腰线点的垂距 b 为

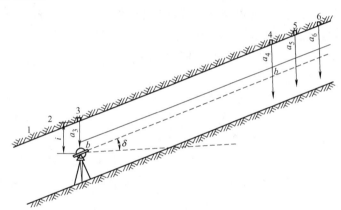

图 9 - 22 中线点标定腰线

$$b = i - a_3 \tag{9-9}$$

式中 i 和 a_3 均从中线点向下量取，符号均为正。求出 b 值为正时，腰线点在视线之上；b 为负时，则在视线之下。从三个垂球线上标出的视线记号起，根据 b 的符号用小钢尺向上或向下量取长度 b，即可得到腰线点的位置。

2. 用伪倾角标定腰线

在图 9 - 23 中，OA 为倾斜巷道中线方向的腰线，倾角为 δ，称为真倾角；B 点为待标定在倾斜巷道帮壁上的腰线点，OB 的倾角为 δ'，称为伪倾角。

可以看出，虽然 A、B 两点同高，但 δ' 永远小于 δ。设 β 为两个面的水平夹角，则

$$\tan\delta = \frac{h}{OA'} \quad \tan\delta' = \frac{h}{OB'} \quad \cos\beta = \frac{OA'}{OB'}$$

所以

$$\tan\delta' = \tan\delta\cos\beta \tag{9-10}$$

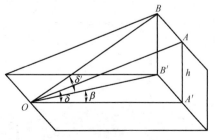

图 9 - 23 伪倾角计算

为了有利于施工，常把腰线点标定在斜巷的帮壁上。当经纬仪安置在巷道中间时，就只有用伪倾角 δ' 才能准确标定出腰线点的位置，但我们只知道斜巷的设计倾角（真倾角），因此，我们需要实测出 β 角，并根据式（9-10）计算出伪倾角 δ' 的值，再依据 δ' 角在斜巷帮壁上标定出腰线点。这就是伪倾角法标定腰线的原理。

如图 9-24 所示，a 为巷道纵断面图，b 为巷道平面图，用伪倾角标定腰线的方法如下。

1）在 B 点安置仪器，测出 B 至中线点 A 及原腰线点 1 之间的水平夹角 β_1。

2）根据水平角 β_1 和真倾角 δ_1，按式（9-10）计算得伪倾角 δ_1'。

3）瞄准 1 点，固定水平度盘，上下移动望远镜，使竖盘读数为 δ_1'，在巷道帮上做记号 1′，用小钢尺量出 1′ 到腰线点 1 的铅垂距离 K。

4）转动照准部，瞄准新设的中线点 C，然后松开照准部，瞄准在巷道帮上拟设腰线点处，测出 β_2 角。

5）根据水平角 β_2 和真倾角 δ_2，按式（9-10）计算出伪倾角 δ_2'。

6）望远镜照准拟设腰线处，并使竖盘读数为 δ_2'，在巷道上做记号 2′，用小钢尺从 2′ 向上量出距离 K，即得到新标定的腰线点 2。

7）用测绳连接 1、2 两点，用灰浆或油漆沿测绳划出腰线。

式中 K 值即为视线到腰线的铅垂距离，其求算方法同上。

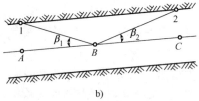

图 9-24 巷道纵断面与平面图
a）巷道纵断面 b）巷道平面

四、平巷与倾斜巷道连接处腰线的标定

平斜巷道连接处是巷道坡度变化的地方，腰线到这里要改变坡度，如图 9-24 所示，巷道底板在竖直面的转折点 A 称为巷道的变坡点。它的坐标或与其他巷道的相对位置由设计给定。

如图 9-25 所示，a 为平巷内腰线至底板或轨面的距离，如果在斜巷内腰线到底板或轨面的法线距离也保持为 a，则在变坡点处，斜巷腰线起点应比平巷腰线起点抬高 Δh，或者自变坡点向前或向后量取距离 Δl。

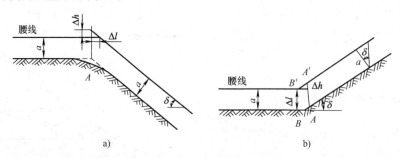

图 9-25 平巷与斜巷连接处标设腰线

$$\Delta h = \frac{a}{\cos\delta} - a = a(\sec\delta - 1) \tag{9-11}$$

$$\Delta l = \Delta h \cot\delta \tag{9-12}$$

标定时，首先标出 A 点，然后在 A 点沿垂直于巷道中线的方向，根据计算的 Δh 或 Δl 值及正负号，在两帮上分别标定出斜巷的腰线起始点位置。

斜巷掘进的最初长度为 10m，可以用半圆仪在帮上按 δ 角划出腰线；主要巷道掘进到 10m 之后，就要用经纬仪从斜巷腰线起点开始，重新给出斜巷腰线。

【任务实施】

一、实施内容

1）采用半圆仪标定倾斜巷道腰线。
2）采用水准仪标定水平巷道腰线。

二、实施前准备

以小组为单位，准备一台 DS$_3$ 水准仪，一副矿用水准尺，一个半圆仪，小钢尺、皮尺各一把，一根测绳，一个垂球，一桶石灰或油漆。

三、实施方法和要求

1. 半圆仪标定倾斜巷道腰线

当半圆仪读数为 0°时，标定出倾斜巷道腰线起点位置；然后使半圆仪上倾角为设计巷道的倾角 δ，标定出另一个腰线点，然后两点间拉线，沿线用油漆在帮上画线，即为倾斜巷道腰线。

2. 水准仪标定水平巷道腰线

根据已知腰线点的位置，安置水准仪，量出欲标定腰线点与已知腰线点的水平距离，量取水平视线与已知腰线点的垂距，根据设计坡度计算出欲标定腰线点的位置即可。然后在两点间拉线，沿线以油漆划出腰线。

四、实施注意事项

1）实施前，每名同学必须事先预习教材相关知识。
2）水准仪尽量安置在两腰线点中间，使前、后视距尽量相等。
3）挂半圆仪的测绳要拉紧、拉直；半圆仪分别挂在测绳的 1/3 和 2/3 处。

【任务考评】

任务考评标准及内容见表 9-20。

表 9-20　任务考评标准

序号	考核内容	满分	评分标准	该项得分
1	根据具体情况选择腰线标定方法	30	方法正确得 30 分	

（续）

序号	考核内容	满分	评分标准	该项得分
2	标定数据计算	40	计算结果正确，在2min内完成得满分	
3	现场标定	30	标定数据位置正确得30分	
4	总分	100		

【思考与练习】

1. 什么是巷道腰线？如何标定平巷腰线？
2. 伪倾角法标定巷道腰线的原理是什么？

课题七　激光指向仪及其应用

【任务描述】

激光指向仪主要用来指示巷道的掘进方向，它具有占用巷道时间短、效率高、巷道中线和腰线能一次给定，指示的光束直观、便于使用等优点。

本课题主要介绍南方测绘仪器厂制造的 JGY—5 型防爆型激光指向仪以及激光指向仪的安置和调试等内容。通过本课题的学习，使学生对激光指向仪有一定的认识。

【知识学习】

随着采矿掘进机械化和自动化程度的迅速提高，在巷道施工中，上述标定中线、腰线的方法已不能适应高度机械化快速掘进的要求。目前，激光技术被广泛应用于矿山建设过程中，以代替传统的中线、腰线标定方法。

激光具有良好的方向性、单色性和高度集中的光束等性能，激光指向仪提供了一条可见的红色直线光束，可传播到相当远的距离而光束直径没有显著变化，这些光束成为指示井下巷道掘进方向和坡度较为理想的定位基准线。

一、激光指向仪

我国南方测绘仪器厂制造的 JGY—5 型防爆型激光指向仪，如图 9-26 所示。其采用半导体激光作为光源，比以前采用的玻璃外壳氦激光器体积小，寿命长，不会振碎并且光点漂移小，是理想的换代器件。该仪器具有射程远、亮度高、重量轻、操作简便、外部调焦、长效电流直流供电及可充电等优点，采用单锚杆固定，安装方便，倾斜微动螺旋可以调整任意角度。

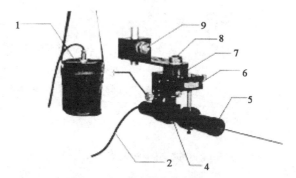

图 9-26　激光指向仪结构

1—防爆电池　2—电源电缆线　3—水平微调螺旋
4—激光器　5—物镜　6—倾斜微动旋钮
7—倾斜固定旋钮　8—水平固定旋钮　9—锚杆固定旋钮

二、激光指向仪的安置和调试

1）如图9-27所示，用经纬仪在巷道中标设三个中心线点 A、B、C，A、B 点距离5m左右，B、C 点距离30～50m，标设坡度标志点 b、c。

2）在 A 点一侧的顶板上钻眼，埋入 $\phi25mm$ 锚杆，避免倾斜。

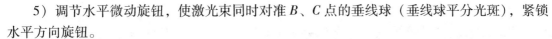

3）将安装杆套在锚杆上，作上下移动，高度适当时，固紧安装杆。

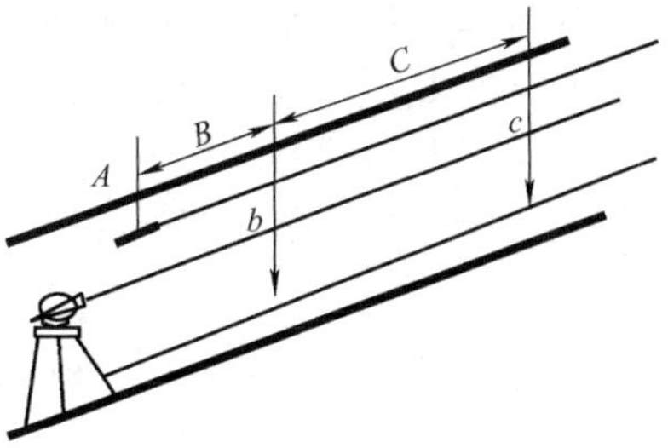

图9-27　激光指向仪器的安装与调试

4）将安装杆插入激光指向仪中心孔，按动电源，左右移动仪器，使仪器在 A 点对中，紧锁固定旋钮。

5）调节水平微动旋钮，使激光束同时对准 B、C 点的垂线球（垂线球平分光斑），紧锁水平方向旋钮。

6）调整倾斜微动旋钮，使光斑中心至 B、C 两垂线的坡度标志点 b、c 的铅垂距离相等，紧锁倾斜旋钮。

7）光斑过大时，调松固定旋钮，向后微旋激光器，使中心光斑小于50mm即可。

8）激光指向仪在使用过程中，为了防止仪器碰动而影响中线、腰线的位置，应经常检查激光束的方向和坡度，并根据检查情况随时调整。

课题八　采区及回采工作面测量

【任务描述】

在采区次要巷道需布设碎部导线测绘巷道的轮廓，在回采工作面要进行填图测量，这都可归纳为碎部测量的范畴。

本课题主要介绍采区次要巷道测量、回采工作面测量等内容。通过本课题的学习，使学生对采区次要巷道测量、回采工作面测量有一定的认识，进而掌握其测量方法。

【知识学习】

一、采区次要巷道测量

在采区次要巷道中，为填绘矿图而测设的碎部导线，应以采区控制导线为基础，尽可能敷设成附合（闭合）导线。若测设支导线，则必须有可靠的校核措施，如测设左、右角来进行检查。

碎部导线可根据生产需要选用低精度的经纬仪、测角仪等进行测量，在无磁性影响的地方，也可使用罗盘仪测量。

用低精度经纬仪测设碎部导线时，平面坐标和三角高程的相对闭合差应分别小于1/500和1/1 000；用罗盘仪测设碎部导线时，导线边长应小于20m，导线最弱点距起始点不宜超过200m。导线和三角高程的相对闭合差应分别小于1/200和1/300。

采区次要巷道测量要获得详尽的填绘矿图所需的资料，从而可以确定出产量、计算损失量和储量变化等。次要巷道测量工作包括下列内容。

1）测量巷道的轮廓，绘制大比例尺巷道图。

2）丈量巷道长度，验收巷道的进尺。

3）丈量巷道断面的各种尺寸，验收巷道的规格质量。

4）测定断层、厚度变化等地质特点和瓦斯突出点、涌水点的实际位置，并反映到有关的矿图上。

5）绘制井上、下对照图，确定井下巷道和地面附着物的相对位置关系，以及确定采矿范围边界。

测绘巷道的轮廓可以在碎部导线的基础上应用支距法或极坐标进行碎部测量。碎部测量的记录和草图要清楚，碎部点要系统编号。根据导线点的位置和碎步测量数据，便可用量角器和直尺绘出巷道图。

测量人员要会同其他有关部门的人员共同对巷道进行验收。验收内容包括巷道进尺和规格质量等。

丈量巷道的进尺是用卷尺从固定测点或靠近掘进工作面的专门点进行的。进尺是初期和末期工作面与固定点距离的差值。丈量巷道断面的各种尺寸时，可对照巷道设计或支护说明书进行。验收丈量结果与设计数据相比较的偏差应在规定的允许范围之内。验收丈量结果均应记在专门的记录本中。

在绘制巷道草图过程中，应该清楚地标明地质破坏点、见煤点、煤厚变化点、瓦斯突出点、涌水点等位置和其他详细情况，以便绘制专门的巷道图、矿井上、下对照图或者填绘到有关矿图上。

二、回采工作面测量

回采工作面应按月或按煤矿管理者规定的日期进行填图测量。每月的测量次数，取决于工作面的长度、推进速度、煤层埋藏要素和厚度变化情况，且应能满足生产和回采率计算等要求，至少每月一次。停产时必须进行测量。

工作面测量应以各级导线点为基础，采用低精度经纬仪、测角仪、卷尺等进行测量。

1. 缓倾斜和倾斜煤层回采工作面测量

如图9-28所示，在缓倾斜和倾斜煤层长壁工作面测量时，可沿工作面测设碎部导线，附合在下部运输巷和上部通风巷中的高一级导线点上。

工作面的轮廓点和其他要素可用支距法测量。附合导线的相对闭合差不得大于

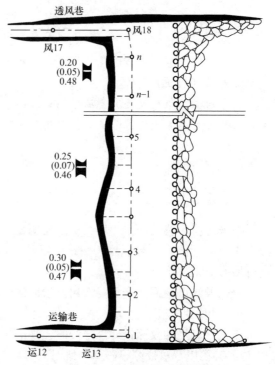

图9-28　长壁工作面测量

1/300。闭合差的分配可用图解法进行。

在回采工作面测量时，除了确定工作面位置外，还应沿工作面每隔一定距离丈量煤层厚度和倾角，记录顶、底板残留煤皮、浮煤情况，测定丢失煤柱的范围及断层、瓦斯突出点和涌水点的位置等。

2. 薄及中厚煤层急倾斜回采工作面测量

如图 9 - 29 所示，为用卷尺法进行急倾斜煤层倒台阶工作面测量的示意图。在上部风巷内靠近导线点 Ⅲ 和 Ⅳ 间标设 C 点。从 C 点沿煤层倾向拉卷尺，贴近工作面丈量出 Ca 得 a 点。然后卷尺顺走向沿台阶底板丈量 aa' 得 a' 点。再从 a' 点沿第二个台阶工作面顺倾向拉卷尺，丈量 $a'b$ 得 b 点。照此方法继续下去，最后附合到下部运输巷中的 B 点。B 点位于导线点 Ⅰ 和 Ⅱ 点附近。可用地质罗盘或挂罗盘来测定煤层的走向和倾角。台阶工作面位置及其他特征点位置可用支距法测得。若 B 点和 C 点不位于导线边的延长线上，可在 B 点和 C 点测夹角。

在测量过程中应绘制详细的草图，测量的相对闭合差不应超过 1/100，用图解法分配闭合差后，将测量成果绘到平面图上，再根据草图画出工作面轮廓线及采矿区的详细

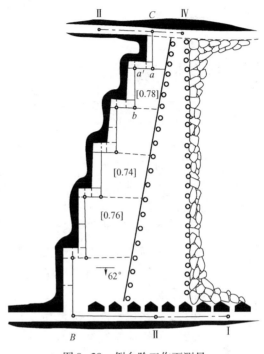

图 9 - 29　倒台阶工作面测量

情况。还需根据测量成果绘制回采工作面的层面图，比例尺为 1/500 ~ 1/1 000。此层面图供计算产量、损失量、储量动态及解决其他问题使用。

3. 综采工作面测量

为适应综采机械化采煤及机组运行的需要，一般综采工作面都设计成平面投影，近似为规整的长方形，走向长度可达数百米至千米以上，回采面空间也较大，且对上、下顺槽的平行度、准直度有较严格的限制。为此，测量工作应注意以下几点。

1）工作面斜长在不同位置应基本相同，其变化一般不应大于一个支架的宽度。因此，上、下平巷开口后，应严格控制巷道中线的方向，最好用激光指向仪标定巷道中线，并有可靠的检核措施。采区控制一般以 15″导线为宜，每掘进 30 ~ 120m 应延长一次。

2）由于煤层赋存条件的变化或其他原因，在掘进过程中，需要使上、下平巷改变掘进方向时，则应准确计算出上、下平巷中线转点的坐标和转向角值，并实地进行标定。在回采过程中，综采机组转向时，应预先算出机组掩护支架转向的最大弧长，以保证转向后的机组掩护支架的长度与采煤工作面的长度相适应。

3）开切眼的宽度是根据机组型号设计的，因此应严格按照设计尺寸进行施工，以保证综采机组的顺利安装和运行。

单元十

贯通测量

单元学习目标

课题一　概述

【任务描述】

　　贯通测量是为了保障地下工程（如隧道工程、矿山工程等）能够按照工程设计进行施工，并最终实现贯通而进行的各项测量工作。

　　本课题主要介绍贯通测量的分类、遵循的原则、贯通测量方法、容许偏差、贯通测量工作步骤、贯通测量设计书的编制及误差预计的方法。通过学习，让学生能够掌握贯通测量的相关知识。

【知识学习】

一、井巷贯通和贯通测量

　　巷道贯通测量一般指为了使掘进巷道按照设计要求在预定的地点正确接通而进行的测量

工作。为了加快矿井建设的步伐或加快生产的衔接，常采用多头掘进同一巷道。巷道贯通按照贯通的方式一般分为相向贯通、同向贯通和单向贯通。在井巷贯通时，煤矿测量人员的主要任务是保证各掘进工作面均沿着设计位置与方向掘进，使贯通后的接合处的偏差不超过规定限值，保证井巷的正常使用。反之，由于贯通测量过程中发生错误而未能实现顺利贯通，或贯通后在接合处偏差值超限，都将影响成巷的质量和巷道功能的使用，例如在皮带运输大巷、轨道大巷或重要斜井等重点区域，这样都可能直接影响巷道的使用，使整个矿井在生产上不能很好地衔接，生产受到很大的影响，而且直接造成废尺、废巷，因而，要求煤矿测量人员必须一丝不苟、严肃认真地完成各项测量工作。

1. 贯通测量工作应当遵循的原则

1）在确定测量方案和测量方法时，必须保证贯通所必需的精度，既不能因为精度过低而使巷道不能正确贯通，也不能因盲目追求过高精度而增加大量的工作和工作成本。

2）应对所完成工作的每一步、每一个工作环节都要做到规范化、科学化、标准化，要做到测量的各个工作环节有检核、有记录，如计算台账两人对算，贯通数据两人核算等，在日常测量工作中，要保证两人对算制度及记录本检查核对制度，坚决杜绝粗差的发生。

2. 贯通测量的方法

贯通测量的方法主要是测出贯通巷道两端导线点的平面位置和高程，通过坐标的反算求得巷道中线坐标方位角和距离，通过高程计算巷道腰线的坡度。计算的结果要与设计值进行比较，其差值必须在规范容许的范围之内，同时在贯通前计算出巷道的指向角，利用上述数据在巷道的两端或一端标定出巷道中线和腰线，用来指示巷道按照设计的同一方向和同一坡度分头掘进，直到在贯通相遇点处顺利贯通。在整个测量工作中都要进行现场放样数据与设计数据的比较，保证成巷的质量和贯通的精度。

二、井巷贯通测量的种类和容许偏差

井巷贯通一般分为一井内的巷道贯通、两井之间的巷道贯通和立井贯通三种类型。

对于贯通巷道接合处的偏差值，一般发生在三个方向上。

1）在水平面内沿巷道中线方向上的长度偏差，这种偏差只对贯通距离有影响，而对巷道质量没有影响。

2）在水平面内垂直于巷道中线的左、右偏差 $\Delta x'$。

3）在竖直面内垂直于巷道腰线的上、下偏差 Δh。

通过分析得出，影响巷道贯通最大的因素为后两种偏差 $\Delta x'$、Δh，因为它们直接关系到成巷的质量，因而在贯通测量中，把 $\Delta x'$、Δh 作为贯通重要方向的偏差。

井巷贯通在重要方向的容许偏差值，一般由矿（井）技术负责人和测量负责人根据井巷的用途、类型及性质等不同条件共同研究确定。井巷贯通的容许偏差参考值见表10-1。

表10-1　井巷贯通的容许偏差参考值

贯通种类	贯通巷道名称和特点	在贯通面上的容许偏差/m	
		水平方向	高程方向
第一类	一井内贯通巷道	0.3	0.2
第二类	两井之间贯通巷道	0.5	0.2

（续）

贯通种类	贯通巷道名称和特点	在贯通面上的容许偏差/m	
		水平方向	高程方向
第三类 （立井）	先用小断面开凿，贯通之后再刷大至设计全断面	0.5	–
	用全断面开凿，并同时砌筑永久井壁	0.1	–
	全断面掘砌，并在被保护岩柱之前预先安装罐梁、罐道	0.02~0.03	–

三、贯通测量工作步骤

1）调查了解贯通巷道的实际情况，根据贯通巷道的容许偏差，选择合理的测量方案、测量方法和测量手段。对于重要的大型贯通工程，按要求编制贯通测量设计书，同时进行贯通测量误差预计，验证选择的测量方案、测量仪器和测量方法的合理性。

2）依据选定的测量方案和测量方法，进行施测和计算，在每一个施测和计算环节，均需有独立可靠的检核程序，并能够将施测的实际测量精度与原设计书中要求的精度进行比较。若发现实测数据的精度低于设计中要求的精度时，应当及时分析原因，找出问题所在，及时采取措施，保证测量的精度。

3）根据贯通工程的相关设计图样，计算贯通巷道的标定几何要素，并根据计算的数据到现场标定巷道的中线和腰线。

4）在贯通测量日常工作中，应当根据掘进巷道的需要，及时延长巷道的中线和腰线，按照《煤矿测量规程》的规定：当两个掘进工作面之间的距离在岩巷中剩下 15~20m、煤巷中剩下 20~30m 时（快速掘进时应于贯通前两天），测量负责人应以书面形式报告矿（井）技术负责人及安全检查和施工区、队等有关部门。

5）当巷道实现贯通后，应立即组织相关人员进行实际贯通偏差的测量工作，使两侧的导线连接，计算各项闭合差；还要对最后一段中腰线进行调整，保证成巷的质量。

6）当贯通工程结束后，要及时根据情况，认真编写贯通总结，内容须有精度的分析与评定，测量工作的得与失，用实际数据检查测量工作的成果，验证贯通测量误差预计，通过导线的评定，确定实际测角中误差和测边相对中误差。

四、贯通测量设计书的编制

对于重要的大型工程（一般大于 3 000m）应该编制贯通测量设计书，其主要目的和任务是选择合理的测量方案，确定选取的测量方法和测量手段。

设计书的主要内容有以下几项。

（1）巷道贯通工程概况　主要包括该贯通工程的目的、任务和要求，确定贯通容许偏差值，并绘制不小于 1:2 000 比例尺的巷道贯通工程预计图。

（2）贯通测量方案的选择　主要包括矿井地面控制测量、矿井平面和高程联系测量、确定井下控制测量的方案，并对起算数据进行说明，如数据来源、点位精度及起算边方位角精度等。

（3）贯通测量方法的确定　主要是确定测量的仪器设备、测量方法以及限差的规定。

（4）进行贯通测量误差预计　首先要根据贯通工程所确定的导线路线，绘制比例尺不小于1:2 000的贯通测量设计平面图，或直接生成数字化的贯通测量设计平面图，并在平面图上展绘出实测的点及预计的布设点，根据现有的技术水平来进行测量误差参数的选取。在误差预计时，一般选取2倍的中误差作为预计误差，预计误差不能超过规定的容许偏差值。

（5）根据工程的性质和自然条件、要求，有针对性地提出测量工作应注意的问题和采取的措施 包括导线边长归化到投影水准面、导线边长投影到高斯－克吕格平面的改正，经纬仪在倾斜巷道的倾斜改正问题等，通过这些措施保证各项测量工作有序、稳定地进行。

五、测量误差预计方法

1. 收集资料，选取适当的测量路线，初步确定贯通测量方案

首先，从贯通工程的设计和施工部门了解有关工程的设计施工部署，以及工程要求限差、贯通可能的相遇点等情况，根据设计图样验算设计几何关系的准确性，保证数据闭合，保证施工设计图准确无误。

其次，应及时收集准备与贯通测量有关的测量资料，准备必要的测量起始数据，并了解测量方法和应达到的测量精度；并在相关图上绘出与贯通工程有关的巷道及井上、下测量的控制点、水准点等，为测量设计做好充分的准备工作。根据实际情况选择可能的测量方案，一开始确定几个可行的方案，经过严密的数学分析，根据误差大小、现有技术条件、工作量大小或成本高低、现场作业环境好坏等因素，进行综合考虑，并根据矿井已有的贯通分析结果及对已有导线资料的分析选取合理的预计参数，确定一个较优的贯通测量方案。

2. 选择适当的测量方法

测量方案初步确定后，就涉及测量方法和选用仪器的问题，确定多大的限差，应采取哪些措施，这些都要逐一确定下来。

当然这些选择是和误差预计一起进行的，由于误差预计参数的修改，测量方法也要进行改变。在进行测量方法的选择时，要结合本矿现有的仪器和设备、人员情况以及工作中常用的测量方法，根据以往的工作经验先确定其中一种测量方法，再经过误差预计，最终确定合理可行的测量方法。

3. 确定各种误差参数

误差预计参数的选择可按以下顺序选择。

1）充分采用本矿平时积累和分析得到的实测数据。

2）参考同类条件的其他矿井的测量资料。

3）采用相关测量规程中提供的数据。

4）采用公式推导来估算各项误差参数。

上述四种方法可以结合使用，充分分析、考虑各种影响因素，确定出理想的误差参数，以进行误差预计分析，并指导贯通测量工作。

根据初步选定的贯通测量方案、各项误差参数，并结合导线布置图，就可以估算出各项测量误差在贯通相遇点上重要方向上的误差，如水平重要方向及高程方向。通过进行误差预计，不但可以确定贯通的重要方向误差的大小，而且还能够确定哪些测量环节是误差主要来源，以便在现场测量过程中尽量减小不利情况，减弱测量误差对整个贯通测量工程的影响。

4. 最终确定贯通测量方案和测量方法

把估算得到的贯通预计误差与设计确定的容许偏差进行比较，一般当预计误差值小于容许偏差值时，则可认为所确定的测量方案和测量方法是可行的。但预计误差值也不能过小，这样势必会加大工作量和测量成本。当预计误差值超过了容许偏差值时，必须调整测量方案或测量方法，再重新进行误差预计工作。这样用逐渐趋近的办法，直到最终符合要求为止。在确有现有技术手段难以满足贯通测量要求的情况下，可以向矿（井）总工程师和相关设计部门提出，在施工中采取某些特殊技术的措施，如先掘小断面贯通再把贯通断面刷大成巷的方法，也可以改变贯通相遇点位置，如把对接贯通改为垂直贯通，这样大大降低了巷道在水平重要方向上的限差要求。

【思考与练习】

1. 贯通测量的分类有哪些？
2. 贯通测量遵循哪些原则？
3. 贯通测量工作步骤有哪些？
4. 在贯通点的重要测量方向有哪些？

课题二　一井内巷道的贯通测量

【任务描述】

一井内巷道贯通测量是矿井最常见的贯通测量，它是日常性的贯通测量工作。

本课题主要学习一井内巷道贯通测量的工作内容、贯通测量标定要素的计算方法、巷道贯通中线、腰线的标定和一井内巷道贯通误差的预计方法。通过学习，让学生能够进行贯通测量标定要素的计算及一井内巷道贯通误差的预计。

【知识学习】

一、概述

一井内巷道贯通是指在一个矿井内各水平、各采区及各阶段之间或之内的巷道贯通。这类贯通只需进行井下的平面控制测量和高程控制测量，不必进行地面测量和矿井联系测量，它是矿山最主要的贯通形式，如水平延伸贯通、采区巷道贯通等。在一井内巷道沿导向层掘进一般只标定巷道的中线，此时在进行贯通误差预计时，只预计其水平重要方向的误差。如没有沿导向层掘进，在进行贯通误差预计时，既要预计水平重要方向的误差，也要预计高程方向的误差。

其主要工作内容包括以下几项。

1）收集巷道贯通的资料和精度要求。
2）根据现有巷道和测量导线等级、形式，选取最优的测量路线。
3）根据误差预计，确定测量方案，包括导线的等级、测量方法等。
4）根据设计完成贯通测量解算台账，保证巷道按设计进行掘进。
5）进行井下导线测量和高程测量。
6）计算贯通测量的标定要素。

二、贯通测量标定要素的计算

巷道贯通时，必须根据巷道设计完成各项测量工作；在现场放线时，必须按照设计把巷道的中线、腰线标定好，中线控制巷道的平面位置，腰线控制巷道的坡度及高程位置。

图 10-1 为在一水平大巷、二水平大巷间开掘运输斜井的示意图。

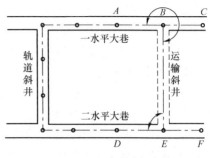

对于此类贯通，首先根据选用的导线等级，联测导线，在图中可以通过轨道斜井，把一、二水平导线连接起来，保证导线系统的统一。根据设计点 B（X_B、Y_B、H_B）、点 E（X_E、Y_E、H_E）的设计坐标和高程，在计算时应选用实测值，保证与现有巷道情况吻合。

图 10-1　巷道贯通示意图

1. 相关计算公式

（1）计算贯通巷道中心线的方位角 α_{BE}

$$\alpha_{BE} = \arctan \frac{y_E - y_B}{x_E - x_B} = \arctan \frac{\Delta y_{BE}}{\Delta x_{BE}} \tag{10-1}$$

（2）计算 B、E 处的指向角 β_B、β_E

$$\left. \begin{array}{l} \beta_B = \alpha_{BE} - \alpha_{BA} \\ \beta_E = \alpha_{EB} - \alpha_{ED} \end{array} \right\} \tag{10-2}$$

（3）计算 BE 两点的水平距离

$$D_{BE} = \sqrt{(x_E - x_B)^2 + (y_E - y_B)^2} = \sqrt{\Delta x_{BE}^2 + \Delta y_{BE}^2} \tag{10-3}$$

（4）计算贯通巷道的倾角

$$\delta_{BE} = \arctan \frac{H_E - H_B}{D_{BE}} = \arctan \frac{\Delta h_{BE}}{D_{BE}} \tag{10-4}$$

2. 标定贯通巷道的中线、腰线

根据上面相关公式及导线点的坐标，在内业时计算出各标定要素，并专门绘制一张现场放样图，图上绘制各导线点、转角、坡度等数据，在现场放样时使用。如图 10-1 所示，在 B、E 点安置经纬仪分别后视 A、D 点，按指向角 β_B、β_E 分别标定出贯通巷道的中线。为了保证中线的正常使用，在现场工作中，一组中线点为 4 个，其相邻点间距离一般不小于 3m；每组腰线点应为 4 个，也可每 30~40m 设置一个腰线点，但须在帮上画出腰线。腰线距巷道底板（轨面）的高度在同一矿井中宜为定值，可以通过实测及设计巷道底板的高度，计算出线下数（腰线至巷道底板的铅垂距离），腰线的标定可以采用经纬仪、坡面仪、水准仪（坡度小于 8°）等仪器直接标定。中线点、腰线点至掘进工作面的距离，一般应不超过 30~40m。在延设中线点、腰线点过程中，对所使用的和新设的中线点、腰线点均需进行检查。最后一次标定贯通方向时，两个相向工作面间的距离不得小于 50m。

用激光指向仪指示巷道掘进方向，激光指向仪的设置位置和光束方向，应根据经纬仪和水准仪标定的中线点、腰线点确定，所用的中线点、腰线点一般应不少于 3 个，点间距离以大于 30m 为宜；仪器设置必须安全牢靠，仪器至掘进工作面的距离应不小于 70m。在使用过程中要加强管理，每次使用前应检查激光光束，使其正确指示巷道掘进方向；巷道每掘进

100m，应至少对中线点、腰线点进行一次检查，并根据检查测量结果调整中线、腰线的位置。

3. 提交贯通通知单

根据《煤矿测量规程》规定，"贯通工程两工作面间的距离在岩巷中剩下 15～20m、煤巷中剩下 20～30m（快速掘进应于贯通前两天）时，测量负责人应以书面报告矿（井）技术负责人，并通知安全检查和施工区、队等有关部门"。通通知单主要内容应以图的形式，标出导线点至工作面迎头的距离、导线点至贯通点的距离。

4. 编写贯通总结

当巷道贯通后，应及时测量贯通相遇点的偏差，主要是通过贯通点两侧导线联测，得到水平重要方向和高程方向的偏差值。并与贯通误差预计值进行比较，编写贯通工作总结。

例：如图 10-1 所示，已知 B 点坐标（380 671.622，71 388.308，－600.821），E 点坐标（380 087.799，71 223.502，－713.254），$\alpha_{BA} = 286°19'53''$，$\alpha_{ED} = 285°49'55''$，试求标定要素。

根据 BE 两点坐标解算两点间的方位角为 $\alpha_{BE} = 195°45'49''$

BE 两点间的水平距离 $D_{BE} = 606.639$m

则根据式（10-2）计算 B、E 两点的指向角

$$\beta_B = \alpha_{BE} - \alpha_{BA} = 195°45'49'' - 286°19'53'' = -89°55'54''$$

$$\beta_E = \alpha_{EB} - \alpha_{ED} = 15°45'49'' - 285°49'55'' = -269°25'56''$$

巷道坡度 δ_{BE} 根据式（10-4）计算得

$$\delta_{BE} = \arctan \frac{H_E - H_B}{D_{BE}} = \arctan \frac{-713.256 + 600.821}{606.639} = -10°30'00''$$

三、一井内巷道贯通误差预计

如图 10-2 所示，在进行误差预计时，主要是预计水平重要方向 x' 的误差，及高程方向的误差。首先根据在水平重要方向、高程方向上的设计允许值，选用一定等级的导线和高程路线，在比例尺 1:1 000 或 1:2 000 的图纸上进行布点，如果有导线点，就不必另设。进行误差预计时，各种数据一般是由图中量取的。

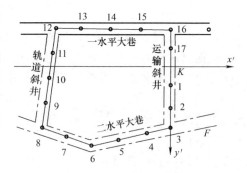

图 10-2　贯通误差预计图

1. 水平方向上的误差预计

（1）由导线测角误差引起 K 点在 x' 方向上的误差为

$$M_{x'_\beta} = \pm \frac{m_\beta}{\rho} \sqrt{\sum R_{y'}^2} \tag{10-5}$$

（2）由导线测边误差引起 K 点在 x' 方向上的误差为

1）钢尺量边时

$$M_{x'_l} = \pm \sqrt{a^2 \sum l \cos^2 \alpha' + b^2 L_x^2} \tag{10-6}$$

如此类贯通，$L_x = 0$，则有

$$M_{x'_l} = \pm a \sqrt{\sum m_l \cos^2 \alpha'}$$

2）光电测距时

$$M_{x'_l} = \pm \sqrt{\sum \cos^2 \alpha' m_l} \qquad (10 - 7)$$

式中　m_β——井下导线测角中误差；

$R_{y'}$——K点与各导线点连线在y'轴上的投影长（m）；

α'——导线各边与x'轴间的夹角（$\circ'''$）；

m_l——光电测距的量边误差，$m_l = \pm(A + Bl)$；

a——钢尺量边的偶然误差影响系数；

l——导线各边的边长（m）；

b——钢尺量边的系统误差影响系数；

L_x——导线闭合线在假定x'轴上的投影长（m）。

（3）K点在x'方向上的预计中误差为

$$M_{x'_K} = \pm \sqrt{M_{x'_\beta}^2 + M_{x'_l}^2} \qquad (10 - 8)$$

若导线独立施测两次，则平均值中误差为

$$M_{x'_{K平}} = \frac{M_{x'_K}}{\sqrt{2}}$$

（4）K点在x'方向上的预计贯通误差为

$$M_{x'_{K预}} = 2 M_{x'_{K平}} = \sqrt{2} M_{x'_K} \qquad (10 - 9)$$

2. 竖直方向上的误差预计

在竖起方向上的误差预计主要考虑水准测量和三角高程测量引起的误差。

（1）水准测量误差　按每 km 水准路线的高差中误差估算

$$M_{H_水} = m_{h_L} \sqrt{R} \qquad (10 - 10)$$

式中　m_{h_L}——每 km 水准路线的高差中误差，可按照《煤矿测量规程》取值为

$$m_{h_L} = \frac{50}{2\sqrt{2}} = \pm 17.7 \, \text{mm/km}$$

R——水准路线总长度（km）。

（2）三角高程测量误差　按每 km 三角高程路线的高差中误差估算

$$M_{H_经} = m_{h_L} \sqrt{L} \qquad (10 - 11)$$

式中　m_{h_L}——每 km 三角高程路线的高差中误差，可按照《煤矿测量规程》取值为

$$m_{h_L} = \pm \frac{100}{2} = \pm 50 \, \text{mm/km}$$

L——三角高程路线总长度（km）。

（3）K点在高程上的预计中误差为

$$M_{H_K} = \pm \sqrt{M_{H_水}^2 + M_{H_经}^2} \qquad (10 - 12)$$

若独立施测两次，则平均值中误差为

$$M_{H_{K平}} = \frac{M_{H_K}}{\sqrt{2}}$$

（4）K 点在高程上的预计贯通误差为

$$M_{H_\text{预}} = 2M_{H_{K\text{平}}} = \sqrt{2}M_{HK} \qquad (10\text{-}13)$$

【思考与练习】

1. 如何进行一井内的贯通测量？

2. 如图 10-3 所示，欲在 AC 点间开掘巷道。已知 A 点坐标（8 225.133，5 268.417），A 点高程为 30.662m，C 点坐标（8 017.566，5 132.488），C 点高程为 75.966m，$\alpha_{BA} = 269°39'10''$，$\alpha_{DC} = 283°27'32''$。

试求 A 点、C 点的指向角、水平距离及巷道坡度。

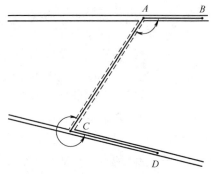

图 10-3 AC 点间开掘巷道示意图

课题三　两井间巷道的贯通测量

【任务描述】

两井间巷道贯通测量主要是指在两个井硐之间进行的井下巷道贯通测量工作，要进行地面连接测量、矿井联系测量工作。

本课题主要学习两井间巷道贯通的主要工作及其误差预计的方法。

【知识学习】

一、概述

两井间的巷道贯通测量主要是指在两个井硐之间进行的井下巷道贯通测量工作，它除了一井内的贯通测量工作以外，还要进行地面连接测量、矿井联系测量工作。因而工作更加繁杂，在工作的各个环节中，要认真做好各项测量工作。

对于井工开采的矿井，以立井贯通测量最为复杂，主要是在联系测量环节。在平面联系测量时可采用一井定向、两井定向或陀螺定向，现在主要采用陀螺定向，因为陀螺定向占用井筒时间短，定向精度高。斜井、平硐相对简单，井上、下的导线可以直接联测，就不存在联系的问题了。

在立井间贯通测量的主要工作有以下几项内容。

1）制定贯通测量方案，进行误差预计，选取适合本矿井的测量手段和测量方法。

2）地面两井间的连接测量，可以采用一般导线测量，也可采用 GPS 测量。

3）进行矿井联系测量，包括平面联系测量、高程联系测量。

4）井下导线连接测量，主要是把贯通点及贯通工作面两侧的导线进行连接测量。

5）根据设计进行现场标定工作，包括标定巷道中线、腰线，保证实现正常贯通。

6）贯通后，及时测量贯通偏差，进行贯通总结。

二、两井间贯通误差预计

地面平面连接测量误差引起 K 点 x' 方向上的误差。

当在地面平面连接测量采用导线联测时，其误差预计与井下导线预计公式相同。

（1）由地面导线测角误差引起 K 点在 x' 方向上的误差为

$$M_{x'_{\beta \perp}} = \pm \frac{m_{\beta \perp}}{\rho} \sqrt{\sum R_{y'}^2}$$

（2）由导线测边误差引起 K 点在 x' 方向上的误差为

1）钢尺量边时

$$M_{x'_{l \perp}} = \pm \sqrt{a^2 \sum l \cos^2 \alpha'}$$

2）光电测距时

$$M_{x'_{l \perp}} = \pm \sqrt{\sum \cos^2 \alpha' m_l}$$

式中　m_β——地面导线测角中误差；

　　　$R_{y'}$——K 点与各导线点连线在 y' 轴上的投影长（m）；

　　　α'——导线各边与 x' 轴间的夹角（°'''）；

　　　m_l——光电测距的量边误差，$m_l = \pm (A + Bl)$；

　　　a——钢尺量边的偶然误差影响系数；

　　　l——导线各边的边长（m）。

（3）地面连接导线的误差

$$M_{x'_{\perp}} = \pm \sqrt{M_{x'_{\beta \perp}}^2 + M_{x'_{l \perp}}^2}$$

（4）定向测量误差引起 K 点 x' 方向上的误差　采用几何定向或陀螺定向，定向测量的误差都集中反映在井下导线起始边的坐标方位角误差上，所以定向测量误差引起的 K 点在 x' 方向上的误差为

$$M_{x'_0} = \pm \frac{m_{a_0}}{\rho} R_{y'_0} \tag{10-14}$$

式中　m_{a_0}——定向测量误差，由定向引起的井下导线起始边坐标方位角的误差；

　　　$R_{y'_0}$——井下导线起始点与 K 点连线在 y' 轴上的投影长（m），如图 10-4 中所示的 $R_{y'_{01}}$ 和 $R_{y'_{02}}$。

（5）井下导线误差引起 K 点 x' 方向上的误差

因与一井内的公式完全一致，在此略。

（6）各项测量误差引起 K 点 x' 方向上的总误差

$$M_{x'_K} = \pm \sqrt{M_{x'_{\perp}}^2 + M_{x'_{01}}^2 + M_{x'_{02}}^2 + M_{x'_{\beta \mathrm{F}}}^2 + M_{x'_{l \mathrm{F}}}^2} \tag{10-15}$$

若各项测量均独立进行了两次，则平均值的中误差为

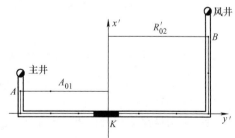

图 10-4　定向误差对 K 点的影响

$$M_{x'_{K\Psi}} = \frac{M_{x'_K}}{\sqrt{2}}$$

则 K 点在 x' 方向上的预计贯通误差为

$$M_{x'_{\overline{\text{预}}}} = 2M_{x'_{K\overline{\text{平}}}}$$

三、贯通相遇点 K 在高程上的误差预计

两井间巷道贯通相遇点 K 在高程上的误差包括地面水准测量误差、导入高程误差、井下水准测量和井下三角高程测量误差。

1. 地面水准测量误差

地面水准测量引起的高程误差的估算公式为

$$M_{H_{\pm}} = m_{h_1}\sqrt{L}$$

式中　m_{h_1}——地面水准测量每 km 长度的高差中误差;

　　　　L——地面水准路线长度(km)。

2. 导入高程误差

导入高程引起的误差的估算公式为

$$M_{H_0} = \pm\frac{1}{T_0}h \qquad\qquad (10\text{-}16)$$

式中　$\dfrac{1}{T_0}$——导入高程的相对中误差;

　　　　h——井筒深度(m)

分别计算两个立井的导入高程中误差 $M_{H_{01}}$、$M_{H_{02}}$。

如果没有实测高程中误差,在《煤矿测量规程》中规定:两次独立导入高程的互差不得超过井筒深度 h 的 1/8 000,则导入高程的相对中误差为

$$\frac{1}{T_0} = \pm\frac{1}{2\sqrt{2}}\times\frac{1}{8\ 000} \approx \pm\frac{1}{22\ 600}$$

3. 井下高程测量引起 K 点的误差

1) 井下水准测量误差引起 K 点在高程上的误差为

$$M_{H_{\pm}} = m_{h_L}\sqrt{R}$$

2) 井下三角高程测量误差引起 K 点在高程上的误差为

$$M_{H_{\text{经}}} = m_{h_L}\sqrt{L}$$

4. 各项误差引起 K 点在高程上的总误差

$$M_{H_K} = \pm\sqrt{M_{H_{\pm}}^2 + M_{H_{01}}^2 + M_{H_{02}}^2 + M_{H_{\pm}}^2 + M_{H_{\text{经}}}^2}$$

如需独立施测两次,则平均值中误差为

$$M_{H_{K\overline{\text{平}}}} = \frac{M_{H_K}}{\sqrt{2}}$$

取两倍中误差为预计误差,则 K 点在高程上的预计贯通误差为

$$M_{H_{\overline{\text{预}}}} = 2M_{H_{K\overline{\text{平}}}}$$

【思考与练习】

1. 简述两井间贯通测量的主要工作。

2. 简述两井间贯通测量误差的预计方法。

课题四 立井的贯通测量

【任务描述】

立井贯通测量主要是指进行立井开掘时所进行的各项测量工作。

本课题主要学习立井贯通测量的工作步骤及贯通误差预计方法。

【知识学习】

在立井开掘中，一般由上而下开拓，也有通过反井开拓，也可上、下同时开凿。在立井开掘中，按照测量人员标定的井筒十字中心线来开掘，保证井筒上、下两个掘进工作面上所标定的井筒中心位于一条铅垂线上，坐标 (X_0, Y_0)。立井贯通测量的贯通精度要求很高，见表 10-1，为此主要考虑井筒中心的相对偏差，而竖直方向不需要进行误差预计。

一、立井贯通测量步骤

如图 10-5 所示，立井贯通测量步骤如下。

1) 在主井和副井之间施测地面连接导线，确定副井的井筒中心 (X_0, Y_0)，并用井筒十字中线在现场标定。

2) 在主井进行陀螺定向，确定井下导线起算点坐标、起算边方位角。

3) 导入高程，在主井附近布设井下水准基点。

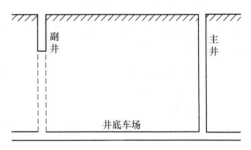

图 10-5 立井贯通示意图

4) 在主井、副井间联测井下导线。

5) 确定井下副井中心位置，并标定井筒中心。

6) 定期检查十字中线、井筒中心位置。

二、立井贯通误差预计

在立井的贯通测量误差预计时，一般是分别预计井筒中心在提升中心线方向 x' 和与之垂直的方向 y' 上的误差，然后求出井筒中心的平面位置误差，也可直接预计井筒中心平面位置误差。立井误差预计的公式与两井贯通测量公式基本一致，在此略。

【思考与练习】

1. 简述立井贯通测量步骤。

2. 简述立井贯通测量误差预计的重要位置。

课题五 贯通测量设计方案案例分析

【任务描述】

通过一项贯通测量工程，进行贯通测量方案的设计工作。

本课题主要学习平面测量方案设计和高程测量方案设计的方法。

【知识学习】

某矿欲在第二开采水平与第三开采水平间新掘一条运输斜井，全长为 432m，坡度为 10°，实现第三开采水平的煤运到第二开采水平，再集中外运，如图 10-6 所示，采用对向掘进，当相距 40m 时，采用一个工作面掘进的方法。

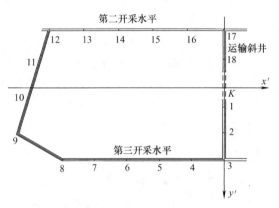

图 10-6 贯通误差预计图

一、平面测量方案设计

1. 确定平面贯通测量限差

在进行误差预计时，应根据矿井设计及矿井巷道实际情况，选择最优导线，按比例绘制贯通误差预计图，各种数据可直接由图中量取。

在布设测点时，应尽量减小短边，可适当加大边长。根据贯通工程要求，本次贯通在水平重要方向上的限差为 0.2m，于本次贯通相对简单，只需预计井下导线测角和量边误差。

2. 测量方案设计

根据煤矿测量规程以及本矿的条件，布设 7″导线，采用 2″级全站仪测量，采用 1 次对中、2 个测回的测量方法，两测回间互差不大于 12″，检查角限差 20″；量距精度为 ±（2mm + 2mm × $10^{-6}D$），测边时测两个测回，记录温度和气压。

1）测角误差引起 K 点在 x' 方向的预计误差(各种数据见表 10-2)为

表 10-2 贯通测量预计表

点号	R_y/m	R_y^2/m²	边号	$m_1\cos^2 a$
1	68	4 624	K—1	0
2	154	23 716	1—2	0
3	246	60 516	2—3	0
4	246	60 516	3—4	2.3
5	246	60 516	4—5	2.3
6	246	60 516	5—6	2.3
7	246	60 516	6—7	2.3

（续）

点号	$R_{y'}/m$	$R_{y'}^2/m$	边号	$m_1\cos^2 a$
8	246	60 516	7—8	2.3
9	158	24 964	8—9	1.7
10	36	1 296	9—10	0.2
11	79	6 241	10—11	0.2
12	193	37 249	10—12	0.2
13	193	37 249	12—13	2.3
14	193	37 249	13—14	2.3
15	193	37 249	14—15	2.3
16	193	37 249	15—16	2.3
17	193	37 249	16—17	2.3
18	93	8 649	17—18	0
			18—K	0
$\sum R{y'}^2$		656 080	$\sum$	25.3

$$M_{x'_\beta} = \pm \frac{m_\beta}{\rho}\sqrt{R_{y'}^2} = \pm \frac{7}{206\ 265}\sqrt{656\ 080}\,\text{m} = \pm 0.027\text{m} = \pm 27\text{mm}$$

2）量边误差引起 K 点在 x' 方向的预计误差为

$$M_{x'_1} = \pm\sqrt{\sum\cos^2\alpha' m_1} = \pm\sqrt{25.3}\,\text{m} = \pm 5\text{mm}$$

3）K 点在 x' 方向上的预计中误差为

$$M_{x'_K} = \pm\sqrt{M_{x'_\beta}^2 + M_{x'_1}^2} = \pm\sqrt{27^2 + 5^2}\,\text{m} = \pm 27.5\text{mm}$$

4）为了检核，导线须独立测量两次，则平均值中误差为

$$M_{x'_{K平均}} = \frac{M_{x'_K}}{\sqrt{2}} = \pm\frac{27.5\text{mm}}{\sqrt{2}} = \pm 19.4\text{mm}$$

5）K 点在水平重要方向上的预计贯通误差为

$$M_{x'_{K预}} = 2M_{x'_{K平均}} = \pm 19.4\text{mm} \times 2 = \pm 39\text{mm}$$

可见 K 点在水平重要方向上的预计误差明显小于 $0.2m$ 的贯通容许偏差，因此满足工程需要。

二、高程测量方案设计

1. 确定高程贯通测量限差

根据工程实际在高程方向上的限差为 $0.2m$，做水准测量和三角高程测量两项误差的预计。

2. 测量方案设计

本次在平巷中采用水准测量，路线长 $1\ 170m$，采用等外水准，DS_3 水准仪往返测量，相邻两点的高差互差不大于 $5mm$。在斜巷中采用三角高程测量，用全站仪测垂直角及量边，测量时注意量取仪器高和目标高，测前、测后各量一次，互差不超过 $5mm$。

1）在平巷中的水准测量误差为：

$$M_{H_水} = m_{h_L}\sqrt{R} = \pm 17.7\sqrt{1.17}\,mm = \pm 19.1\,mm$$

2）在倾斜巷道中的三角高程测量误差为

$$M_{H_经} = m_{h_L}\sqrt{L} = \pm 50\sqrt{0.97}\,mm = \pm 49.2\,mm$$

3）K 点在竖直方向上的预计中误差为

$$M_{H_K} = \pm\sqrt{M_{H_水}^2 + M_{H_经}^2} = \pm\sqrt{19.1^2 + 49.2^2}\,mm = \pm 52.8\,mm$$

4）水准测量和三角高程测量均独立施测两次，则平均值的中误差为

$$M_{H_{K平均}} = \frac{M_{H_K}}{\sqrt{2}} = \pm\frac{52.8\,mm}{\sqrt{2}} = \pm 37.3\,mm$$

5）K 点在竖直方向上的预计贯通误差为

$$M_{H_预} = 2M_{H_{K平均}} = \pm 37.3\,mm \times 2 \approx \pm 75\,mm = 0.075\,m$$

可见 K 点在高程方向上的预计误差小于 0.2m 的贯通容许偏差，因此满足工程需要。

【思考与练习】

1. 如何确定平面贯通测量限差？
2. 如何确定井下高程贯通测量方案设计？

单元十一

岩层与地表移动

单元学习目标	☞ 知识目标
	（1）理解岩层与地表移动现象
	（2）了解地表移动对建筑物的影响
	（3）掌握保护煤柱的留设的方法
	☞ 技能目标
	（1）能正确划分地表移动盆地边界
	（2）能正确确定岩层移动角
	（3）能正确留设保护煤柱

课题一　岩层与地表移动的概念

【任务描述】

地下煤层被大面积采空后，其周围的岩层便失去了原有的力学平衡状态，由于地质和采矿条件不同，岩层的移动与变形的形式和大小也不相同。本课题主要讨论岩层移动的形式，岩层移动稳定后采动岩层内的三带分布，地表移动，地表移动盆地的主断面，地表移动盆地边界及圈定边界的角值参数这些内容。

【知识学习】

一、岩层移动的形式

根据观测和研究发现，在矿山开采引起的岩层移动过程中，开采空间周围岩层的移动形式可归结为以下几种。

1. 弯曲

弯曲是岩层移动的主要形式。地下煤层采出后，便从直接顶板开始沿层面法线方向产生弯曲，直到地表。

在整个弯曲范围内，岩层可能出现数量不多的微小裂缝，但还是基本上保持其连续性和层状结构。

2. 岩层的垮落（或称冒落）

煤层采出后，采空区周边附近上方的岩层便弯曲而产生拉伸变形。当拉伸变形超过岩层的允许抗拉强度时，岩层便破碎成大小不一的岩块，并冒落充填于采空区。

此时，岩层不再保持其原有的层状结构。岩层的垮落是岩层移动过程中最剧烈的形式，通常只发生在采空区直接顶板岩层中。

3. 煤的挤出（又称片帮）

部分采空区边界煤层在煤层采出后，应力重新分布的过程中，由于其承载的支承压力逐渐增大，当所承载的压力超过煤层的极限承压强度时，这部分煤层将被压碎而挤向采空区，这种现象称为煤的挤出（又称片帮）。

由于增压区的存在，煤层顶底板岩层在支承压力作用下产生竖向压缩，从而导致采空区边界以外的上覆岩层和地表产生移动。

4. 岩石沿层面的滑移

在开采倾斜煤层时，岩石在自身重力的作用下，除产生沿层面法线方向的弯曲外，还会产生沿层面方向的移动。岩层倾角越大，岩层沿层面滑移越明显。

沿层面滑移的结果，使采空区上山方向的部分岩层受拉伸甚至断裂，而下山方向的部分岩层则受压缩。

5. 垮落岩石的下滑（或滚动）

煤层采出后，采空区被由顶板（或急倾斜煤层底板）冒落的岩块所充填。当矿层倾角较大而且开采自上而下顺序进行时，下山部分煤层继续开采而形成新的采空区，采空区上部垮落的岩石可能再次下滑而充填新采空区，从而使采空区上部的空间增大、下部空间减小，使位于采空区上山部分的岩层移动加剧而下山部分的岩层移动减弱。

6. 底板岩层的隆起

底板岩层较软时，当煤层采出后，采空区的底板在垂直方向上迅速减压，而采空区边界外的底板由于应力重新分布而导致其承载的压力逐渐增加，这种压力就会导致采空区的底板承受水平方向的压力，从而引起底板向采空区方向隆起。

应该指出，以上6种移动形式并非一定同时出现在每一个具体的岩层移动过程中。

二、岩层移动稳定后采动岩层内的三带分布

岩层移动稳定后，按岩层破坏程度不同，大致分为三个不同的开采影响带，如图11-1所示。

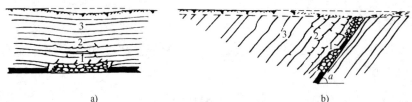

a)　　　　　　　　　　　　b)

图 11-1　采空区上覆岩层内移动分带

1—冒落带　2—裂缝带　3—弯曲带

1. 冒落带（或垮落带）

用全部垮落法管理顶板时，回采工作面放顶后引起采空区直接顶板岩层产生破坏的范围称为冒落带。冒落带的高度一般是煤层采出厚度的 3～5 倍。

2. 断裂带（或裂缝带）

冒落带以上到弯曲带之间为断裂带。断裂带虽然也发生下沉弯曲、垂直于层面的断裂和顺层面的离层裂缝，但仍保持其层状状态而不垮落。

断裂带与冒落带的界限不明显，一般合称为导水裂隙带，总高度可达煤层采出厚度的 9～12 倍。在水体下采煤时，如果导水裂隙带达到了水体（如河流、水库等）的底面，水或泥沙将可能沿着裂缝溃入井下，而导致严重的淹井事故的发生。

3. 弯曲带

在断裂带以上到地表的范围内称为弯曲带。弯曲带的岩层只是在重力作用下向法线方向弯曲、下沉，不再断裂，但仍保持岩层的整体性和层状结构。移动的过程是连续而有规律的。在上覆岩层总厚度足够大时，其高度一般要比导水裂隙带大。

以上划分的三带，在水平煤层或缓倾斜煤层开采时表现得比较明显。急倾斜煤层开采时，上覆岩层会出现三带，而不会出现充分采动区。底板岩层有时也会出现弯曲带和断裂带。

由于地质、采矿条件的不同，三带不一定会同时存在。

三、地表移动

1. 地表移动的概念

所谓地表移动，是指采空区面积扩大到移动范围后，岩层移动发展到地表，使地表产生移动和变形的现象。

地下开采以后，上覆岩层的移动传播到地表，地表也就随之产生不同形式的移动与变形。地表移动与变形的形式主要取决于当地的地质与采矿条件，特别是采空区的开采深度和开采出厚度。当开采深度 H 与开采出厚度 m 的比值大于 30，即 $H/m > 30$ 时，地表的移动在空间和时间上，一般情况下将是一种连续、渐变和有规律的现象；若 $H/m < 30$ 时，地表移动则有可能不是连续、规律的移动，地表将会出现较大的裂缝和塌陷坑。

2. 地表移动的形式

开采引起的地表移动过程，受多种地质采矿因素的影响，因此，随开采深度、开采出厚度、采煤方法、及煤层产状的移动和变形在空间和时间上是连续的、渐变的，地表移动的形式具有明显的规律性。当开采深度和采出厚度的比值较小或具有较大的地质构造时，地表的移动和变形在空间和时间上将是不连续的，移动和变形的分布没有严格的规律性，地表可能出现较大的裂缝或塌陷坑。地表移动和破坏的形式，主要有以下几种。

（1）地表移动盆地　在开采影响波及到地表以后，受采动影响的地表从原有标高向下沉降，从而在采空区上方地表形成一个比采空区面积大得多的沉陷区域。这种地表沉陷区域称为地表移动盆地，或称下沉盆地。在地表移动盆地形成的过程中，改变了地表原有的形态，引起了高低、坡度及水平位置的变化。因此，对位于影响范围内的道路、建筑物、生态环境等，都带来不同程度的危害影响。

（2）裂缝及台阶　在地表移动盆地的外边缘区，地表可能产生裂缝。裂缝的深度和宽度，与有无第四系松散层及其厚度、性质和变形值的大小密切相关，地表裂缝一般平行于采空区边界发展。当开采深度和采出厚度比值较小时，在推进中的工作面前方地表可能发生平行于工作面的裂缝，但裂缝的宽度和深度都比较小。地表裂缝的形式为楔形，地面的开口大，随深度的增大而减小，到一定深度将尖灭。

如果在地质条件上有比较大的断层或其他的地质构造存在，或者开采深度较小并且第四系表土层厚度较小时，地下开采有可能导致地表出现明显的台阶状变形，严重地破坏地表的连续性和整体性。

（3）塌陷坑　塌陷坑多出现在急倾斜煤层开采条件下。但在浅部缓倾斜煤层开采，地表有非连续性破坏时，也可能出现漏斗状塌陷坑。在开采深度很小或采出厚度很大的情况下，用房柱式采煤或峒室式水力采煤时，由于采出厚度不均匀，造成覆岩破坏高度不一致，也会在地表产生漏斗状塌陷坑，如图 11-2a、b 所示。

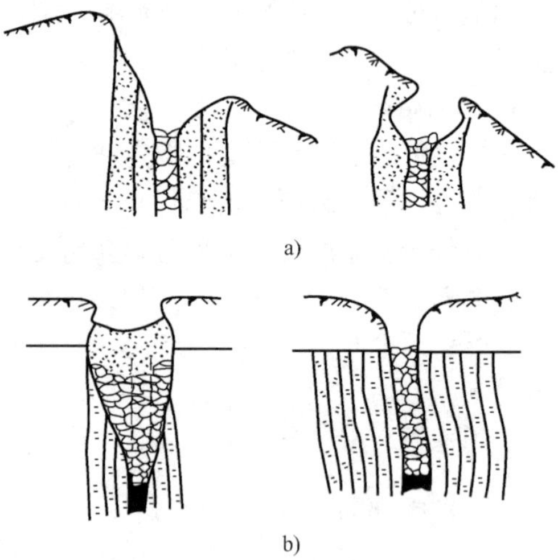

地表出现塌陷坑对于地表的建筑物、铁路、公路和水体的损害极大。因此，在建筑物下、铁路下及水体下采煤时，应极力设法避免这种现象的出现。

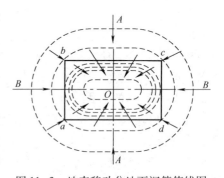

图 11-2　地表塌陷呈漏斗状

四、地表移动盆地的主断面

地表移动盆地内各点的移动和变形不完全相同，但在正常情况下，移动和变形的分布是有规律的。

图 11-3 表示的是水平煤层开采后所形成的地表移动分布规律。该图是一个理想化的示意图，图中 abcd 是采区轮廓在地表的投影，虚线表示移动盆地内下沉等值线（它是一组近似平行于开采边界的线族），箭头表示地表点的移动方向在平面上的投影。由图可见，采空区中心正上方的地表下沉值最大，向四周逐渐减小，到采空区边界上方时下沉值减小得比较迅速，向外逐渐趋于零。

地表点的水平移动大致指向采空区中心，采空区中心上方地表最终几乎不发生水平移动。开采边界上方地表水平移动值最大，向外逐渐减小为零。水平移动等值线也是一组平行于开采边界的线族。

图 11-3　地表移动盆地下沉等值线图

由于下沉等值线和水平移动等值线均平行于开采边界，移动盆地内下沉值最大的点和水平移动值为零的点都在采空区中心，因此通过采空区中心与煤层走向平行或垂直的断面上的地表移动值最大。在此断面上地表点几乎不产生垂直于此断面的水平移动。通常就将地表移动盆地内通过最大下沉点（或者说移动盆地的中心）所作的沿煤层走向或倾向的垂直断面称为地表移动盆地主断面，如图 11 - 3 所示中的 A—A 断面、B—B 断面。

实测表明，地表移动盆地主断面有下列特征。

1）在主断面上地表移动盆地的范围最大。

2）在主断面上地表移动最充分，移动量最大。

五、地表移动盆地边界

1. 移动盆地的最外边界

移动盆地最外边界是以地表移动和变形都为零的盆地边界点所圈定的边界。这个边界由仪器观测确定。考虑到观测误差，一般取下沉 10mm 的点为边界点。所以，最外边界实际上是以下沉为 10mm 的点圈定的边界。如图 11 - 4 所示中 $ABCD$ 边界。

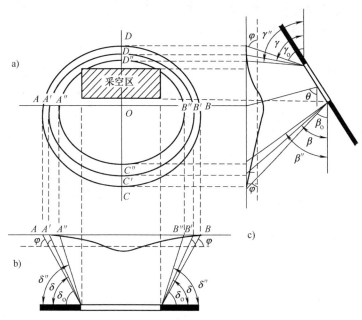

图 11 - 4　地表移动盆地分区

2. 移动盆地的危险移动边界

危险移动边界以盆地内的地表移动与变形对建筑物有无危害而划分的边界。对建筑物有无危害的标准是以临界变形值来衡量的。我国采用的一组临界变形值是：$i = 3\text{mm/m}$，$\varepsilon = 2\text{mm/m}$，$K = 0.2\text{mm/m}^2$。这组临界变形值是针对一般砖木结构建筑物求出的。用这个指标圈定的范围以外，为地表移动和变形对建筑物不产生明显损害的地带；在圈定的范围以内，为地表移动和变形对建筑物将产生有害影响的地带，如图 11 - 4 所示中 $A'C'B'D'$ 边界。

3. 移动盆地的裂缝边界

裂缝边界是根据移动盆地内最外侧的裂缝所圈定的边界，如图 11 - 4 中 $A''C''B''D''$。

六、圈定边界的角值参数

通常用角值参数圈定移动盆地边界。角值参数主要是边界角、移动角、裂缝角和松散层移动角。

1. 边界角

在充分采动或接近充分采动的条件下，地表移动盆地主断面上盆地边界点至采空区边界的连线与水平煤层在煤柱一侧的夹角称为边界角。当存在松散层时，应先从盆地边界点用松散层移动角划线，和基岩与松散层交接面相交，此交点至采空区边界的连线与水平线在煤柱一侧的夹角称为边界角。采空区下山方向、上山方向以及走向方向的边界角分别用 β_0、γ_0 和 δ_0 表示。急倾斜煤层的底板边界角，以 λ_0 表示。

2. 移动角

在充分采动或接近充分采动的条件下，地表移动盆地主断面上三个临界变形值中最外边一个临界变形值点至采空区边界的连线与水平线在煤柱一侧的夹角称为移动角。当有松散层存在时，应从最外边的临界变形值点用松散层移动角划线，和基岩与松散层交接面相交，此交点至采空区边界的连线与水平线在煤柱一侧的夹角称为移动角。采空区下山方向、上山方向及走向方向的移动角分别用 β、γ 和 δ 表示。急倾斜煤层的底板移动角，以 λ 表示。

3. 裂缝角

在充分采动或接近充分采动的条件下，地表移动盆地主断面上，移动盆地内最外侧的地表裂缝至采空区边界的连线与水平线在煤柱一侧的夹角称为裂缝角。采空区下山方向、上山方向及走向方向的裂缝角分别用 β''、γ'' 和 δ'' 表示。急倾斜煤层的底板移动角，以 λ'' 表示。

4. 松散层移动角

在地下煤层采空后，上覆岩层将产生移动和变形，在基岩内按移动角（β、γ 和 δ）传播到地表。如果地表下有松散层，则这种传播在到达松散层与基岩界面之后，在松散层里将改按松散层移动角 φ 向上传播，一直到地表。它不受煤层倾角的影响，其确定方法有直接法和间接法两种。

（1）直接法　当煤层埋藏较浅，上覆岩层主要为松散层时，可设置松散层观测站，通过实地观测，求取 φ 角。

（2）间接法　当采空区上部基岩直接露出地表，或虽有松散层但厚度很薄，在整个上覆岩层中占的比例很小时，可通过设站观测，直接求取基岩的移动角。然后利用已知的基岩移动角，间接求取松散层移动角，如图 11-5 所示。具体方法为：用基岩移动角自采空区边界划线，和基岩松散层交接面相交于 B 点，B 点至地表下沉为 10mm 的点 C 的连线与水平线在煤柱一侧的夹角，即为松散层移动角 φ。

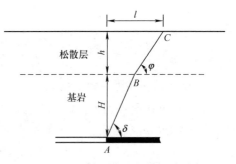

图 11-5　间接法求取松散层移动角

5. 充分采动角

在主断面上，移动盆地均匀下沉区边界点与同侧采空区边界点连线，在采空区一侧与煤层之夹角称为充分采动角。采空区下山边界、上山边界以及走向边界的充分采动角分别以符号 ψ_1、ψ_2 及 ψ_3 表示。

6. 最大下沉角

地表非充分采动时，出现碗型盆地。在倾斜主断面上，移动盆地的最大下沉点与采空区中心的连线，在下山方向与水平线的夹角为最大下沉角。如果地表充分采动时，可以用均匀下沉区中点来求最大下沉角。

最大下沉角 θ，可根据煤层倾角按下式计算

当倾角 $\alpha < 45°$时，

$$\theta = 90 - 0.5\alpha \tag{11-1}$$

当倾角 $\alpha > 45°$时，

$$\theta = 90 - (0.4 \sim 0.2)\alpha \tag{11-2}$$

【思考与练习】

1. 冒落带、断裂带、弯曲带是怎样划分的？
2. 影响岩层与地表移动的主要因素是什么？

课题二　确定移动角的方法

【任务描述】

　　为使井巷、建筑物、水体及铁路等免受地下开采的影响，在开采时，应采取适当的保护措施。常用的保护措施是根据移动角留设保护煤柱。在留设保护煤柱之前，需要确定移动角值。确定移动角的方法有实测法和类比法两种。实测法是在采空区上方的地面上建立地表移动观测站，测定各点高程和点间距的变化情况，再根据观测资料确定移动角值；类比法是借用地质条件和与采矿方法相近的矿区所测得的移动角值。

【知识学习】

一、用实测法确定移动角值

1. 建立地表移动观测站

　　在开采影响范围内的地表，按一定要求设置的一系列相互联系的观测点称为地表移动观测站。地表移动观测站的布设形式有网状观测站和剖面线状观测站两种。剖面线状观测站也称为主断面观测线，是我国目前采用较多的一种布设形式，如图11-6所示。

　　沿着倾向主断面和走向主断面设置 AB、CD 两条观测线，R_1、R_2、R_3、R_4 是不受开采影响的已知点，称为观测线控制点。受开

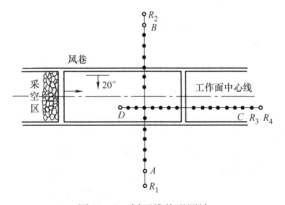

图 11-6　剖面线状观测站

采影响的观测点称为工作测点，观测线控制点到工作测点的距离为 $50 \sim 100m$。工作测点的构造与导线点相同。工作测点之间的距离应尽可能相等，其间距与开采深度有关，见表11-1。

表 11-1　工作测点间距与开采深度的关系

开采深度/m	点间距离/m	开采深度/m	点间距离/m
<50	5	200~300	20
50~100	10	300 以上	25
100~200	15		

建立地表移动观测站的地点的选择，应遵循由简单到复杂的原则。初次建立地表移动观测站的地点应尽量满足如下条件：煤层走向、倾角及厚度均稳定，地质条件较为简单，无大断层，单煤层开采，四周无采空区，且地势较为平坦。随着观测资料和研究成果的积累，逐渐增大观测地点的地质条件和采矿条件的复杂程度。

2. 地表移动观测站的观测

（1）连接测量　在埋设的点位固结之后，地表移动之前，将观测线控制点与矿区控制网进行联测，求得观测线控制点的坐标和高程。

（2）全面观测　全面观测的内容包括以下几项。

1）用水准仪测量各工作测点的高程。

2）用钢尺或全站仪测定各工作测点之间的间距。

3）测量各测点偏离观测线的距离（即支距测量）。

4）测量并描述地表破坏状态。

全面观测在地表开始移动前和移动稳定后，各观测两次。

地表移动全过程分为初始期、活跃期和衰退期。地表下沉值达到 10mm 即进入初始期，地表下沉速度大于 50mm/月（煤层倾角大于 45°时为 30mm/月）即进入活跃期，地表下沉速度小于 50mm/月即进入衰退期，六个月内累计下沉值不超过 30mm 即认为移动终止。

在初始期，当地表累计下沉值达到 50~100mm 时，进行采动后的第一次全面观测。在活跃期，全面观测的次数不少于 4 次。

（3）日常观测工作　日常观测工作是在首次和末次全面观测之间适当增加的水准测量工作，一般是 1~3 个月进行一次。

3. 观测成果的整理

（1）计算移动变形值

1）计算 n 号点的下沉值 W

$$W_n = H_0 - H_m \tag{11-3}$$

式中　H_0——首次观测的 n 号点高程（mm）；

　　　　H_m——第 m 次观测的 n 号点高程（mm）。

下沉值为正，表示测点位置下降；其为负，则表示测点位置上升。

2）计算 n 号点到 $n+1$ 号点之间的倾斜 i。

倾斜是指相邻两工作测点的下沉差与测点间距离之比，即

$$i_{n-(n+1)} = \frac{W_{n+1} - W_n}{l_{n-(n+1)}} \tag{11-4}$$

式中　W_n、W_{n+1}——n 号点和 $n+1$ 号点间的下沉值（mm）；

$l_{n-(n+1)}$——n 号点和 $n+1$ 号点间的水平距离（m）。

计算的倾斜值有正负之分，倾斜值为正，表示倾斜方向与点号增大方向一致；倾斜值为负，表示倾斜方向与点号减小方向一致。

3）计算 n 号点附近的曲率 K。

曲率是指由连续三个观测点构成的地表弯曲变形，即

$$K_n = \frac{i_{n-(n+1)} - i_{n-1-n}}{\frac{1}{2}(l_{n-1-n} + l_{n-(n+1)})} \quad (10^{-3}/\text{m}) \tag{11-5}$$

曲率值为正，表示地表呈凸形变形状；曲率值为负，表示地表呈凹形变形状。

4）计算 n 号点的水平移动 u。

水平移动是指工作测点到观测线控制点之间距离的变化，即

$$u_n = L_m - L_0 \tag{11-6}$$

式中　L_m——第 m 次观测的 n 号点到观测线控制点之间的水平距离（mm）；

　　　L_0——首次观测的 n 号点到观测线控制点之间的水平距离（mm）。

水平移动值为正，表示该点向离开观测线控制点方向移动；水平移动值为负，表示该点向靠近观测线控制点方向移动。

5）计算 n 号点到 $n+1$ 号点间的水平变形 ε。

水平变形是指两工作测点间距离的伸长值或压缩值与测点间距离之比，即

$$\varepsilon_{n-(n+1)} = \frac{l_{n-(n+1)} - l_{0_{n-(n+1)}}}{l_{0_{n-(n+1)}}} = \frac{u_{n+1} - u_n}{l_{n-(n+1)}} \tag{11-7}$$

式中　$l_{n-(n+1)}$——第 m 次观测的 n 号点到 $n+1$ 号点间的水平距离（m）；

　　　$l_{0_{n-(n+1)}}$——首次观测的 n 号点到 $n+1$ 号点间的水平距离（m）。

　　　u_n、u_{n+1}——n 号点和 $n+1$ 号点间的水平移动值（mm）。

水平变形值为正，表示地表面拉伸变形；水平变形值为负，表示地表面压缩变形。

（2）绘制移动变形曲线　根据上述的计算成果，绘制观测线剖面图及各种移动变形曲线图。为了便于根据此图确定移动角，剖面图与五种移动变形曲线图绘制在同一张图纸上，剖面图与下沉曲线图位于图纸下方，向上依次绘制倾斜、曲率、水平移动和水平变形曲线。

剖面图的比例尺为 1:1 000 或 1:2 000。内容包括：地表剖面，测点位置及编号，冲积层厚度，煤层厚度和倾角，岩层柱状，采空区位置，观测时的工作面位置等。

五种移动变形曲线图的水平比例尺与剖面图一致，垂直比例尺以能清楚反映地表移动变形值的变化为原则。表 11-2 给出一组比例尺以供参考。

表 11-2　参考比例尺

移动变形值	下沉 W	倾斜 i	曲率 K	水平移动 u	水平变形 ε
比例尺	1:20	5:1	30:1	1:10	5:1

绘图方法是：

W：展绘在点位之下。

i：展绘在两点连线中点之上。

K：展绘在两线段中点连线的中点之上。

u：展绘在点位之上。

ε：展绘在两点连线中点之上。

最后用光滑曲线将展绘出的各点连接起来。

观测线剖面图及五种移动变形曲线图如图11-7所示。

（3）根据移动变形曲线求移动角值　移动角δ、β、γ的数值直接从剖面图上用量角器量得。

在倾斜、曲率、水平变形三条曲线上按临界变形值$i=3\text{mm/m}$，$K=0.2\times10^{-3}/\text{m}$，$\varepsilon=2\text{mm/m}$定出三个危险边界点，将其中的最外点投影到剖面图上的表土层与基岩接触面上，与采空区边界作连线，用量角器量取此连线与水平线在煤柱一侧的夹角即为移动角。如图11-7所示，是根据走向观测线的成果绘制的，其移动角为走向移动角δ。同法根据倾向观测线的成果，可确定采空区上边界移动角γ和下边界移动角β。

如果以下沉值为10mm的点计算，所得角度为边界角δ_0。

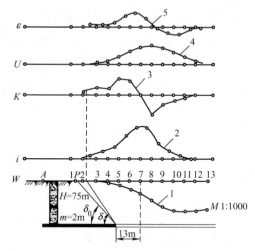

图11-7　观测剖面图及五种移动变形曲线图
1—下沉曲线　2—倾斜曲线　3—曲率曲线
4—水平移动曲线　5—水平变形曲线

二、用类比法确定移动角

对于无地表移动观测资料的矿区或矿井，可采用类比法确定移动角。

类比法就是将本矿区的地质采矿条件与已有移动角值的矿区作比较，选取与本矿区地质采矿条件相近矿区的移动角值。表11-3给出了我国一些主要矿区的移动角值。

表11-3　我国部分矿区的松散层移动角值与基岩移动角值

矿区名称	煤田特征		采厚/m	倾角（°）	采深/m	采煤方法	基岩移动角/°				松散层移动角
	成煤年代	覆岩性质					β	γ	δ	λ	φ/°
开滦	石炭二叠纪	以砂岩为主，其次是砂页岩、页岩	0.9~3.4	14~80	<600	走向长壁陷落法	$72-0.67a$ 但不小于30	$55+0.5\times(H'-50)$ $35°\leqslant\gamma\leqslant72°$	70		35~45
峰峰	石炭二叠纪	以砂岩和砂页岩为主	0.65~3.0	9~20	<260	走向长壁陷落法	$73-0.6a$	73	73		58
阳泉	石炭二叠纪	大部分为厚层砂岩、砂页岩	1.1~1.6	0~11	<240	走向长壁陷落法与刀柱法	$a<10$ $\beta=72$ $a\geqslant10$ $\beta=75-0.8a$	72	72		

（续）

矿区名称	煤田特征		采厚/m	倾角(°)	采深/m	采煤方法	基岩移动角/°				松散层移动角 φ/°
	成煤年代	覆岩性质					β	γ	δ	λ	
抚顺	第三纪	厚层致密状油页岩和厚层绿色页岩及泥灰岩	20~50	20~35	<540	倾斜分层V形长壁水砂充填	$59-0.2a$	62	65		45
阜新	侏罗纪	砂页岩,以砂岩、页岩为主	1.5~2.4	<30	<400	走向长壁陷落法	$\alpha<10$ $\beta=73$ $\alpha<30$ $\beta=83-0.9a$	75	72		40~50
蛟河	侏罗纪	页岩,以砂岩为主	1.0~1.7	12~20	35~110	走向长壁陷落法	$75-0.8a$	75	75		45
枣庄	石炭二叠纪	砂岩,以页岩为主	1.0~1.7	8~18	<600	走向长壁陷落法	$86.6-a$	76	76		45
平顶山	石炭二叠纪	冲积层占40%~70%,基岩主要是砂岩、砂页岩	1.4~2.5	<20	<200	走向长壁陷落法	$67-17\dfrac{h}{H}$	$86-46\dfrac{h}{H}$	$74-11\dfrac{h}{H}$		
鸡西	侏罗纪	砂岩,以砂页岩为主	1.0~2.0	15~20	60~160	走向长壁陷落法	$78-0.7a$	72	78		
南桐	二叠纪	煤系地层以砂页岩为主,其上覆盖厚层灰岩	0.9~3.4	15~80	73~270	走向长壁陷落法	$78-38\dfrac{aM}{H}$	70	70	54	
淮南	石炭二叠纪	以砂岩和砂页岩为主	1.8~4.2	20~84	<180	走向长壁陷落法或水平分层、掩护支架采煤法	$\alpha\leq45$ $\beta=75-0.65a$ $a>45$ $\beta=53-0.1a$	75	75	$\alpha<85$ $\lambda=55$ $\alpha>85$ $\lambda=\beta$	40~45
徐州	二叠纪	以砂岩、页岩为主		15~30	90~140		西部 $75-0.82a$ 贾汪 $75-0.82a$ 董庄 $70-0.72a$	75 75 70	75 75 70		40 45 36
双鸭山	晚侏罗世	以砂岩、砂页岩	0.8~2.1	7~15	30~220	走向长壁陷落法	$75-0.3a$	68	70		45

h——松散层厚度(m)；H——开采深度(m)；M——采厚(m)；H^3——上山边界上覆岩层深度(m)。

注：表中确定移动角所用的临界变形值为 $\varepsilon=2mm/m$, $K=0.2\times10^{-3}/m$, $i=4mm/m$。《煤矿测量规程》中已将临界变形值改为 $\varepsilon=2mm/m$, $K=0.2\times10^{-3}/m$, $i=3mm/m$。

【思考与练习】

1. 什么叫做移动盆地？移动盆地与采空区有何关系？
2. 什么叫做移动盆地的主断面？什么叫做最大下沉角？
3. 盆地的边界是怎样定义的？什么叫做移动角？

课题三　保护煤柱的留设

【任务描述】

矿山地下开采引起的覆岩及地表的移动与变形，给矿区的各种地面设施（如建筑物、道路、农田水利设施等）和地下设施（如井巷、管道等），以及各种水体（如河流、湖泊、溶洞、地下含水层等）带来不同程度的影响和损害。这些影响和损害，都可能给国家和人民造成巨大损失。因此必须采取措施进行防护，以减小或者完全避免地下开采的有害影响。留设保护煤柱，就是其中的措施之一。

【知识学习】

保护煤柱是指专门留在井下不予采出的、旨在保护其上方岩层内部和地表的上述保护对象不受开采影响的那部分煤炭。留设保护煤柱虽然是保护岩层内部和地面建筑物、构筑物免受开采影响的一种比较可靠的方法，但也存在如下缺点。

1）有一部分煤留在地下暂时或永远不能采出，造成大量煤炭资源的损失，从而缩短矿井生产年限。

2）由于留设保护煤柱，使采掘工作复杂化和采掘工程量增大，还会导致局部矿压集中，给矿井生产造成危害。

由于这些缺点，促使人们考虑采取另外一些措施，即在保护上述地表对象的同时，又能最大限度地采出地下资源，为此进行了大量的科学研究工作。到目前为止，在建筑物下、铁路下和水体下采煤已成为采矿工作中的日常课题，而对大部分需要保护的对象不再留设保护煤柱。但是，对下列一些建筑物情况，还需要或暂时需要留设保护煤柱。

1）防御地表变形中无可靠措施的矿井工业场地建筑物和构筑物，以及远离工业场地的风井设备及其风道等设施。

2）国务院明令保护的文物、纪念性建筑物和构筑物。

3）目前条件下采用不搬迁或就地重建等方式进行采煤，其在技术上不可行，而搬迁又无法实现或在经济上严重不合理的建筑物和构筑物。

4）煤层开采后，地表可能产生抽冒和切冒等形式的塌陷漏斗坑和突然下沉，会对地基造成严重破坏的重要建筑物和构筑物。

5）所在地表下方潜水位较高，采后因地表下沉导致建筑物及其附近地面积水，而又不可能自流排泄或采用人工排泄方法的经济上不合理的建筑物或构筑物。

6）对国民经济和人民生活有重大意义的河（湖、海）堤、库（河）坝、船闸、泄洪闸、泄水隧道和水电站等大型水工建筑工程。

由上看出，对于一些重要的建筑物和构筑物还需采用留设煤柱的方法加以保护。

一、保护煤柱设计原理

保护煤柱留设的原理是在保护对象的下方留出一部分煤炭不开采，使其周围煤炭的开采对保护对象不产生有危险性的移动和变形。现具体说明如下。

设地面有一建筑物，位于煤层上方，为保护该建筑物免受开采的有害影响，需留设保护煤柱，如图 11 - 8 所示。

由地表及岩层移动变形的规律可知，地下开采对上覆岩层及地表的影响，在基岩内是按基岩移动角、在松散层内是按松散层移动角向上传播的。

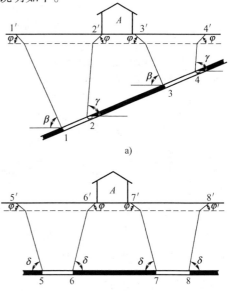

在倾斜主断面上（图 11 - 8a），当工作面分别从 1 推至 2、从 3 推至 4 位置时，其地面受井下开采影响的范围分别为 1′2′ 和 3′4′。在走向主断面上（图 11 - 8b），影响范围分别为 5′6′、7′8′。建筑物 A 因其下方的煤层未被开采，所以不受开采影响。在 A 下面的那部分煤层，就称为保护煤柱。

因此，在设计煤柱时，就是从受护对象的边界，沿走向主断面、倾向主断面，按移动角分别作出保护面，这些保护面在煤层内圈定的范围，就是需要留设的煤柱。

图 11 - 8　保护煤柱留设原理

二、保护煤柱留设所用参数

1. 围护带宽度

建筑物受护面积包括两个部分：一部分是地面建筑物本身，即受护对象；另一部分为建筑物周围的受保护范围，称为围护带。

如图 11 - 9 所示，建筑物轮廓点为 1、2、3、4，在建筑物周围加一定宽度的围护带，扩大后的边界 1′2′3′4′ 作为煤柱设计时的受护边界。

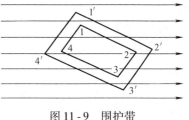

留围护带的目的如下。

1）抵消在留设保护煤柱时所用参数（主要是移动角）的误差所引起煤柱尺寸的不足。一般认为，目前采用的观测和计算方法求得的移动角的误差为 2° ~ 5°。

图 11 - 9　围护带

2）抵消由于地质采矿条件和井上、下位置关系确定得不准确而造成保护煤柱的尺寸和位置的误差。

围护带宽度是根据受护对象的保护等级确定的。按建筑物和构筑物的重要性、用途以及开采引起的后果，把矿区范围内的建筑物和构筑物分为四个保护等级。不同等级的建筑物，留设的围护带宽度不同，见表 11 - 4。

表 11-4 矿区建筑物和构筑物保护等级

保护等级	主要建筑物和构筑物	围护带宽度/m
I	国务院明令保护的纪念性建筑物；一级火车站，发电厂主厂房，在同一跨度内有两台重型桥式吊车并三班生产的大型厂房、平炉、水泥厂回转窑、大型选煤厂主厂房等特别重要或特别敏感的、采动后可能导致发生更大生产、伤亡事故的建筑物、构筑物；铸铁瓦斯管道干线，大、中型矿井主扇机房，瓦斯抽放站	20
II	高炉，焦化炉，22 万 V 以上超高压输电铁塔，矿区总变电所，立交桥，高频通讯干线电缆；钢筋混凝土框架结构的工业厂房，设有桥式吊车的工业厂房，铁路煤仓、总机修厂等较重要的大型工业建筑物和构筑物；办公楼，医院，剧院，学校，百货大楼，二级火车站，三层以上住宅楼；输水管干线和铸铁瓦斯管道支线，架空索道，电视塔及其转播塔等	15
III	无吊车设备的砖木结构厂房，三、四级火车站，砖木结构平房或变形缝区段小于 20m 的两层楼房，村庄民房；高压输电铁塔，钢瓦斯管道等	10
IV	农村木结构承重房屋，简易仓库，临时性建筑物、构筑物等	5

2. 移动角及松散层移动角

从上述煤柱设计原理可知，正确的选取移动角是设计的关键。确定移动角的方法有实测法和类比法两种（见上节），在此略。

三、保护煤柱留设方法

在保护煤柱设计之前，应收集下列资料：该地区的地质、采矿资料；保护对象的结构特点及用途；必要的图样资料（如井上、下对照图，地质剖面图，煤层顶、底板等高线图等）；本矿区地表移动参数以及断层、背向斜等地质构造情况等。

保护煤柱留设有三种方法：垂直剖面法、垂线法和数字标高投影法。

1. 垂直剖面法

垂直剖面法是采用图解的方法，作沿煤层走向和沿倾向的垂直剖面，在剖面图上确定煤柱边界宽度，并投影至平面图上而得保护煤柱边界，如图 11-10 所示。

如图 11-10 所示的平面图中，1234 范围为某保护对象，其煤柱设计步骤如下。

（1）确定受护面积边界 在平面图上，过受护对象轮廓的角点分别作平行于煤层走向和倾向的四条直线，得矩形 abcd。再按保护等级留设围护带，得受护边界 a'b'c'd'。

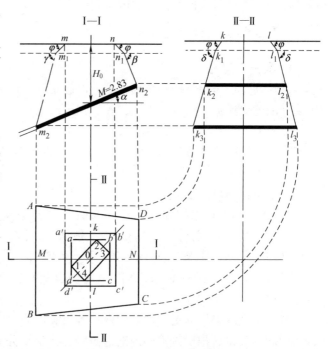

图 11-10 垂直剖面法留设煤柱

（2）确定保护煤柱边界

1）作倾斜剖面图，确定煤柱上、下边界。

通过建筑物中心 0，作倾斜剖面图Ⅰ—Ⅰ。将建筑物和围护带投影到剖面图上，得围护带边界点 m、n。由 m、n 点在表土层内按表土移动角 φ 作斜线，交基岩界面于 m_1、n_1 点。分别由 m_1、n_1 点在基岩内按上山移动角 γ 和下山移动角 β，向煤层的下山方向和上山方向作斜线，交煤层底板于 m_2、n_2 点。m_2、n_2 点即为煤柱下山方向和上山方向的边界线上的点。将此二点投影到平面图上，并过 M、N 点分别作平行于煤层走向的直线，即为煤柱下、上边界。

2）作走向剖面图，确定煤柱两侧边界。

通过建筑物中心 0，作走向剖面Ⅱ—Ⅱ。将建筑物和围护带投影到剖面Ⅱ—Ⅱ上，得 k、l 点。由 k、l 点按 φ 角作斜线交基岩界面于 k_1、l_1 点。再由 k_1、l_1 点按走向移动角 δ 作斜线分别交煤柱上边界于 k_2、l_2 和下边界于 k_3、l_3 点。连接 k_2 和 k_3、l_2 和 l_3，即为煤柱两侧的边界线。

3）将 k_2、l_2 和 k_3、l_3 点分别投影到平面图分别过 N、M 点的直线上，得 A、B、C、D 四点。连接此四点即为所求的保护煤柱边界。

2. 垂线法

所谓垂线法留设保护煤柱，就是用解析方法留设保护煤柱。先作受护面积边界的垂线，利用公式计算垂线的长度，再在平面图上量出垂线长度，从而确定保护煤柱边界。垂线法适用于轮廓形状复杂，或延伸形保护对象（如铁路、河流等）的煤柱设计。现以图 11-11 中某保护对象的平面图为例，说明用垂线法留设保护煤柱的步骤。

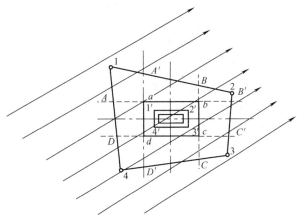

图 11-11　垂线法留设保护煤柱

（1）确定受护边界　在平面图上，按保护等级为平行于保护对象的轮廓线留设围护带，得受护边界 $1'2'3'4'$。

（2）确定松散层保护边界　从受护面积边界向外量一段距离 s，得松散层保护边界 $abcd$。s 的计算公式为

$$s = h\cot\varphi \tag{11-8}$$

式中　s——松散层保护边界宽度(m)；

　　　h——松散层厚度(m)；

　　　φ——松散层移动角(°)。

（3）确定保护煤柱边界　自四边形 a、b、c、d 各点分别作各边 ad、cd、bc、da 的垂线，偏向上山方向的垂线为 q，偏向下山方向的垂线为 l。

垂线 q、l 的长度可按下面公式计算

$$q = \frac{(H_i - h) \cot\beta'}{1 + \cot\beta'\tan\alpha\cos\theta} \tag{11-9}$$

$$l = \frac{(H_i - h) \cot\gamma'}{1 - \cot\gamma'\tan\alpha\cos\theta} \tag{11-10}$$

式中　h——松散层厚度(m)；

　　　H_i——i 点在地表及煤层上的两个投影点间的垂直距离(m)；

　　　θ——受护面积边界与煤层走向所交的锐角(°)；

　　　α——煤层倾角(°)；

　β'、γ'——斜交剖面下山移动角、上山移动角(°)，β'、γ' 可用下式求得

$$\cot\beta' = \sqrt{\cot^2\beta \cos^2\theta + \cot^2\delta \sin^2\theta} \tag{11-11}$$

$$\cot\gamma' = \sqrt{\cot^2\gamma \cos^2\theta + \cot^2\delta \sin^2\theta} \tag{11-12}$$

式中　β、γ、δ——该矿区采用的下山、上山、走向移动角(°)；

　　　θ——受护面积边界与煤层走向所夹的锐角(°)。

　　根据垂线长度确定煤柱边界。在各垂线上，按比例尺截取各线段的计算长度，得 A、A'、B、B'、C、C'、D、D' 各点，连接 $A'B$、AD、CD'、$C'B'$ 各线并延长，则相交于 1、2、3、4 四点。四边形 1234 即为所求保护煤柱的边界。

3. 数字标高投影法

　　数字标高投影法是以煤层底板等高线（或基岩面等高线）的等高距，作出受护对象各边界在松散层或基岩内的保护面的等高线，然后求得松散层或基岩内各保护面与煤层底板同名等高线的交点，连接各交点，即得保护煤柱边界。

　　各保护面相邻两等高线之平距 d，可根据 φ、β'、γ' 角及煤层等高距 D，按 $d = D\cot\varphi$（或 $d = D\cot\beta'$、$d = D\cot\gamma'$）求取。现以图 11-12 中某保护对象的平面图为例，说明用数字标高投影法留设保护煤柱的步骤。

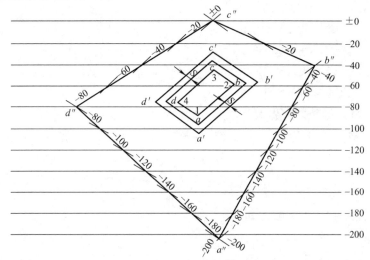

图 11-12　数字标高投影法留设保护煤柱

　　（1）确定受护面积　将受护对象转绘在煤层底板等高线图上，从四边形 1234 各边直接向外加围护带，得受护边界 $abcd$（图 11-12）。当基岩面的标高变化不大时，由受护边界向

外直接扩出距离 s ($s = h\cot\varphi$)，则得松散层与基岩交界面上的受护边界 $a'b'c'd'$。

（2）确定煤柱边界 在基岩内，以等高线平距 d，作出四边形 $a'b'c'd'$ 各边保护面的等高线（图 11-12）。以等高线平距 d，求各保护面与煤层底板的同名等高线的交点，并连接，即为保护煤柱的边界，如图 11-12 中的 $a''b''c''d''$。

以上介绍了煤柱设计的三种方法。其中，数字标高投影法适用于直线延伸形建筑物或建筑物下方基岩面标高变化较大时的煤柱设计。垂直断面法和垂线法则适用于其他类型建筑物的煤柱设计。对于同一建筑物，分别使用垂直断面法和垂线法所作的煤柱边界在平面图上并不重合，一般取重叠部分作为最终的煤柱边界。

【任务实施】

案例一 某矿山开采过程中，某一工作面的开采应先保证某一重要建筑物的安全，因此需要留设保护煤柱；保护对象为一座重要建筑物，保护级别属于Ⅱ级，平面形状为矩形，受护面积为 $100\text{m} \times 200\text{m}$，其长边与煤层走向斜交成角 $\theta = 60°$。地质采矿条件及移动角值见表 11-5。试用垂直剖面法留设该建筑物的保护煤柱。

表 11-5 地质采矿条件及移动角值

煤层埋藏深度 H_0/m	煤层倾角 α	煤层厚度 m/m	φ	δ	γ	β
250	30°	2.5	45°	73°	73°	55°

解算步骤如下。

1. 确定受护面积边界

在图 11-13 的平面图上，通过建筑物四个角点分别作与煤层走向、倾向平行的四条直线，得矩形 $a'b'c'd'$，即建筑物本身所占面积。由于该建筑属于Ⅱ级建筑物，在其外缘加上 15m 的围护带宽度，得矩形 $abcd$，即建筑物受护面积边界。

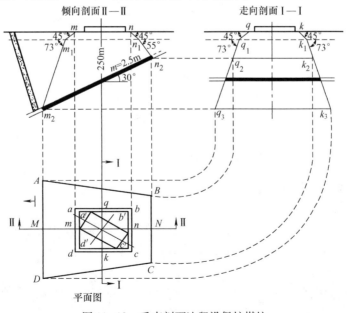

图 11-13 垂直剖面法留设保护煤柱

2. 确定保护煤柱边界

过四边形 abcd 中心点，作煤层倾向剖面Ⅱ—Ⅱ和走向剖面Ⅰ—Ⅰ。

1）在Ⅱ—Ⅱ剖面上标出地表线、建筑物轮廓线、松散层和煤层等，注明煤层倾角 α = 30°、煤层厚度 m = 2.5m、建筑物中心下方埋藏深度250m，并简要绘出地层柱状图。在Ⅱ—Ⅱ剖面上，建筑物的受护面积边界为 mn；从 m、n 点分别作松散层移动角 φ = 45°，求出松散层与基岩接触面上的保护边界 m_1n_1，从 m_1、n_1 点向下山方向作上山移动角 γ = 73°，向上山方向作下山移动角 β = 55°，与煤层底板相交于 m_2、n_2 两点，将 m_2、n_2 投到平面图上得到 M、N 两点。通过 M、N 点分别作与煤层走向平行的直线，即为保护煤柱在下山和上山方向的煤柱边界线。

2）在沿走向剖面Ⅰ—Ⅰ上，受护面积边界为 qk。通过 q、k 点作直线 φ = 45°，求出松散层与基岩接触面上的保护边界 q_1、k_1 点，由 q_1、k_1 点作走向移动角 δ，分别与上山煤柱边界交于 q_2、k_2 点，与下山煤柱边界交于 q_3、k_3 点；将 q_2、k_2、q_3、k_3 转投到平面图上，得 B、C、A、D 点，连接 $ABCD$，即得保护煤柱边界。

案例二 已知地面一建筑群，属于Ⅰ级保护对象，其平面尺寸及轮廓为图 11-14 中 $a''b''c''d''e''$。该建筑群下方煤层厚度为2.5m，松散层厚度40m，煤层倾角26°，在图中已知煤层的底板等高线。建筑物所在地表比较平坦，标高为 +140m。地表移动参数为：δ = γ = 73°，β = 57°，φ = 45°。试用垂线法作此建筑群的保护煤柱。

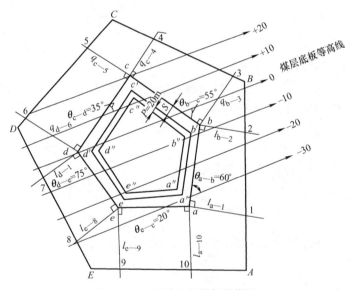

图 11-14 垂线法留设保护煤柱

如图 11-14 所示，步骤如下。

1. 确定受护面积边界

因建筑群属于Ⅰ级保护对象，故围护带宽度取20m。在建筑群轮廓——$a''b''c''d''e''$外面，与其边界平行圈出围护带宽度 P = 20m，得建筑群受护面积边界 $a'b'c'd'e'$。

2. 确定松散层保护边界

从受护面积边界向外量一段距离 s，使 s = $h\cot\varphi$ = 40cot45° = 40m，得松散层与基岩接触面上的保护边界 $abcde$。

3. 根据斜交剖面计算垂线长度

从角点 a、b、c、d、e 分别作线段 ab、bc、cd、de、ea 的垂线，各垂线长度按式（11-9）、（11-10）计算。

1）a、b、c、d、e 各点（$H_i - h$）的计算。

根据地面标高（+140m）和煤层底板等高线求得各点的埋藏深度 H_i，减去松散层厚度 $h = 40$m，求出各点的 $H_i - h$ 值，即

$$a \text{ 点}：H_a - h = 173\text{m} - 40\text{m} = 133\text{m}$$
$$b \text{ 点}：H_b - h = 147\text{m} - 40\text{m} = 107\text{m}$$
$$c \text{ 点}：H_c - h = 120\text{m} - 40\text{m} = 80\text{m}$$
$$d \text{ 点}：H_d - h = 140\text{m} - 40\text{m} = 100\text{m}$$
$$e \text{ 点}：H_e - h = 164\text{m} - 40\text{m} = 124\text{m}$$

2）根据公式（11-11）、公式（11-12）计算 $\cot\beta'$ 和 $\cot\gamma'$。

在图 11-17 上量出各受护面积边界与煤层走向所交的锐角：$\theta_{a-b} = 60°$，$\theta_{b-c} = 55°$，$\theta_{c-d} = 35°$，$\theta_{d-e} = 75°$，$\theta_{e-a} = 20°$。

根据已知条件 $\alpha = 26°$，$\delta = \gamma = 73°$，$\beta = 57°$，求得斜交剖面移动角的余切值 $\cot\beta'$、$\cot\gamma'$，其数值见表 11-6。

表 11-6 各点垂线长度

角点号	a		b		c		d		e	
$H_i - h/\text{m}$	133		107		80		100		124	
垂线	a—10	a—1	b—2	b—3	c—4	c—5	d—6	d—7	e—8	e—9
θ	20°	60°	60°	55°	55°	35°	35°	75°	75°	20°
$\cot\beta'$				0.45	0.45	0.56	0.56			
$\cot\gamma'$	0.31	0.31	0.31							
q/m				42.7	31.9	36.6	45.8			
l/m	47.2	43.9	35.3						31.7	39.3	44.0

3）根据公式（11-9）、公式（11-10）计算各点的 q、l 值。

先计算 ab 边界的垂线，由 a 点作 $a1 \perp ab$，由 b 点作 $b2 \perp ab$，用下山垂线 l 的公式计算垂线长度 l_{a-1} 和 l_{b-2}，计算中取 $\theta_{a-b} = 60°$，由上得 a 点为 133m，b 点为 107m，便可求得 $l_{a-2} = 43.9$m，$l_{b-2} = 35.3$m（见表 11-6）。同理依次分别计算 bc、cd、de、ea 边界的垂线长度，分别记入表 11-6 中。

4. 确定保护煤柱边界

在各垂线上，按比例尺分别截取各线段的计算长度 l_{a-1}，l_{b-2}，q_{b-3}，q_{c-4}，q_{c-5}，q_{d-6}，l_{d-7}，l_{e-8}，l_{e-9}，l_{a-10}。用直线分别连接垂线各端点，即为保护煤柱边界 $ABCDE$。

【思考与练习】

某建筑物长为 50m，宽为 20m，其建筑物长轴方向的坐标方位角为 85°，煤层走向为 25°，煤层厚度为 2.5m，倾角为 35°，煤的视密度为 1.3t/m³，建筑物中心处的煤层埋藏深

度为140m，表土层厚度20m。矿井的岩层移动角 $\delta = \gamma = 75°$，$\beta = 47°$，表土层移动角 $\psi = 45°$。试用垂线法确定煤柱尺寸，并计算保护煤柱的压煤量。

课题四　测量与"三下"采煤

【任务描述】

矿区在建筑物下、铁路下及水体下采煤，简称"三下采煤"。建筑物包括工业、民用建筑物以及城镇村庄等。铁路虽然也是工业建筑物，但是，铁路有它自己的保护特点及要求，因此单独作为一种研究对象来处理。水体则包括江河湖海、水库等地表水和在表土及基岩中的含水层、流沙层、溶洞以及老采空区等所积的地下水。

研究三下采煤的目的，就是在保护建筑物不受损害、确保井下安全生产的条件下，尽可能多地将煤炭资源开采出来。这是一项涉及面很广的综合技术工程。除了需要掌握矿山岩层及地表移动方面的知识外，还要应用建筑学、采煤学、地质学以及铁路工程等方面的有关理论和知识。

【知识学习】

我国早在20世纪50年代初期，就在一些矿区开始研究解决三下采煤问题。如1956年新汶矿区在小汶河下采煤、1957年焦作矿区在焦李铁路下采煤，其他如抚顺、本溪、峰峰、鹤壁、枣庄等矿区的建筑物下采煤，峰峰、鸡西、阜新、鹤岗、枣庄、开滦等矿区的铁路下采煤，阜新、淮南、本溪、枣庄等矿区的水体下采煤，都获得了许多成功的经验。我国目前在"三下"的压煤约一百亿吨，经过三十多年的科研和生产实践，三下采煤取得了很大的成绩，每年从"三下"采出煤炭约一千万吨左右。

国外一些主要产煤国家对三下采煤也很重视，并取得了很大成就。波兰在20世纪70年代初期，从各种煤柱中开采出来的煤炭约占总产量的40%左右，并成功地解决了大型钢铁厂、机械制造厂、化工厂以及人口稠密的城镇下采煤的问题。西德首先采用协调式开采法，同时采取加固措施，进行建筑物下采煤。此外，如苏联的建筑物下采煤技术，日本和英国的海底下采煤技术也都很先进。

一、减小岩层及地表移动变形的开采措施

1. 选择适当的采煤方法

近几十年来，我国许多矿区采用条带法采煤，在减小地表移动和变形方面取得了明显效果。条带法开采的实质是把要开采的煤层划分成若干条，开一条、留一条，用留下的条带煤柱支撑顶板，以达到减小地表移动变形的目的。条带可以沿煤层倾向或走向布置。条带的尺寸应以条带煤柱能够承受上覆岩层的压力，并使地表不出现非均匀的波浪形下沉盆地的原则来确定。

条带法开采的缺点是采出率低，掘进工作量大，开采工艺复杂。但对那些十分密集、结构复杂的建筑物或重要的建筑物，在进行地下采煤时，还是可以采用此法。

2. 选择适当的顶板管理方法

一般来说，地表移动盆地内的各项变形值与地表最大下沉值成正比关系。因此，减小地表下沉值成为减小地表变形值的重要途径。采用不同的顶板管理方法，地表有不同的下沉值，利用充填法管理顶板可明显地减小下沉值。充填法的实质就是用充填物充填一部分采出空间，即相当于减小采厚，从而减小地表的移动变形值。充填法效果最好的是水砂充填，其次是风力和矸石自溜充填。

3. 合理布置工作面

合理布置工作面是减小地表变形的一项简便易行的采矿措施。它包括合理确定工作面的长度、边界和推进方向等。

1）采区沿煤层倾向和走向的尺寸，应尽可能满足采后地表能形成均匀下沉区，而建筑物正好坐落在均匀下沉区内。

2）采区边界的上方地表，是变形最剧烈地区。所以在建筑物下不宜出现采区边界。为此，采区应布置成一个长工作面，或若干工作面组成一个台阶状长工作面，使建筑物位于移动盆地中央。

3）合理安排工作面推进方向。建筑物短轴方向抗变形能力比长轴方向强，所以布置推进方向时，应使地表主要变形方向为建筑物的短轴方向。在移动盆地边缘，长轴方向与推进方向一致有利（图 11 - 15a）。在盆地均匀下沉区，长轴与推进方向垂直有利（图 11 - 15b），因为在此处，沿走向方向受动态变形影响较大。应尽量避免工作面推进方向与建筑物长轴方向斜交（图 11 - 15c）。

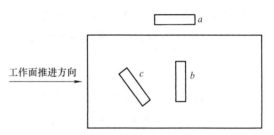

图 11 - 15　地表移动盆地内房屋有利位置示意图

4. 协调开采

在多个煤层或厚煤层分层开采时，合理地设计工作面之间的最佳距离、相互位置及开采顺序，使一个工作面产生的地表变形被另一个工作面所产生的变形抵消，来减小开采中以及最终地表变形的程度。

5. 提高工作面推进速度

移动盆地在形成过程中，地表总是要经过倾斜、拉伸和压缩等变形，而后趋于稳定状态。提高回采工作面的推进速度，可以缩短这一影响过程。根据实测资料可知，在工作面推进过程中，地表的变形量要小于移动稳定后的变形量，这对于盆地上方的一般建筑物是有利的。但是，由于此时地表下沉速度增大，对铁路的维护则是不利的。

二、建筑物下采煤的防护措施

1. 地表下沉和变形对建筑物的影响

如果采取了减小地表移动与变形的采矿措施，还不能完全消除采煤对建筑物的损害，必须采取适当的建筑物加固的措施，以增加建筑物抵抗地表变形的能力。

地表移动盆地内的倾斜、曲率以及水平变形，对建筑物的主要支承结构都能产生附加应力。不同性质的移动和变形对建筑物结构的影响也是不同的。

在地表均匀下沉区内，由于建筑物随地表均匀整体下沉，构件上没有附加应力，仍保持原有的工作状态。

地表倾斜对于平面面积小而高度大的建筑物（如水塔、烟囱、高压线塔等）有较大影响。地表倾斜，建筑物随之倾斜，建筑物在自重的作用下产生弯矩，在建筑物的支承构件上和地基中应力状态发生变化，则建筑物会因支承构件承重能力或地基的承载能力不够，而失去稳定性，严重时建筑物将受到破坏，甚至倒塌（图 11 - 16）。

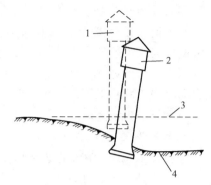

图 11 - 16　地表倾斜对塔形建筑物的影响

1—采动前状态　2—采动后状态

3—地表　4—移动盆地

地表的曲率变形对塔形建筑物影响不大，但对跨度很大的建筑物危害是较大的。正曲率变形将使建筑物两端悬空，在建筑物顶部的中央产生倒八字形的裂缝（图 11 - 17a）；负曲率变形将使建筑物基础中部悬空，在建筑物底部的中央产生正八字形的裂缝（图 11 - 17b）。

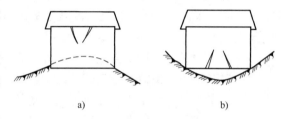

a)　　　　　　　　b)

图 11 - 17　曲率变形对建筑物的影响

a) 正曲率的影响　b) 负曲率的影响

地表的水平变形，特别是拉伸变形对跨度较大的建筑物影响严重。通常建筑物是由脆性材料构造成的，因此建筑物的抗拉伸变形的能力较弱，所以拉伸变形对建筑物的影响较大。建筑物位于拉伸变形区时须应注意。

2. 建筑物的防护措施

我国常采用的建筑物防护措施如下。

（1）设置变形缝　对于跨度大、平面形状不规则以及由于各部分的高度差别使地基负荷悬殊的建筑物，可采用变形缝进行保护。变形缝可以提高建筑物适应地表变形的能力。变形缝把建筑物从基础到屋顶截开，分成若干独立的单元，使地表变形分散到各个单元体上，从而减少了变形的有害影响。变形缝的设置如图 11 - 18 所示。

（2）钢筋混凝土圈梁和钢拉杆　当建筑物面积较小时，可用此法加固，以提高建筑物的刚度和整体性。

用钢拉杆在房屋四周箍紧（图 11 - 19），可以抵抗由于弯矩作用而产生的拉伸应力，但不能承受剪应力。

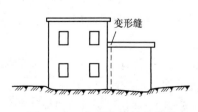

图 11 - 18　变形缝位置示意图

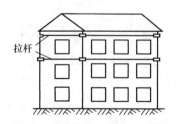

图 11 - 19　拉杆安置示意图

当开采条件比较差，即地表出现较大变形时，可采用钢筋混凝土圈梁。一般设在建筑物的基础平面、楼板以及檐口水平面外墙的四周，一般应嵌入外墙 20 ~ 60mm。圈梁与拉杆相比较，它的服务年限长，而且还能抵抗弯曲和横向剪力。但是，选用圈梁加固时，要求建筑物本身要具有一定的强度。

（3）设置变形缓冲沟　变形缓冲沟是在建筑物外面的地表上所挖的有一定深度的沟槽。缓冲沟能吸收地表的水平变形（特别是压缩变形），从而减小水平变形对建筑物基础的影响。

缓冲沟应设置在建筑物外 1 ~ 2m 处。当建筑物受到平行于建筑物轴向的地表单向压缩变形时，应垂直于变形方向设置。当受到双向或斜向水平变形时，应沿建筑物四周设置。沟底应比建筑物基础深 15 ~ 20cm。沟宽不小于 0.6m。沟内应充填炉渣等松散物，并加盖。图 11 - 20 为缓冲沟的构造及位置示意图。

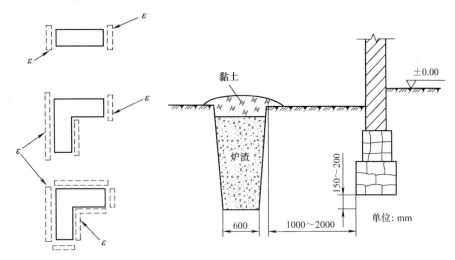

图 11 - 20　缓冲沟的构造及位置示意图

（4）用千斤顶调整房屋的曲率变形　这种方法的特点是房屋在千斤顶的作用下而整体升降。此法不仅可以完全消除曲率变形的影响，而且还可以防止倾斜的影响。但这种方法的费用很高。

在保护建筑物时，具体采用开采措施还是结构措施，应根据预计的地表变形及建筑物可能达到的破坏等级来决定。如果建筑物破坏等级小于Ⅳ级（即Ⅱ、Ⅲ级），则应在采用挖缓冲沟，设置钢拉杆、钢筋混凝土圈梁等结构措施的同时，采取一定的开采措施。如果破坏等级达到或者大于Ⅳ级，则必须首先考虑采用开采措施，同时考虑采用结构措施。

三、铁路下采煤的防护措施

地下采煤引起的地表移动与变形，必然影响到铺设于该地区地面的铁路，使铁路受到破坏。铁路是国家运输的动脉，因此，在铁路下采煤，必须采取有效措施保证铁路安全运行。铁路下采煤与建筑物下、水体下采煤相比，有其独有的特点，即铁路线路在开采影响过程中，可以通过维修及时消除本身的移动和变形，如采用及时垫起路基和拨正线路，可以消除下沉和变形对铁路的影响。但必须防止地表出现突然下沉。

1. 地表移动变形对路基强度和稳定性的影响

路基是铁路线路的基础，地表被采动后，路基状态如何将直接影响到线路的质量和行车安全。因此，在开采过程中，必须保证路基的强度及其稳定性。

地下开采影响铁路路基稳定性的主要因素有两个方面：第一是地表出现的塌陷坑和局部突然下沉；第二是地表变形使路基产生松动。

地表出现的塌陷坑使路基失去支撑，突然下沉在时间上无法估讦，难以预防。因此，在铁路下采煤时，应首先研究有无产生塌陷坑和突然下沉的可能，如果有这种可能，应采取相应措施制止，绝对防止其发生。

井下开采后，由于地表不均匀下沉而产生的倾斜变形和拉伸变形，对铁路路基的稳定性有不利的影响。因此，对稳定性较差的高路堤、陡坡路堤和深路堑，采动前要进行稳定性验算，当稳定性不够时，应采取维护措施，以确保列车安全运行。

地表被采动后，将使路基发生松动。水平变形对路基将产生附加的拉伸和压缩变形。由于土质路基有一定孔隙，能吸收压缩变形，使路基变得密实。拉伸变形虽然能使路基内部孔隙变大，甚至产生裂缝，但是由于此变化很小，发展又很缓慢，经过列车通过时产生动载荷的夯实作用，裂缝会消失，路基会密实起来。所以，水平变形对路基的强度影响不大。

但是，地表的倾斜变形和拉伸变形对路基稳定性的影响是不能忽视的。特别是对于高路堤、陡坡路堤和深路堑更应加以注意。因为这类地表变形可能会引起路基或路堑滑坡。

采空区上方岩层移动达到地表后，位于采空区上方的路基随即开始下沉，因此应及时进行处理，使其尽量恢复到原始的位置。处理的方法主要是填筑路基和道床，以及加宽路基等。

2. 地表的移动变形对线路上部建筑的影响

线路上部建筑指的是钢轨、轨枕、道岔、联结零件和防爬设备等。地面的移动变形通过路基传递到上部建筑，能够引起如下几种移动和变形。

（1）地表的下沉引起线路坡度及钢轨在水平方向的变化　地表下沉使路基下沉，轨枕及钢轨也随之下沉。这样，线路原有的坡度会发生变化，路面会变得不平，不利于列车的运行。但是，由实测资料可知，采动期间线路坡度变化一般较小，地下开采引起线路坡度变化是很平稳的，通过对线路及时维修，是不难消除的。

在线路方向与工作面推进方向正交或斜交时，地表的下沉和倾斜可能使钢轨水平发生变化。如果钢轨水平相差较大，运行的列车就有倾倒的危险。但是，由于一般地表倾斜值较小，钢轨水平变化也是较小的，通过日常的线路维修，是很容易消除的。

（2）地表移动引起的线路爬行、横向移动以及轨距变化　地表沿线路方向水平移动，会引起轨道沿线路方向的窜动，在地表压缩变形区会造成轨缝闭实，连续闭实过多可能造成道钉被拔出，钢轨浮起或产生向两侧的硬弯；在拉伸变形区，轨缝会张开，可能造成拉断鱼尾板或切断螺栓。垂直线路方向的水平移动，会使线路发生横向位移，造成直线线路方向偏移及曲线部分的曲率半径发生变化。此外，地表的移动与变形还会引起轨距的变化。

3. 线路的日常维修工作

地表移动与变形对线路的影响虽然很多，但是，都是逐渐而缓慢产生的。通过日常及时的维修、调整能够消除，从而保证线路始终满足安全行车的要求。维修措施主要有如下几种。

（1）起道 线路下沉后，应及时将钢轨垫高，但不一定要恢复到原始标高，只要使线路在较长范围内的坡度经常满足有关规则要求即可。

（2）拨道 这是消除线路横向移动常用的方法。平日只要对局部拨道，就能使线路保持圆顺、不出现硬弯，保证行驶安全即可。在拨道时，可以同时调整轨距。

（3）串道 这是用来调整轨缝，消除沿线路方向的有害影响的方法。为了在地表采动后，延长串道周期，减少串道次数，可以事先在预计拉伸区适当减小轨缝，在压缩区适当增大轨缝。

四、水体下采煤的防护措施

在煤层开采过程中，上覆岩层受开采影响而被破坏，如果破坏范围波及到上面的水体，就可能造成水和流沙突然涌入井下，威胁矿井生产的安全。因此在上覆岩层中是否会形成水和泥沙突然涌入矿井的通路，是水体下采煤主要注意的问题。

水体按其存在的状态可分为三类。

1）地表水：如江、河、湖、海以及山谷的季节性河流等。

2）表土内的含水流沙层。

3）基岩含水层：老顶及直接顶内的石灰岩含水层、砂岩含水层和老采空区积水等。

上述三种水体常同时存在，并联系密切。对煤层开采有直接影响的是基岩含水层和表土层中的含水流沙层。如三种水体联系密切，则应注意地面的防水措施。

如果在水体和开采煤层中间有隔水层存在，则对水体下开采极为有利。表上层中的黏土层，基岩中的泥质页岩、泥岩等软弱岩层以及基岩风化带都能起到较好的隔水作用或阻止涌水通道发展的作用。

在开采范围内，如果有断层与水体沟通，则可能导致涌水量增大或发生突水事故。

上覆岩层中的涌水通道，即导水裂隙带。导水裂隙带的高度为冒落带与断裂带高度之和，这一高度是确定水体下安全、合理开采上限的重要依据。

1. 导水裂隙带

导水裂隙带对于倾角不同的煤层，其形态不同，高度的表示方法也不相同。图 11-21a、b、c 分别为水平煤层、倾斜煤层和急倾斜煤层导水裂隙带的形态。

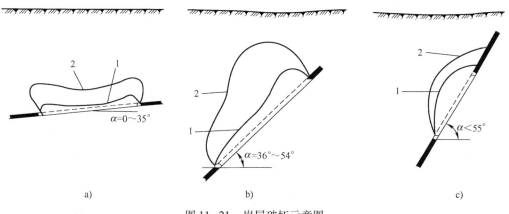

图 11-21 岩层破坏示意图

1—冒落带边界 2—断裂带边界

水平煤层（含缓倾斜煤层）导水裂隙带最终形态为马鞍形。冒落带位于采空区开采边界以内的正上方，而断裂带两侧则超出开采边界 5~8m。

倾斜煤层的导水裂隙带则因采空区冒落的岩石下滑，而使上山方向的导水裂隙带发展很大，下山方向发展很小，其形状呈抛物线。

急倾斜煤层开采时，由于采空区上边界煤柱的片帮、下滑，导水裂隙带超出采区上边界，而进入到煤柱以内。

2. 水体下采煤的防护措施

水体下采煤主要采用留设煤岩柱、疏降水位及处理水体补给来源等防护措施。

（1）正确留设安全煤岩柱　水体下采煤时，要求在开采过程中不发生灾害性透水、透泥沙事故以及不突然增大矿井涌水量，以保证安全正常的生产。由于岩层本身的透水性能很小，所以只要采煤引起的导水裂隙带最高点不触及水体的底面时，就能够达到这一目的。所谓留设煤岩柱，就是正确确定水体的下边界到采空区上边界之间的安全深度，即正确确定水体下安全开采的上限。

（2）疏降水体　疏降水体是通过疏干或疏降地下含水层的水位，以保证含水层附近的煤层能够安全开采。疏降水体的方法很多，如钻孔疏降、巷道疏降或用上行回采进行自然疏降等。

（3）处理水体补给来源　人为地改变水源的补给条件，即在矿区或采区外围堵截水源，减小水的补给量。一般可以采取河流改道、注浆堵水、巷道截水以及地面的防水工程等。

参 考 文 献

[1] 李天和，王文光. 矿山测量 [M]. 北京：煤炭工业出版社，2005.

[2] 高井祥. 测量学 [M]. 徐州：中国矿业大学出版社，2004.

[3] 聂俊兵，赵得思. 建筑工程测量 [M]. 郑州：黄河水利出版社，2010.

[4] 陈龙飞，金其坤. 工程测量 [M]. 上海：同济大学出版社，2005.

[5] 张国良. 矿山测量学 [M]. 徐州：中国矿业大学出版社，2008.

[6] 郝海森. 工程测量 [M]. 北京：中国电力出版社，2007.

[7] 何习平. 测量技术基础 [M]. 重庆：重庆大学出版社，2003.

[8] 李战宏. 矿山测量技术 [M]. 北京：煤炭工业出版社，2005.

[9] 白裕良，徐云龙，杨赞行，等. 矿山测量 [M]. 北京：煤炭工业出版社，1989.

[10] 李天和. 工程测量（非测绘类）[M]. 郑州：黄河水利出版社，2006.

[11] 侯湘浦. 地形测量学 [M]. 北京：煤炭工业出版社，1999.

[12] 关桂良. 地形测量学 [M]. 北京：煤炭工业出版社，1995.

[13] 何沛锋. 矿山测量 [M]. 徐州：中国矿业大学出版社，2005.

[14] 朱红侠. 矿山测量学 [M]. 重庆：重庆大学出版社，2010.

[15] 周建郑. 工程测量 [M]. 郑州：黄河水利出版社，2006.

[16] 周文国. 建筑工程测量 [M]. 北京：科学出版社，2010.

[17] 朱建军. 变形测量的理论与方法 [M]. 长沙：中南大学出版社，2003.

[18] 伊晓东，李保平. 变形监测技术及应用 [M]. 郑州：黄河水利出版社，2007.

[19] 李战宏，石永乐. 矿山测量 [M]. 修订版. 北京：煤炭工业出版社，2011.

[20] 石永乐. 测量基础 [M]. 北京：煤炭工业出版社，2009.